本书由国家社会科学基金重点项目：渤海湾"海洋生态安全屏障"构建研究（批准号：19AZD005）资助

海洋生态安全屏障构建理论与实践

HAIYANG SHENGTAI ANQUAN PINGZHANG GOUJIAN LILUN YU SHIJIAN

卢学强 ◎ 主编

尹维翰　李洪远　吴 婧　冯剑丰　雷 坤 ◎ 副主编

知识产权出版社

全国百佳图书出版单位

—北 京—

图书在版编目（CIP）数据

海洋生态安全屏障构建理论与实践／卢学强主编. —北京：知识产权出版社，2023.10
ISBN 978－7－5130－8574－8

Ⅰ.①海… Ⅱ.①卢… Ⅲ.①海洋生态学—研究—中国 Ⅳ.①Q178.53

中国国家版本馆 CIP 数据核字（2023）第 002001 号

责任编辑：张　荣　　　　　　　　　责任校对：王　岩

封面设计：段维东　　　　　　　　　责任印制：孙婷婷

海洋生态安全屏障构建理论与实践

卢学强　主　编

尹维翰　李洪远　吴　婧　冯剑丰　雷　坤　副主编

出版发行：	知识产权出版社有限责任公司	网　址：	http：//www.ipph.cn
社　址：	北京市海淀区气象路 50 号院	邮　编：	100081
责编电话：	010－82000860 转 8109	责编邮箱：	107392336@qq.com
发行电话：	010－82000860 转 8101/8102	发行传真：	010－82000893/82005070/82000270
印　刷：	北京建宏印刷有限公司	经　销：	新华书店、各大网上书店及相关专业书店
开　本：	787mm×1092mm　1/16	印　张：	19.25
版　次：	2023 年 10 月第 1 版	印　次：	2023 年 10 月第 1 次印刷
字　数：	333 千字	定　价：	148.00 元

ISBN 978－7－5130－8574－8

出版权专有　侵权必究

如有印装质量问题，本社负责调换。

《海洋生态安全屏障构建理论与实践》
编 写 人 员

主　编　卢学强

副主编　尹维翰　李洪远　吴　婧　冯剑丰　雷　坤

编　委　郑博洋　齐衍萍　梁德田　杜志博　韩承龙

　　　　　曹云梦　赵一凡　李　雪　白健冬　康濒月

　　　　　陈晓琴　陈生涛　曲　亮　温婷婷　刘莹颖

　　　　　蔡文倩　徐香勤　王　艳　张　彦　刘宛妮

　　　　　余苗苗

前　言

渤海湾位于渤海西部，水动力交换弱、水体自净能力差、陆海源污染混杂，是渤海三个海湾中污染最为严重的海湾，海水富营养化、赤潮、溢油以及新兴污染物潜在风险等新老问题交织。国家高度重视渤海湾生态环境保护工作，经过多轮治理，虽然生态环境恶化趋势得到遏制，但生态环境状况尚未得到根本改变。当前，在大力推进生态文明建设的新形势下，如何保障渤海湾的生态安全是亟须解决的重大问题。在国家社科基金重点项目资助下，我们就如何构建渤海湾"生态安全屏障"这一问题进行了研究与探索，本书为项目研究的阶段性成果。

本书分为 7 章，各章节作者分别为：第 1 章卢学强、郑博洋、赵一凡、李雪；第 2 章卢学强、尹维翰、郑博洋、康濒月、韩承龙、曹云梦、冯剑丰、雷坤、李洪远、吴婧；第 3 章尹维翰、梁德田、齐衍萍、陈生涛、曲亮、温婷婷、刘莹颖；第 4 章郑博洋、冯剑丰、刘宛妮、卢学强；第 5 章杜志博、李洪远、康濒月、陈晓琴；第 6 章韩承龙、雷坤、卢学强；第 7 章白健冬。全书由卢学强统稿，由赵一凡进行了图表修改以及参考文献的校对。由于不同类别数据资料获取的条件所限，书中数据资料年限并不统一。

因水平和时间所限，书中难免存在不足之处，敬请批评指正。

编者

2022 年 10 月于南开

目 录

第1章　生态安全屏障及其构建理论

1.1　生态安全概念解析

1.1.1　生态安全的概念

生态安全（Ecological Security 或 Ecological Safety）这个词语源自环境安全，或者说生态安全是环境安全的升级版表述，所以一些人尤其是非学术界，在这两个词语的使用及理解上并不加以区分，或者用一种较为综合性的表达方式，称作生态环境安全。严格地说，一个生态系统包括生物及其生存的环境，生态安全包括了一个生态系统的生物要素及非生物要素（环境）的安全，而环境安全更关注于大气、水、土壤等污染问题。生态安全显然比环境安全更全面。

环境安全是 20 世纪 70 年代随着环境公害事件而提出的。到 20 世纪 90 年代后，越来越多的跨国界的全球性环境问题出现，例如：沙尘暴、跨界水污染、大气污染、酸雨等。这些问题和最初的环境公害问题不同，最初的环境公害更直接的危害是人体健康，而这些区域甚至全球性问题的危害除了人类健康，还会危及区域甚至全球生态系统。可以说，这些问题在一定程度上从环境问题上升为生态安全问题。相较于传统的环境污染引起的环境安全问题而言，生态安全问题具有更大的空间和时间尺度，因而生态安全问题引起了各国的高度重视。随着人口的增长和社会经济的发展，人类活动对生态环境的压力在不断增大。虽然世界各国在生态环境建设上已取得诸多成就，但对于全球尺度而言并未能从根本上扭转生态环境逆向演化的趋势。由环境退化和生态破坏所引发的环境灾害和生态灾难并没有从根本上得到减缓，全球变

1

暖、海平面上升、臭氧层空洞的出现与扩大以及生物多样性的锐减等全球性生态安全问题依然严峻。

目前，关于生态安全尚无一个统一的定义，我们根据我们对安全生态系统的理解，把生态安全定义为：一个生态系统处于一种完整、健康、稳定的可持续状态则为生态安全。这里的生态系统包括自然及半自然生态系统，可持续状态指的不仅是一个时点的静态状态，而是指一个动态情景。另外，一个安全的生态系统所受到各种胁迫较小或者受胁迫后的恢复力较强。

1.1.2　生态安全的内涵

生态安全的内涵可以从生态系统的脆弱性以及生态系统风险两个方面来理解和考虑。生态系统的脆弱性更关注生态系统自身内部的状态，而生态系统风险则关注生态系统的外部压力。按照压力—状态—响应（PSR）的框架来解析的话，生态风险可以理解为一个生态系统的压力（Pressure），生态脆弱性可以理解为一个生态系统的状态（State），而生态安全的程度则是一个生态系统的响应（Response）。

影响生态安全的最大的生态风险往往源自人类活动对生态系统的人为干扰，在没有人为干扰的情况下，生态系统的稳态转变往往被称为自然演替。而人为干扰有直接和间接两种，直接的人为干扰如渔业捕捞、森林砍伐、污染物排放等，间接的人为干扰如人类活动导致的大量温室气体排放引起的气候变化带来的生态系统的风险。在一定程度上，人类活动均存在生态风险，但不是所有人类活动均影响生态安全，也就是说，在不影响生态安全的一定限度内的人类活动是被允许的。

生态脆弱性是一个生态系统是否安全的内在度量。生态脆弱性是一个生态系统稳定性的负向性表达，生态系统稳定性往往用一个生态系统受到外在胁迫或压力时恢复到原来状态的能力来表征。一个生物多样性比较高的生态系统相对于生物多样性低的生态系统而言，往往抗胁迫和压力的能力更强，生态系统稳定性更高，生态安全程度也更高。

一个生态系统是否安全就是应对外在胁迫或压力的能力和是否保持内在结构功能健康的体现。为了构筑安全的生态系统，一方面，应尽量降低对生态系统的不合理干扰和胁迫，并对干扰和胁迫采取针对性的应对和减缓措施；另一方面，应尽量提升生态系统的结构和功能，保护生态系统的生物多样性及生物生境健康安全。

生态安全还具有整体系统性和时空尺度大等特点，其特征归纳如下：

（1）生态安全是一种生态系统存在的必备的条件状态，这种状态是动态变化的。生态安全是满足生态系统存在与发展的基本条件，如果这一条件遭到破坏，那么生态系统也将崩溃。

（2）生态安全是一种相对的安全（王晓峰等，2012）。生态系统中复杂的、绝对的生态安全往往是难以达到的，因而，生态安全往往是绝对安全在某种程度上的相对安全，也可以是与过去或者周边生态相比较的相对安全。

（3）生态安全强调以人为本。离开人类的生存和可持续发展的生态安全，是原教旨的唯环境主义，生态安全的目的与核心还是人类的生存和可持续发展。

（4）生态安全既具有全球性也具有区域性。生态安全的尺度横跨全球尺度和区域尺度，甚至同一个全球性生态安全问题也往往具有不同区域特点。

（5）生态安全可以调控，但不能任意调控。针对危及生态安全的外来胁迫，可以采取针对性的调控措施和策略，来减缓其影响，这种调控措施要遵循生态系统自身的演变规律，不能任意而为。

（6）生态安全需要维护和维持，并且需要一定的投入。但生态安全维护和维持的投入，相对于破坏后的恢复费用而言，往往是微不足道的。

1.2　生态安全屏障研究背景及进展

1.2.1　生态安全屏障研究背景

生态安全屏障构建是生态文明建设的一个方面，在此首先对生态、文明、生态文明等基本概念的源流进行概括性梳理。

"生态"一词有着多种含义。古代生态不是一个科学的词汇，而是一个表述人或物的"生之样态"的修饰词，即"生生不息或者生动活泼的形态或状态"，主要出现在文学作品中，例如，南朝梁简文帝在《筝赋》中写道："佳人采掇，动容生态。"明代冯梦龙在《东周列国志》中有"长短适中，举动生态"的描述。唐代杜甫《晓发公安》诗："邻鸡野哭如昨日，物色生态能几时。"明代刘基《解语花·咏柳》词："生态真无比。"生态学（ecology）是研究生物及其生存环境之间相互作用的科学，生态学这个词最先由日本植物学家三好学于 1895 年首先引入并阐述了其与生理学的区别。生态学属于交叉科学，涵盖了生物学、地理学和地球科学等学科。在科学的范畴内，"生"是生物，"态"不仅是状态和或是形态，还包含"位（niche）"以及生境的概念。从科学角度讲，"生态"一词来自希腊语 οἶκος，意思是指房屋或者环境；而在汉语词典中的"生态"被解释为生物生理特性和生活习性。也就是说，前一个解释注重外部环境，后一个解释注重生物自身。生态学领域的研究内容包括：生物的多样性、分布、数量和种群，生物以及生态系统间的合作与竞争关系等。需要说明的是，生态系统（ecosystem）由生物、生物构成的群落以及外在非生物环境等动态变化的几个部分组成。生态系统的机制如初级生产（primary production）、成土作用（pedogenesis）、营养物循环（nutrient cycling）以及建位活动（niche construction activity）等主导着生态系统的能量和物质流，而生物多样性使得这些机制具有可持续性，这里的生物多样性包括了物种、基因以及生态系统的多样性。

在生态文明这个语境中，"生态"这个词实质上介于其古代文学修辞所表达的含义以及现在从自然科学角度所理解的含义之间，可以说是其社会科学含义。这里涉及生态词汇含义的第一层次的泛化，即社会生态学概念的引入。当然，这里在一定程度上还是科学范畴，只是研究对象由自然原生生态变为亚原生生态系统和人文生态系统。"生态"词义进一步泛化应该是经济学领域的仿生式泛化，一方面，其随循环经济而来，即所谓的产业生态或者生态产业，然而当"生态"被指生态系统或者一个良性的自组织、自维护生态系统，并且作为一个修饰词完全泛化到社会科学各领域，乃至政治学领域；另一方面，这些有依据的泛化尚属合理的演绎，反之是滥用的庸俗化，最为典型的是绿化与生态的混淆。一般绿化物种增加对生态系统恢复或者重建往往有着积极意义，但是生态系统恢复或者重建应该是生物多样性的增加而非单一绿化物种的增加，即使从景观生态学角度而言，将基于功能性的绿化视为生态建设则是一种生态建设的简单化甚至庸俗化。另外，还有一种倾向是将生态与环境混淆，进而将生态修复或重建与污染治理相混淆，将冠名为"生态"的技术手段想当然地认为是生态的或者面向生态的。

与生态类似，"文明"这个词语在中文中也被极度泛化，因为文明在汉语语境中有着多重含义。就词语本身而言，最早见于《易传·乾·文言》："见龙在田，天下文明"，这里文明指礼乐皆备。《尚书·虞书·舜典》中"浚哲文明，温恭允塞"，此处文明则是用来形容舜的文德光辉。在现代，文明指社会进步的一种状态，可以分为物质与精神两个方面（Schweitzer，1923）。虽然文明与文化不等同，但是没有文化的文明是落后的。另外，文明还被作为行为举止有修养的，甚至现代的修饰和表征词汇，显然这是文明的一个侧面含义的泛化使用。

英文中文明"civilization"一词起源自 16 世纪的法语词汇"civilisé"，而其又起源自拉丁文的"civilis"，其词义与市民和城市有关。在西方，文明体现了一个具有特征性的综合社会形态，包含了城市发展、社会阶层、交流符号形式（文字系统）以及由文化精英发起的与自然环境的分离及主导。从词汇表面来看，英文"civilization"的含义类似于"市民化""公民化"，其显然不同于城市化"urbanization"，而更注重于社会意识形态与人文精神思想层面，与物质基础相关甚至将物质基础包含在内。所以，文明可以被上升到某一阶段或区域内人类进步的总和所表现与归纳，根据特征，被冠以不同时段或者地域名称，例如，古代文明、华夏文明、两河文明，等等。

生态文明在一定程度上是一种超生态和超文明本义的泛化使用。如果按照社会主要的生产方式来命名文明，并且从人之所以为人起便作为一种文明，文明大体上包含了采猎文明、农耕文明、工业文明。近现代均处于工业文明时期，生态文明则是附加在工业文明之上的，且应归因于工业文明所带来的生态环境破坏问题。所以，生态文明与工业文明是相融的，是工业文明的增量性的进阶表述，但非割裂性表述。生态在这时泛化为绿色（低消耗、低污染）、循环（3R 或 5R）、可持续（自组织、自维护、健康良性），文明则更是泛化为从具体的生态系统恢复与修复到抽象的生态文化、生态理念，也就是已经远非自然科学领域的概念，而是一个社会学尤其是政治学的概念，更多表述的是一种涵盖经济、教育、政治、工业、农业等方面的社会发展方式变革的可持续发展政治思想与理念。Arran Gare（2009）在"《野蛮、文明与颓废：应对创造生态文明的挑战》"一文中认为，生态文明这个词最早由苏联环境专家提出，但并未广泛使用。也有学者认为最早提出生态文明概念的学者是德国法兰克福大学政治系教授伊林·费切尔（Iring Fetscher），他于 1978 年提出。国内较为公认的是农业经济学家叶谦在 1987 年最早使用生态文明这一词语。国内较早期的研究还有：李绍东（1990）在《西南民族学院学报》哲学社会科学版发表的"论生态意识和生态文明"、谢光前（1992）在《社会主义研究》发表的"社会主义生态文明初探"、刘宗超和刘粤生（1993）在《自然杂志》发表的"全球生态文明观——地球表层信息增殖范型"等。

当前，生态安全屏障建设是在生态文明建设的大背景下提出的，也是生态文明建设的一个重要组成部分。

1.2.2 生态安全屏障研究进展

生态安全屏障相关理论建立在人类对生态系统服务功能的认识和维护国家生态安全要求的基础上，其核心内容是对生态系统的修复、恢复与重建。从这个意义上讲，生态安全屏障的理论基础主要来源于恢复生态学。恢复生态学是 20 世纪 80 年代迅速发展的现代应用生态学的一个分支，其主要内容是对受到人为或其他自然因素破坏的自然生态系统的恢复与重建的研究（任海等，2004）。"生态安全屏障"一词并非一个严谨的科学术语，近似术语有"生态屏障""绿色屏障""生态屏障工程""生态环境保护屏障"等（王玉宽等，2005）。为追踪国内生态安全屏障的研究进展，以中国知网（https：//www.cnki.net/）为数据库搜集相关论文，搜索主题为"生态安全屏障"及其近似术语"生态屏障""绿色屏障"，搜索格式为"绿色屏障＋生态屏障＋生态安全屏障"，共得到 7 512 条检索结果，其中包括学术期刊类文献 4 136 篇、学术论文类文献 123 篇、会议类文献 186 篇、报纸类文献 2 653 篇、图书类文献 5 篇、成果类文献 29 篇。

我国生态安全屏障相关研究首次出现于 1982 年，后于 1982—1999 年缓慢发展，期间年发文量较少，相关研究集中在对防沙林、防火林、水源涵养林等"绿色屏障"的认识上，没有对生态安全屏障的定义和内涵进行系统研究。2001 年 12 月 19 日，四川农业大学举行了"建设长江上游生态屏障学术研讨会"，会上对生态屏障的内涵、基本架构、指标体系等进行了深入探讨。此后，生态安全屏障研究进入了高速发展期。进入 21 世纪后，与生态安全屏障研究相关的文章被发表量显著增加，主要研究领域也从生态安全屏障科学内涵扩展到区域生态安全屏障建设的思考与总结、生态安全屏障评价等方面。2010 年，生态安全屏障相关研究的年发文量接近 500 篇，后出现小幅减少，在 2012 年恢复持续上升趋势。2021 年迅猛增长，生态安全屏障相关研究的年发文量超过了 800 篇（图 1.1）。

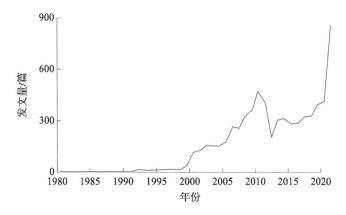

图 1.1　1980—2021 年与生态安全屏障相关研究的年发文量

　　从生态安全屏障及其近似术语在 1982—2021 年被发表趋势可以看出（图
1.2），"绿色屏障"一词于 20 世纪 80 年代初期被提出，"生态屏障"一词则
最早出现在 20 世纪 90 年代中期，而"生态安全屏障"则出现在 21 世纪初。
随着以"生态屏障"和"生态安全屏障"为主题的研究增加，"绿色屏障"
的研究逐渐减少，这是因为"绿色屏障"的研究主要围绕植树造林等森林生
态系统的建设，重视的是遏制水土流失、防风固沙、防洪防火等森林生态系
统服务功能。"生态屏障"主要研究对象从单一森林生态系统的屏障作用扩展
到了草原生态系统、湿地生态系统、农田生态系统、城市生态系统及混合生
态系统等生态系统类型的屏障作用，涵盖范围更广。"生态安全屏障"则在
"生态屏障"的基础上更加突出生态系统的健康与安全，强调生态文明建设。

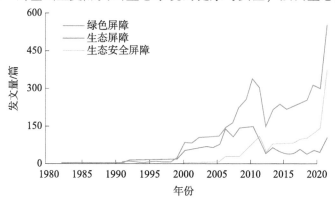

图 1.2　1980—2021 年以生态安全屏障及其近似术语
（绿色屏障、生态屏障）为主题的年发文量

以"生态安全屏障"和"生态屏障"为主题的研究和生态安全屏障相关研究整体发展趋势一致，2021 年年发文量分别达到了 556 篇、374 篇。

生态安全屏障研究主要涉及生态安全屏障内涵辨析、生态区安全屏障建设、生态安全屏障评价等。在生态文明建设中，生态安全屏障是构建国家生态安全的重要组成部分，是区域可持续发展的重要保障。为了有效改善生态环境状况，我国在生态建设方面加大了投入，早在 1998 年就将长江黄河中上游地区、草原区等地划分为生态环境建设的重点区域，并于 2011 年构建了包括青藏高原生态屏障、黄土高原川滇生态屏障、东北森林带、北方防沙带、南方丘陵山地带的"两屏三带"为主体的生态安全战略格局。至此，国家生态屏障区形成，生态屏障体系建设的重要性被提升到了一个新的高度（图1.3）。

图 1.3　1982—2021 年生态安全屏障文献热点关键词云图

1. 生态安全屏障的内涵

目前生态安全屏障的内涵在学界并未形成统一认识，本书对于目前的生态安全屏障内涵研究进行了整理（表1.1）。生态安全屏障内涵研究可分为两个阶段，以 2005 年为分界点。在 2005 年之前，为生态安全屏障内涵的完善阶段。在这个阶段，研究大多是针对生态安全屏障内涵的探讨与完善。杨冬生（2002）的表述突出了生态安全屏障生态系统对相邻环境的保护作用，基本揭示了生态屏障的实质，但忽略了其对自身系统的保护作用和维护生态安全的作用。陈国阶（2002）的表述规定了构成生态安全屏障的生态系统状态、结构、功能及服务对象，但在其表述中提到的构成生态屏障的生态系统应"处于顶级群落或向顶级群落演化的状态"的说法过于绝对。潘开文等（2004）在前两位学者表述的基础上，补充强调了构成生态屏障的生态系统应"处于一个区域的关键地段"，但其过于强调构成生态安全屏障的生态系统的自我维护功能，没有考虑农田生态系统、城市生态系统成为生态安全屏障的可能性。冉瑞平和王锡桐（2005）扩展了生态屏障的地域和功能概念，但还是缺少对构成生态安全屏障生态系统的进一步界定和解释。王玉宽等（2005）的表述将生态安全屏障视为一种"复合生态系统"，并明确了构成生态安全屏障的生态系统所处的空间位置，提出了生态系统功能方面的要求。王玉宽等的表述基本完善了生态安全屏障的内涵，对之后的研究产生较大的影响。在2005年之后，这一时期是生态安全屏障内涵的补充阶段。在这个阶段，研究大多是在上一阶段研究的基础上进行补充说明。钟祥浩和刘淑珍（2010）对构成生态安全屏障的生态系统状态进行了补充。孙海燕等（2015）对生态安全屏障构成、功能等进行描述。王晓峰等（2016）则增加了生态安全屏障在空间尺度上多处于过渡地带上，具有一定的空间跨度，在空间上呈封闭或半封闭分布的描述，同时根据屏障对象性质将生态屏障划分为正向服务保护型、反向服务防护型和退化服务恢复型。最新研究将生态安全屏障作为工程概念上的专有名词，指人为干预、具有自我调节能力、有助于区域生态恢复的生态系统，具有促进人类与生态可持续发展的能力（刘霞等，2022）。

表1.1 生态安全屏障概念

阶段	生态安全屏障定义	参考文献
第一阶段	生态屏障是一个物质和能量能够以良性循环的生态系统，其物质能量的良性流动能保护相邻的环境	杨冬生，2002
	生态屏障就是生态系统的结构和功能，能起到维护生态安全的作用。这包括生态系统本身处于较完善的稳定良性循环状态，处于顶级群落或向顶级群落演化的状态；同时生态系统的结构和功能符合人类生存和发展的生态要求	陈国阶，2002
	生态屏障是在一个区域的关键地段，有一个具有良好结构的生态系统，依靠其自身来维持与调控区域内外生态环境与生物多样性的稳定，是维系区域内外生态安全与可持续的具有良好结构与功能体系的生态系统	潘开文等，2004

阶段	生态安全屏障定义	参考文献
第一阶段	生态安全屏障是位于特定区域的具有良性生态功能的巨型生态系统，该生态系统既是屏障区域的生态安全系统，同时又是下游（或下风向）区域生态环境的"过滤器""净化器"和"稳定器"	冉瑞平和王锡桐，2005
	生态屏障是指"处于某一特定区域的复合生态系统，其结构与功能符合人类生存和发展的生态要求"	王玉宽等，2005
第二阶段	生态屏障是在特定地域条件下的生态系统，其结构与生态过程处于不受破坏或少受破坏与威胁的状态，在空间上形成多层次、有序化的稳定格局，既与区域自然环境相协调，又与区域人文环境相和谐，能为区域人类生存和发展提供可持续的生态服务，并对邻近环境乃至更大尺度环境的安全起到保障作用	钟祥浩和刘淑珍，2010
	生态安全屏障指建立在某一特定区域之上，由不同生态系统或生态资源构成，具备不同生态服务功能，具有可持续的创新发展空间，并为区域内或区域间提供生态安全保障的一个完整系统结构	孙海燕等，2015
	生态安全屏障多处于过渡地带上，是经过人工改良的具有明确保护与防御对象的复合生态系统，影响生态系统服务流动，保障区域或国家生态安全，具有一定的空间跨度，在空间上呈封闭或半封闭分布	王晓峰等，2016
	生态屏障是工程概念上的专有名词，指人为干预的、具有自我调节能力的、有助于区域生态恢复的生态系统，具有促进人类与生态可持续发展的能力	刘霞等，2022

上述定义对生态安全屏障的表述和理解有所侧重，无论是强调生态安全屏障对生态环境的保护作用，还是指出生态安全屏障对生态安全的维护作用，都表明生态安全屏障不仅要具有符合人类生存发展需求的生态系统结构，而且强调生态安全屏障要能发挥的屏障作用。这些定义促进了生态安全屏障理论的发展，对正确认识和深入理解生态安全屏障的内涵具有重要的启迪作用。

目前在国外，生态安全屏障被翻译为"Ecological shelter"（Yu et al.，2018）或"Ecological barrier"（Li et al.，2021），在生态学意义上与生态安全屏障相似的概念还有生态缓冲区（Ecological buffer zone）、生态廊道（Ecological corridors）等。对各类概念进行梳理，有助于更好地理解生态安全屏障的内涵。生态安全屏障的相关概念辨析如表1.2所示，从表中可以看出生态缓冲区旨在避免人类活动对保护区的影响（Gaston et al.，2008；Pastrana et al.，

2021）；生态廊道旨在连接分散的保护区，促进物种交流并提升生态系统连通性（Peng et al.，2017；Bennett & Mulongoy，2006）。与之相比，生态安全屏障有相似之处：首先，无论是生态安全屏障、生态缓冲区还是生态廊道，都是针对明确的保护区（被屏障区）而设立的；其次，从生态功能上看，三者都能提供或增强区域的生态系统服务。但是，生态缓冲区和生态廊道重点强调对生物多样性的保护。而生态安全屏障在水源涵养、水土保持、生物多样性保护等多方面发挥屏障作用，并根据屏障目标突出相应屏障功能。而"Ecological barrier"一词多用于描述物理意义上的自然屏障，对鸟类等物种的迁徙具有阻隔作用，与生态安全屏障的内涵存在一定差异（Åkesson et al.，2016）。

表 1.2 生态安全屏障相关概念辨析

概念	内涵	生态功能
生态缓冲区	生态缓冲区是旨在最大限度地减少对保护区的负面影响过渡区域	（1）保护具有高流动性或生态相关性的物种； （2）提供物理屏障； （3）减少边缘效应； （4）增强保护区提供的生态系统服务
生态廊道	生态廊道是指在生态环境中呈线性或带状布局的、连接孤立和分散的保护区斑块，维持或恢复破碎化生态系统的具有连通性的区域	（1）连接分散的栖息地，允许动物进入更大的栖息地区域觅食，促进种群季节性迁徙和基因交流； （2）维持和提升生态系统的连通性，减轻景观的破碎化； （3）保护内部生境免受外部的干扰； （4）发挥一定生态系统服务

2. 区域生态安全屏障建设

生态屏障建设是一个综合的目标，以人类生态安全为核心的生态过程，以维护生态系统的良性循环为内容，以人类可持续发展为服务对象，以区域自然过程和人文过程和谐统一为目标的建设（陈国阶，2002）。现阶段，各科研院所、地区生态管理机构对各自区域内生态安全屏障建设的总结与反思，是我国生态安全屏障建设研究的主流。由于缺乏科学有效的理论指导和充分的论证规划，生态安全屏障建设研究初期存在盲目性和不确定性，仅对生态屏障建设区域的生态问题进行分析，并提出政策建议，而没有提出系统而科学的方法。为了解决这个问题，相关学者开展了大量的生态屏障建设相关研究。其中比较有代表性的是以功能区划来指导不同区域的生态屏障建设，这种方法主要是从生态保护视角出发，将研究区域划分为若干具有生态保护和治理功能的地域类型，主要包括水源涵养、水土保持、生物多样性保护、水土流失治理等功能区域。关于生态安全屏障的分区及功能，已有学者进行过探讨。骆建国和潘发明（2001）将长江上游的四川划分为川西高山高原水源涵养功能区、川西南山地水源涵养水土保持功能区、盆周山地水土保持水源涵养功能区及盆地低山丘陵水土保持生态农业功能区。周立江（2001）依据长江上游主要生态安全问题和建立生态屏障的地位与作用，将长江上游区域分为西部水源涵养生态屏障、东部水土保持生态屏障、城乡环境绿化生态屏障、生物多样性保护等四个方面。李鹏等（2009）根据首都山区的自然环境特征以及存在的生态环境问题，对首都山区进行了生态屏障功能分区，并针对不同功能区提出相应的建设措施，为有效建设结构完整、功能完善的首都山区生态屏障系统提供决策依据。

除利用功能区划建设生态安全屏障外，针对研究区域现状分析进行生态屏障建设研究也是一种常见方法。孙鸿烈等（2012）在分析青藏高原冰川退缩显著、自然灾害增多等生态环境问题后，提出了该地区国家生态安全屏障建设的对策与途径，并分析了该地区国家生态安全屏障建设对提升整个国家生态安全建设的重要性。安和平和陈爱平（2012）重点分析了毕节试验区生态安全屏障建设的投资、资金管理问题，提出了建设多元化的融资渠道、完善生态安全屏障建设的工程资金管理体系等。刘影等（2014）利用遥感图像解译，以 2010 年鄱阳湖生态经济区环境卫星遥感影像为数据源，叠合鄱阳湖生态经济区 DEM 高程数据，提取森林、灌丛、农田、湿地、草地、城镇、裸地七种生态类型为一级生态系统，依据不同生态系统构成及占有率，划分了森林、农业、湖泊湿地三种生态资源类型的六块鄱阳湖生态经济区重点生态屏障区，并针对不同生态资源类型提出相应的建设对策，为生态安全屏障建设提出新的思路。蒋蕾等（2020）以长春经济圈西北部为研究区，从其生态本底特征和主要生态问题出发，构建包含生态屏障因子的区域景观生态风险定量评价方法，在识别生态屏障建设关键地区的基础上提出具有针对性的区域生态安全屏障建设策略，助推研究区高质量、可持续发展。

我国生态安全屏障的建设与发展历程可概括总结如图 1.4 所示。

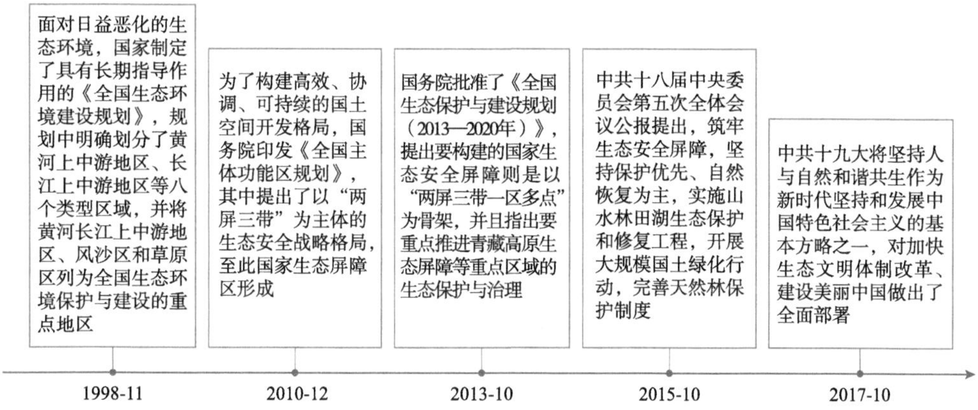

面对日益恶化的生态环境，国家制定了具有长期指导作用的《全国生态环境建设规划》，规划中明确划分了黄河上中游地区、长江上中游地区等八个类型区域，并将黄河长江上中游地区、风沙区和草原区列为全国生态环境保护与建设的重点地区	为了构建高效、协调、可持续的国土空间开发格局，国务院印发《全国主体功能区规划》，其中提出了以"两屏三带"为主体的生态安全战略格局，至此国家生态屏障区形成	国务院批准了《全国生态保护与建设规划（2013—2020年）》，提出要构建的国家生态安全屏障则是以"两屏三带一区多点"为骨架，并且指出要重点推进青藏高原生态屏障等重点区域的生态保护与治理	中共十八届中央委员会第五次全体会议公报提出，筑牢生态安全屏障，坚持保护优先、自然恢复为主，实施山水林田湖生态保护和修复工程，开展大规模国土绿化行动，完善天然林保护制度	中共十九大将坚持人与自然和谐共生作为新时代坚持和发展中国特色社会主义的基本方略之一，对加快生态文明体制改革、建设美丽中国做出了全面部署
1998-11	2010-12	2013-10	2015-10	2017-10

图 1.4　国家生态安全屏障的建设与发展

3. 生态安全屏障评价

目前，对生态安全屏障评价的研究主要侧重于生态环境系统，如将生态屏障建设成效划分为生态基础建设、生态恢复与保护、工业污染处理情况、城市生活污染处理能力、环境污染与破坏事故及自然灾害情况等五个方面，或将生态安全屏障建设从水土保持与水源涵养能力、生物多样性保护、森林生态系统健康与活力的维持、森林对碳循环贡献的保持、生态安全的其他社会贡献及生态安全屏障建设的法规、政策与经济体制等六个方面进行评价。刘霞等（2022）对目前生态安全屏障评价方法进行了总结（表1.3）。

表 1.3　生态安全屏障评价方法

序号	方法及简介	参考文献
1	定性评估：生态系统服务功能比另一种生态系统的服务功能价值高的程度和量值	刘尧等，2017
2	定量评估：基于真实发生的生态系统服务的支付意愿及货币化技术	刘尧等，2017
3	能值分析法：将各种生态流和物质都转移为太阳能值，进行定量分析	王丹君等，2011
4	物质量评价法：从物质量的角度对生态系统提供的各项服务进行定量评价	赵景柱等，2000
5	价值量评价法：从货币价值量的角度对生态系统提供的服务进行定量评价	赵景柱等，2000
6	当量因子法：基于当量价值计算	谢高地等，2015

序号	方法及简介	参考文献
7	功能价值法：基于单位服务功能价格计算	谢高地等，2015
8	模型评估法：利用 InVEST、RUSLE 等生态模型评估	杨园园等，2012
9	直接市场法：通过定量地评价某种生态服务功能的效果，再根据这些效果的市场价格来估计其经济价值	周宇，2010
10	替代市场法：以"影子价格"和消费者剩余来表达生态服务功能的经济价值	欧阳志云等，1999
11	模拟市场法：以支付意愿和净支付意愿来表达生态服务功能的经济价值	欧阳志云等，1999

在生态安全屏障评估的实际应用中，能值分析法使用较少，因其成熟性相对不足，且评估结果难以被生态屏障的利益相关者和决策者理解。价值量评价法即将生态系统服务功能进行货币化的定量化评估（吴蒙等，2012），Costanza 等（1997）在《自然》（*Nature*）上发表了题名为 *The value of the world's ecosystem services and natural capital* 的论文，该文理论上明确了生态系统服务功能价值估算的基本原理和方法，为后续研究奠定了基础。谢高地等（2015）针对 Costanza 等的文章中的基于单位面积价值当量因子生态系统服务功能估算方法在中国区域的普适性进行了优化，并应用于估算中国生态系统的服务功能价值。此后国内学者基于此修正当量表，开展了大量生态系统价值评估研究，如 Yang 等（2013）对齐齐哈尔市 2000—2010 年九种生态系统服务价值进行估算，分析了生态保护红线区域内生态系统服务价值的时空变化；Hou 等（2020）评估了西安市 2016 年十种景观指数和九种生态系统服务价值的空间分布，探究景观格局对生态系统服务价值的影响；Li 等（2021）探究了 2000—2018 年川滇生态安全屏障带生态系统服务价值的时空演变，模拟了在三种发展场景下生态系统服务价值的变化。

随着遥感和地理信息技术的发展，基于大数据平台的模型模拟评估方法得以实现（谢余初等，2018）。生物量评估法是通过基础数据利用模型或算法转换为最终生物量后进行评估的方法。该方法基于模型或者数学理论进行评估，能够将生态学理论的整体性原理和主导因子原理充分展现出来（贾婉琳等，2020）。目前使用较为广泛的模型包括 InVEST 模型、ARIES 模型、MIMES模型和 SoLVES 模型。其中，InVEST 模型集成了地理信息系统（GIS）、遥感和数学模型，实现了生态系统服务的定量评估，并可实现评估结果的可视化表示，有助于研究生态系统服务的空间异质性（Wen et al.，2020）。目前，In-VEST 模型已被国内外学者大量应用，研究涉及土壤保持、碳循环、营养物截留、生物多样性等多项生态系统服务。例如，Hoyer（2014）利用 InVEST 模型对美国图阿拉廷和雅姆希尔流域产水量、水质净化和泥沙截留三项生态系统服务进行评估，结果发现产水量变化对气候因素的敏感性强，而氮磷截留净化输出主要由土地覆盖驱动；Peng 等（2018）基于 InVEST 模型量化了云南省 2010 年土壤保持、碳固定和水源涵养三种生态系统服务，将生态系统服务与电路理论相结合，对云南省生态安全格局进行识别；朱殿珍等（2021）基于 InVEST 模型，对 2000—2015 年青藏高原生态安全屏障区土壤保持、水源涵养和碳储量三项生态系统服务的时空变化进行评估，分析了不同生态系统服务权衡与协同关系。

1.2.3　生态安全屏障建设案例

表 1.4 列出了几个典型的国内外生态安全屏障构建的案例。

表 1.4　国内外生态安全屏障建设部分案例

序号	屏障类别	地点	生态问题	生态安全屏障构建措施
1	河流型	美国田纳西河流域	流域植被破坏，耕地水土流失严重，河流经常暴雨成灾，是美国典型的生态敏感脆弱地区（王如松和李秀英，2005）	（1）大规模进行人工造林；（2）推广"示范农场"计划，发展生态农业（程邦谊，2007）；（3）发展生态旅游；（4）成立田纳西河流域管理局，加强综合管理（黄贤全，2002；唐政生等，2000）
2	河流型	天津独流减河流域	污染源复杂且存在潜在的生态风险；流域生态空间质量脆弱、破碎化严重	（1）加强污染源控制；（2）开展生态网络规划，构建生态廊道，修复关键生态节点
3	城市型	德国慕尼黑	城市周边生态系统结构破损，生态联系网缺乏；水土流失、水质污染、湿地破坏等问题凸显	实施"绿腰带"项目（1）实施休养生息和再自然化措施，建立群落生境组合，设立鸟类保护区；（2）发展生态农业；（3）发展生态旅游（石向荣和田斌，2012；于雪梅，2006）

序号	屏障类别	地点	生态问题	生态安全屏障构建措施
4	湖库型	巴西伊泰普水库	森林丧失，动植物栖息地退化，水土流失严重，水质持续恶化，近20种鱼类消失（Berg et al.，1995）	（1）建设水库森林保护带和自然保护区； （2）进行农业面源控制及小流域治理； （3）发展生态旅游（冯琳等，2013）
5	海湾型	日本濑户内海	水质恶化，富营养化，赤潮频发（Hanayama et al.，1985），栖息生境严重破碎化（杜碧兰，2003），底泥污染，生物种类减少	（1）实施污染物总量控制； （2）限制围海造陆规模，将沿海区域划为国家公园，建立了800多个野生动物自然保护区（李海清，2006）； （3）底泥疏浚，清理历史污染（刘相兵，2013） （4）依法治海，制定《濑户内海环境保护特别措施法》《濑户内海环境保护基本计划》（李海清，2006；徐祥民等，2007）
6	海湾型	美国切萨皮克湾	水质恶化，富营养化，夏季缺氧（Hagy et al.，2004；Rosenberg et al.，1990），水生植物减少，海洋生物资源衰退，栖息生境破坏	（1）控制污染输入，实施入海河流 TMDL（日最大负荷）； （2）建立海岸绿化带，恢复滨海湿地，恢复海藻场（Shafer et al.，2008）； （3）科学捕捞，恢复海洋生物栖息地； （4）成立切萨皮克湾整治执行委员会，实施综合管理（刘健，1999）
7	山地型	日本治山计划	山地住宅多，山地灾害危险大；开发导致森林资源减少；水源涵养的需求增长	（1）建立山地灾害观测及应急体系； （2）保护森林，建设"绿色屏障"； （3）小流域治理（李星和柴禾，1992）

总体上，这些生态安全屏障大都采用污染控制、生境重建、自然保护区等构建方法与措施，并且实施跨部门综合机构进行综合管理。

1.3　生态安全屏障概念与内涵解析

1.3.1　生态安全屏障的概念

生态安全屏障也被称为"生态屏障""绿色屏障""绿色生态屏障""生态缓冲区"，最初的生态安全屏障建设主要是以防风固沙、防治水土流失为主的植树造林等绿化工程。傅伯杰等（2017）将生态安全屏障定义为：一个位于特定区域具有良好生态功能的复合生态系统，且该生态系统是被屏障区域的生态安全系统或屏障区域的生态防御系统，是保护对象的"过滤器""净化器"和"稳定器"。生态安全屏障往往是人为建立的关键区域或者特指的一个区域，生态安全屏障包含着地域和功能两层概念，它具有明确的保护对象和防御对象。傅伯杰等（2017）将生态安全屏障人为定义为一个良性的生态系统，并且将屏障的功能归纳为"过滤器""净化器""稳定器"。然而，生态安全屏障区并非必然是良性的生态系统，其只是在良性状态下才能起到生态安全屏障作用。同时，生态安全屏障作用用"过滤器""净化器""稳定器"来归纳，对于不同的生态系统未必能够概括。这里，我们把生态安全屏障从两个生态系统相互作用的角度来分析，显然，生态安全屏障强调的是屏障区对被屏障区的生态安全的保障作用，这样，生态安全屏障可定义为能够为被屏障区生态系统安全提供保障作用的区域。

这里生态安全屏障区的生态功能未必是良性的，应该从其对被屏障区需要的生态安全保障的供给能力的角度对其进行评价，如果生态安全屏障区的生态功能是良性的，则能发挥应有的屏障作用；如果生态安全屏障区的生态功能不是良性的，则应该对生态安全屏障区进行生态修复或恢复。生态功能是良性的也预示着该区域的生态系统处于良好的状态。这里所谓的生态功能，就是屏障区对被屏障区的生态安全保障的供给能力，可以从生态系统服务角度来研究和描述。也就是说，生态安全屏障就是一个屏障区生态系统对被屏障区提供生态系统服务。生态系统服务的对象是人，而这里把被屏障生态系统作为了屏障区生态系统的服务对象。

1.3.2   生态安全屏障的内涵

生态安全屏障的内涵可以用图1.5来探讨。Fisher等（2009）和傅伯杰等（2017）从生态系统服务角度来阐释生态安全屏障，根据生态系统服务的流向，分为生态系统服务供给区（Service Providing Area，SPA）、生态系统服务受益区（Service Beneficial Area，SBA），而生态安全屏障区（Ecdogical Safety Barrier，ESB）指SPA对SBA不良因素干扰的屏障，往往位于SPA和SBA之间，当SPA与SBA不相邻时，则生态系统服务流通过生态系统服务连接区（Service Connection Area，SCA）连接，而ESB则可能与SCA并列或相邻。根据上文的定义，我们把生态系统服务受益区作为生态安全屏障的被屏障区，这样图1.5中的关系可以相应简化。具体而言，在图1.5（a）中SPA与SBA重合，这样ESB则是屏障外部区域的干扰，ESB、SPA及SBA也是重合的，也就是说屏障区与被屏障区是重叠的，当然这是一个特例；图1.5（b）和图1.5（c）的本质是一致的，SPA和SBA是包围关系，二者之间是ESB，这种情况实际ESB＝SPA；在图1.5（d）和图1.5（e）中，SPA和SBA是存在空间距离，SPA对SBA的正向性的服务需要SCA连接，负向性的干扰需要ESB来屏蔽，SCA和ESB并列相邻［图1.5（d）］或者序贯相邻［图1.5（e）］，在这种情况下，ESB＝SPA＋SCA。

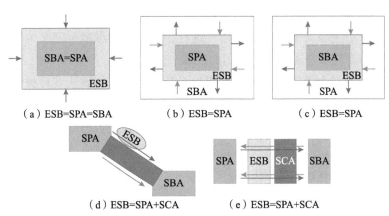

图1.5   生态安全屏障内涵示意图 ［根据 Fisher et al. （2009）
和傅伯杰等 （2017） 修改］

红色箭头表示不良因素的干扰方向；绿色箭头表示生态系统服务流方向

通过以上分析，我们实质上是从一个生态系统对另一个生态系统的生态系统服务的视角，把生态安全屏障进行了扩展，将生态系统服务受益区作为生态安全屏障的被屏障区，把对其发挥作用的所有生态区域，包括生态系统服务供给区、生态系统连接区、其他研究中生态屏障区，全部归为生态安全屏障区。生态安全屏障的内在含义包括：

（1）生态安全屏障是一个在区域生态安全体系中的关键生态系统。生态安全屏障自身是一个生态系统，往往处于生态系统变化的过渡带或敏感带，属于复合型生态系统。

（2）生态安全屏障的作用是保障被屏障区的生态安全、提升生态系统服务。生态安全屏障对被屏障区具有正向调节作用，有助于被屏障区生态安全的实现。生态安全屏障的保护对象是生态系统服务的受益区，生态安全屏障自身即生态系统服务供给区，当然这是站在生态系统与生态系统服务的角度上而言。对于人类而言，被屏障区往往是为人类提供重要生态系统服务的供给区，保障其生态安全也就能保障其为人类提供生态系统服务。当然，生态安全屏障区本身也可以具备为人类提供生态系统服务的功能，这与对被屏障区生态安全保障并不矛盾，具有良好生态功能的生态安全屏障区是对被屏障区提供生态安全保障的前提和基础。

（3）生态安全屏障能够减缓和降低不良因素对被屏障区的负向影响。生态安全屏障具有正向作用提升和反向干扰减缓的双向作用，生态安全屏障区有助于被屏障区的沙漠化、石漠化和水土流失等问题的防治或减缓（Zhou et al.，2006）。

（4）生态安全屏障区与被屏障区的交互地带往往是生态安全屏障发挥作用的关键地带。生态系统服务供给区与生态安全屏障区在对于生态安全被屏障区（生态系统服务受益区）作用角度可以统合为生态安全屏障区，但是二者连接地带是生态安全屏障发挥作用的关键地带。例如：一个海湾的汇水流域中的河流生态系统是该海湾的生态安全屏障；而河口地区则是河流生态系统发挥其屏障作用的关键地带。如果河口建设闸坝会切断二者联系，对发挥河流生态系统的屏障作用有重大影响。

1.3.3　生态安全屏障类型

生态安全屏障本身是一个生态系统，可以参照生态系统分类来进行分类，例如，按照人为影响大小、自然生态特征等进行分类。

按照生态安全屏障受到人为影响的大小，其可以分为自然生态安全屏障、人工生态安全屏障、半人工生态安全屏障。顾名思义，没有人为因素干扰的生态安全屏障就是自然生态安全屏障，例如：天然海滩；人工建设的生态安全屏障为人工生态安全屏障，比较典型的如人工绿地和绿化带；介于二者之间的为半人工生态安全屏障，例如三北防护林。这三种类型的生态安全屏障也会相互转化，自然生态安全屏障受到人类活动的干扰或破坏会变成人工或半人工的生态安全屏障。由于自然生态演替作用，人工生态安全屏障在人为活动干扰少的情况下，逐渐演替为半人工甚至自然生态安全屏障。

根据生态安全屏障的自然特征，可以对生态安全屏障进行多种分类。根据植被类型，可以分为：森林型生态安全屏障、草地型生态安全屏障、裸地型生态安全屏障、复合型生态安全屏障等；根据形态，可以分为：线型生态安全屏障、片区型生态安全屏障等；根据规模，可以分为：大型生态安全屏障、中型生态安全屏障、小型生态安全屏障；根据地貌特征，可以分为：山地型生态安全屏障、平原型生态安全屏障、河流型生态安全屏障、湿地型生态安全屏障、复合型生态安全屏障等。

根据人为影响大小及自然生态特征的分类可以交互融合，生态安全屏障的分类可以进一步细化。

1.3.4　生态安全屏障的特点

生态安全屏障的根本特点被总结为防护性、梯度性、指向性、动态性（Chaturvedi et al.，2019）。防护性指生态安全屏障对干扰被屏障区生态安全的不良因素具有降低和减缓的作用。梯度性指生态安全屏障区的作用往往随着被屏障区距离远近或者自然地貌特征具有空间梯度。指向性指生态安全屏障的生态系统服务流动是从屏障区向被屏障区。动态性指生态安全屏障区以及被屏障区的生态系统以及二者的相互作用均会随着时间发生演变，而不是一成不变的。

1.4　生态安全屏障构建理论架构

虽然现在生态安全屏障是生态文明建设领域的一个热点问题，然而生态安全屏障构建理论仍然是一个还在探索的领域，在一定程度上来说还处于初步的理念多于理论、想法多于方法的阶段。我们在本书中从生态安全屏障的概念和内涵对生态安全屏障构建理论进行探讨和分析。

图 1.6 所示，生态系统服务一般是针对人类福祉的，可以分为四大类，即：供给服务、调节服务、文化服务以及支持前面三类服务的支持服务。人类福祉包括生存、安全、健康、关系和谐、行为自由等。对于生态安全屏障而言，传统的"生态系统对人"的服务转变为"生态系统对生态系统"的服务。这样在生态安全屏障的视域下，生态系统服务就成为针对生态安全的，包括三个大类，即：供给服务、调节服务、文化服务。图 1.6 中未针对生态安全的生态系统服务（生态安全屏障）和针对人类福祉的生态系统服务的内容进行详细区分，实质上这二者是不同并且有可能还是有矛盾的。生态安全屏障更注重服务的自然属性，例如支持服务这种本来属于间接性的生态系统服务可能就转化为直接性的服务。例如：养分循环，在生态安全屏障的视域下，一定程度上是一种直接的服务。而其他类别的服务，也一样会有一定的变化。例如：供给服务中的"水力发电"，对于人类福祉而言总体上这是一种有益的生态系统服务；对于生态安全屏障而言，"水力发电"并不是屏障区所需要的生态系统服务，甚至变成了一种负向的生态系统服务。所以，生态安全屏障的生态服务类别，可以从供给、调节、支持这三个维度去构建，但要考虑被屏障的生态安全保障的需求或者目标来具体细化，不同的生态系统的生态目标是不同的，生态安全屏障区的生态系统服务（生态安全屏障功能）也是不同的，但其根本的遵循是以被屏障区的生态安全为对象的生态系统服务。

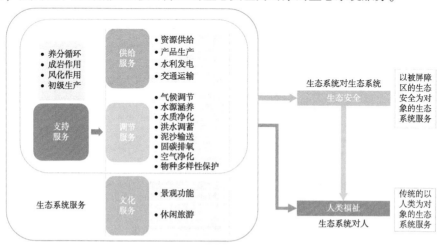

图 1.6　基于生态系统服务视角的生态安全屏障

　　生态安全屏障构建的理论架构（图1.7）可以从生态安全屏障的构建步骤开始逐步展开。生态安全屏障构建可以分为三个步骤：第一步是通过区域生态安全格局的确定来划分生态安全屏障区及被屏障区；第二步是通过对生态安全屏障区的生态系统服务功能（即生态安全屏障功能）进行评价；第三步是针对生态安全屏障区的生态系统服务功能评价结果，开展生态安全屏障区的保护与建设。从生态系统生态学的观点来看，区域生态安全格局及屏障区和被屏障区的确定其核心是解决"结构"问题。对生态安全屏障区的生态系统服务功能的评价，其核心是解决"功能"问题。而生态安全屏障区保护与建设的核心是解决"调控"问题。"结构"与"功能"依靠对"过程"的认识来连接，而"功能"与"调控"直接是靠对"机理"的理解来连接。对"结构""功能""调控"等进行支撑的相关技术方法包括生态规划方法、生态系统服务功能评价模型、生态恢复与修复技术等三大技术和方法。而这里涉及的主要生态学原理包括：生态系统的环境胁迫响应原理、生态系统服务的物质循环原理、生态系统稳态维持与重构原理。支撑这三个基本原理的学科体系包括：生态系统生态学、环境生物地球化学、环境生物地球物理、环境污染生态学、保护及修复生态学、生态环境经济学、全球及区域生态学。这样，图1.7基本勾勒出了生态安全屏障构建的理论架构，自上而下是自问题向科学研究的导向，自下而上则是自科学研究向应用的导向。目前，在基本原理认识、学科体系统合、方法体系创新等方面均还有许多研究可以做、需要做。

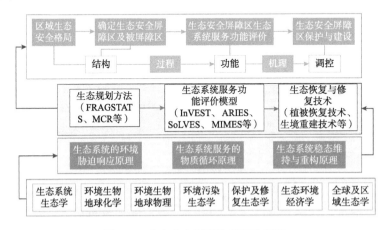

图1.7　生态安全屏障构建理论框架

图 1.7 是生态安全屏障构建自身的理论架构，其政策保障体系因为属于保障支持范畴，故未纳入，但政策保障体系也是保障生态安全屏障构建这一体系良性运转和维持的一个重要方面。

参考文献

安和平，陈爱平. 2012. 毕节试验区生态安全屏障建设投资与管理问题研究 [J]. 农业现代化研究，33（3）：318 – 321，335.

陈国阶. 2002. 对建设长江上游生态屏障的探讨 [J]. 山地学报，(5)：536 – 541.

程邦谊. 2007. 美国田纳西流域治理的成功经验对湖北汉江流域中下游现代水利建设的启示 [J]. 南水北调与水利科技，(1)：99 – 102.

杜碧兰. 2003. 开发利用海水资源的战略构想 [J]. 国土经济，(4)：27 – 29.

冯琳，徐建英，邸敬涵. 2013 三峡生态屏障区农户退耕受偿意愿的调查分析 [J]. 中国环境科学，(5)：938 – 944.

傅伯杰，王晓峰，冯晓明，等. 2017. 国家生态屏障区生态系统评估 [M]. 科学出版社.

黄贤全. 2002. 美国政府对田纳西河流域的开发 [J]. 西南师范大学学报：人文社会科学版，(4)：118 – 121.

贾婉琳，吴赛男，陈昂. 2020. 基于 InVEST 模型的赤水河流域生态系统服务功能评估研究 [J]. 中国水利水电科学研究院学报，18（4）：313 – 320.

蒋蕾，韩维峥，孙丽娜. 2020. 基于景观生态风险的区域生态屏障建设研究 [J]. 国土资源遥感，32（4）：219 – 226.

李海清. 2006. 渤海和濑户内海环境立法的比较研究 [J]. 海洋环境科学，25（2）：6.

李鹏，韩洁，袁顺全，等. 2009. 北京山区生态屏障功能分区研究 [J]. 现代农业科学，16（11）：66 – 70.

李绍东. 1990. 论生态意识和生态文明 [J]. 西南民族学院学报：哲学社会科学版，(2)：104 – 110.

李星，柴禾. 1992. 日本林业治山第八个五年计划 [J]. 世界林业研究，(3).

刘健. 1999. 美国切萨皮克湾的综合治理 [J]. 世界农业，(3)：8 – 10.

刘霞，王浩程，王琳. 2022. 生态屏障价值评估方法研究 [J]. 环境科学与管理，47（5）：16 – 20.

刘相兵. 2013 渤海环境污染及其治理研究 [D]. 烟台：烟台大学.

刘尧，张玉钧，贾倩. 2017. 生态系统服务价值评估方法研究 [J]. 环境保护，45（6）：64 – 68.

刘影，聂宇一，胡启林，等. 2014. 鄱阳湖生态经济区生态屏障建设研究 [J]. 江西科学，32（2）：152 – 156.

刘宗超，刘粤生．1993．全球生态文明观—地球表层信息增殖范型［J］．自然杂志，
　　（Z3）：26－30．

骆建国，潘发明．2001．四川长江上游生态屏障建设布局的构想［J］．四川林勘设计，
　　（4）：9－15．

欧阳志云，王如松，赵景柱．1999．生态系统服务功能及其生态经济价值评价［J］．应用
　　生态学报，（5）：635－640．

潘开文，吴宁，潘开忠，等．2004．关于建设长江上游生态屏障的若干问题的讨论［J］．
　　生态学报，（3）：617－629．

冉瑞平，王锡桐．2005．建设长江上游生态屏障的对策思考［J］．林业经济问题，（3）：
　　137－141．

任海，彭少麟，陆宏芳．2004．退化生态系统恢复与恢复生态学化生态学报［J］．生态学
　　报，24（8）：1756－1764．

石向荣，田斌．2012．从德国"绿腰带项目"看中国休闲创意农业发展趋势［J］．理论月
　　刊，（8）：144－148．

孙海燕，王泽华，耿凯．2015．建设云南生态安全屏障的科技需求与对策研究［J］．昆明
　　理工大学学报：社会科学版，15（2）：19－24．

孙鸿烈，郑度，姚檀栋，等．2012．青藏高原国家生态安全屏障保护与建设［J］．地理学
　　报，67（1）：3－12．

唐政生，孙荣博，潘安．2000．美国田纳西流域管理［J］．东北水利水电，（4）：44－46，48．

王丹君，万军，吴秀芹．2011．区域尺度生态服务评估方法与应用研究［J］．安徽农业科
　　学，39（3）：1633－1635，1638．

王如松，李秀英．2005．美国田纳西河流域的开发和管理——农工党中央赴美考察团考察
　　综述［J］．前进论坛，（5）：9－13．

王晓峰，吕一河，傅伯杰．2012．生态系统服务与生态安全［J］．自然杂志，34（5）：273－
　　276，298．

王晓峰，尹礼唱，张园．2016．关于生态屏障若干问题的探讨［J］．生态环境学报，25
　　（12）：2035－2040．

王玉宽，孙雪峰，邓玉林，等．2005．对生态屏障概念内涵与价值的认识［J］．山地学
　　报，（4）：431－436．

吴蒙，车越，杨凯．2013．基于生态系统服务价值的城市土地空间分区优化研究——以上
　　海市宝山区为例［J］．资源科学，35（12）：2390－2396．

谢高地，张彩霞，张雷明，等．2015．基于单位面积价值当量因子的生态系统服务价值化
　　方法改进［J］．自然资源学报，30（8）：1243－1254．

谢光前．1992．社会主义生态文明初探［J］．社会主义研究，（3）：32－35．

谢余初，巩杰，张素欣，等．2018．基于遥感和 InVEST 模型的白龙江流域景观生物多样性

时空格局研究 [J]. 地理科学, 38 (6): 979 - 986.

徐祥民, 孔晓明, Liu Y. 2007. 日本《濑户内海环境保护特别措施法》的成功经验——兼论对我国渤海治理的启示 [J]. 中国海洋法学评论: 中英文版, (1): 140 - 150.

杨冬生. 2002. 论建设长江上游生态屏障 [J]. 四川林业科技, (1): 1 - 6.

杨园园, 戴尔阜, 付华. 2012. 基于 InVEST 模型的生态系统服务功能价值评估研究框架 [J]. 首都师范大学学报: 自然科学版, 33 (3): 41 - 47.

于雪梅. 2006. 在传统与时尚的交融中打造文化创意园区——以前民主德国援华项目北京 798 厂为例 [J]. 德国研究, (1): 55 - 59, 80.

赵景柱, 肖寒, 吴刚. 2000. 生态系统服务的物质量与价值量评价方法的比较分析 [J]. 应用生态学报, (2): 290 - 292.

钟祥浩, 刘淑珍. 2010. 科学构建中国山地生态安全屏障体系确保国家生态环境安全 [C]. 2010 中国环境科学学会学术年会论文集: 第一卷, 645 - 649.

周立江. 2001. 长江上游生态屏障建设的基本构架和指标体系 [J]. 四川林勘设计, (4): 1 - 8.

周宇. 2010. 水生态系统服务价值评估方法分析 [J]. 现代商业, (8): 78 - 79.

朱殿珍, 初磊, 马帅, 等. 2021. 青藏高原生态屏障区生态系统服务权衡与协同关系 [J]. 水土保持研究, 28 (4): 308 - 315.

Åkesson S, Bianco G, Hedenström A. 2016. Negotiating an ecological barrier: crossing the sahara in relation to winds by common swifts [J]. Philosophical Transactions of the Royal Society B: Biological Sciences, 371 (1704): 20150393.

Bennett G, Mulongoy K J. Review of experience with ecological networks, corridors and buffer zones [J/OL]. 2006. [2021 - 09 - 22].

Berg L, Borg J, Meer J. Urban tourism: performance and strategies in eight European cities [M]. Avebury, Ashgate, 1995.

Chaturvedi R, Favas P J, Pratas J, et al. 2019. Metal (loid) induced toxicity and defense mechanisms in Spinacia oleracea L.: Ecological hazard and Prospects for phytoremediation [J]. Ecotoxicology and Environmental Safety, 183.

Costanza, Robert, D'Arge, Ralph. 1997. The value of the world's ecosystem services and natural capital [J]. Nature, 387 (6630): 253 - 260.

Fisher B, Turner R K, Morling P. 2009. Defining and classifying ecosystem services for decision making [J]. Ecological Economics, 68 (3): 643 - 653.

Gare A. 2009. Barbarity, Civilization and Decadence: Meeting the Challenge of Creating an Ecological Civilization [J]. Chromatikon Annales De La Philosophie En Procès, 5: 167 - 189.

Gaston K J, Jackson S F, Cantú - Salazar L, Cruz - Piñón G. 2008. The ecological performance of protected areas [J]. Annual Review of Ecology Evolution & Systematics, 39 (1): 93 - 113.

Hagy J D, Boynton W R, Keefe C W, et al. 2004. Hypoxia in Chesapeake Bay, 1950 – 2001: Long – term change in relation to nutrient loading and river flow [J]. Estuaries, 27: 634 – 658.

Hanayama K, Watanabe K, Masuyama K. 1985. Integrated Management of Tokyo Bay Environment [J]. Research on Environmental Disruption, 14: 14 – 33.

Hou L, Wu F, Xie X. 2020. The spatial characteristics and relationships between landscape pattern and ecosystem service value along an urban – rural gradient in xi'an city, china [J]. Ecological Indicators, 108: 105720.

Hoyer R, Chang H. 2014. Assessment of freshwater ecosystem services in the Tualatin and Yamhill basins under climate change and urbanization [J]. Applied Geography, 53: 402 – 416.

Li C, Wu Y, Gao B, et al. 2021. Multi – scenario simulation of ecosystem service value for optimization of land use in thesichuan – yunnan ecological barrier, china [J]. Ecological Indicators, 132: 108328.

Pastrana C V, Ávila D M, Barrera V C S. 2021. Mathematical model for the definition and integration of buffer zones for terrestrial tropical protected areas [J]. Ecological Engineering, 163: 106193.

Peng J, Yang Y, Liu Y, et al. 2018. Linking ecosystem services and circuit theory to identify ecological security patterns [J]. Science of the total environment, 644: 781 – 790.

Peng J, Zhao H, Liu Y. 2017. Urban ecological corridors construction: a review [J]. ActaEcologica Sinica, 37 (1): 23 – 30.

Rosenberg R. 1990. Negative oxygen trends in Swedish coastal bottom waters [J]. Marine Pollution Bulletin, 21: 335 – 339.

Schweitzer A. 1923. The Philosophy of Ciulization, Prometheus Books [J].

Shafer D J, Bergstrom P. 2008. Large – scale Submerged Aquatic Vegetation Restoration in Chesapeake Bay [R]. Vicksburg, MS: U. S. Army Engineer Research and Development Center.

Wen M, Guo L, Gao Z, et al. 2020. Assessment of the impact of the poplar eco – logical retreat project on water conservation in thedongting lake wetland re – gion using the invest model [J]. Science of The Total Environment, 733: 139423.

Yang C, Yu Z, Hao Z, et al. 2013. Effects of vegetation cover on hydrological processes in a large region: huaihe river basin, china [J]. Journal of Hydrologic Engineering, 18 (11): 1477 – 1483.

Yu Z, Qin T, Yan D, et al. 2018. The impact on the ecosystem services value of the ecological shelter zone reconstruction in the upperreaches basin of the yangtze river in china [J]. International Journal of Environmental Research and Public Health, 15 (10): 2273.

Zhou Z C, Shangguan Z P, Zhao D. 2006. Modeling Vegetation Coverage and Soil Erosion in the Loess Plateau Area of China [J]. Ecological Modelling, 198 (1 – 2).

第2章　海洋生态安全屏障及其构建理论

2.1　海洋生态安全屏障概念解析

我国是一个海陆兼备的国家，海岸线总长约3.2万km，其中大陆海岸线约1.8万km，岛屿海岸线总长约1.4万km。在接近陆地国土面积1/3的海洋国土上，海洋专属经济区和大陆架面积约300万km^2，有面积500m^2以上的岛屿7 000多个（毛汉英，2014）。20世纪90年代以来，海洋资源开发和海洋经济发展在接续和补充陆地资源、缓解陆地资源和环境压力、支撑和引领经济增长以及促进经济社会可持续发展等方面已经发挥了重要的作用，未来仍有着巨大的潜力。党的十七届五中全会与《中华人民共和国国民社会和经济发展第十二个五年规划纲要》都作出了"坚持陆海统筹，制定和实施海洋发展战略，提高海洋开发、控制、综合管理能力，推进海洋经济发展"的战略部署。党的十八大也将"提高海洋资源开发能力，发展海洋经济，保护海洋生态环境，坚决维护国家海洋权益，建设海洋强国"，作为优化国土开发空间格局、推进生态文明建设的重要举措。党的十九大进一步提出"坚持陆海统筹，加快建设海洋强国"，同时还提出要"优化生态安全屏障体系"。如何从陆海统筹的视角构建和优化海洋生态安全屏障体系是当前亟须研究解决的重要课题之一。

构建"海洋生态安全屏障"概念是近几年我国海洋研究学界提出的新兴理念，目前，国内外对于"海洋生态安全屏障"尚未有学术界公认的明确统一的定义，更缺乏系统化的理论体系。海洋生态安全屏障涉及陆海两个方面，虽然有"陆海统筹""以海定陆"等符合"山水林田海"是一个生命共同体的理念和思想，但总体上这些还主要体现在思想和理念上，"陆海一体化"的理论目前还不成熟。而生态安全屏障的概念起源于2000年，已有一定的理论基础。因此，海洋生态安全屏障的概念解析，应从生态安全屏障的概念和内涵出发。

海洋生态安全屏障是一种具有防御、保护一体化的复合生态系统，一般位于过渡地带且具有一定的空间范围，对区域内的生态安全格局起到优化作用。从生态系统服务的角度分析，海洋生态安全屏障的屏障作用不仅体现在提供涵养水源、净化污染、调节气候等方面，也在防止生态灾害和改善生态系统整体质量上发挥着重要作用，起到了保护近海陆地区域经济可持续发展的作用。按照生态安全屏障的定义，海洋生态安全屏障就是指能够为被所屏障的海洋区域生态系统安全提供保障作用的区域。海洋生态安全屏障区的关键作用是使得被屏障的海洋生态系统的结构、过程、功能等不受或少受到破坏和胁迫，保障其生态系统完整性及稳定性。海洋生态安全屏障区主要为所屏障海域的汇水流域区，而海陆交错带（滨海地区）则是海洋生态安全屏障的关键核心区。

海洋生态安全屏障在确保海洋生态服务功能有效发挥的同时还要维护海洋生态系统平衡，是促进海洋生态文明建设、实现海洋经济可持续发展的重要举措（白佳玉和程静，2016）。海洋生态安全屏障包含了一定的相对位置关系，即对于陆地来说，不仅具有满足人类生存和发展所需要的生态功能，而且能够对陆地起到屏障作用（王灿发和江钦辉，2014）。具体来说，海洋生态安全屏障涉及海面、海洋水体及海底等多空间要素，是综合运用生态技术和政策手段，通过构建海岸线保护体系，建设海洋保护区和海洋牧场等海上屏障，同时推进海底森林屏障建设，以事前预防、事中监控、事后惩治补救的手段，实现海洋生态完整性、稳定性及可持续性，形成海面、海洋水体、海底立体化的陆海共治体系（吕文广，2017）。

海洋生态安全屏障的构建是一项长期、复杂、艰巨的系统工程，其中会涉及海洋生态安全评估，海洋生态安全预警与决策机制，海洋环境治理与海洋生态修复机制，海洋生态安全屏障构建模式、路径及管理等问题，每个问题的探究和解决程度都会影响"海洋生态安全屏障"构建的成效。构建我国新的海洋环境治理理论体系需要注意体现海陆统筹、陆海联动的基本理念。"海洋生态安全屏障"既要关注现有的屏障手段措施，还要基于未来的海洋开发和利用探讨适应性的发展路径，对由不同类型海洋生物所构成的生态系统要注意体现出"海洋生态安全屏障"构建的差异，从而实现我国"海洋生态安全屏障"构建中理论体系的突破，实现国内海洋环境治理理论体系的突破，从根本上解决海洋环境治理与修复多限于自然技术范畴的不足，构建充分体现自然生态与社会政策相融合、预防为主修复跟进的我国海洋环境治理理论体系。

　　海洋生态安全屏障的建设可以分为"屏障硬件"建设和"屏障软件"建设。"屏障硬件"建设主要是指在自然生态系统保护方面，通过生态环境治理、修复及恢复等技术手段，建立的海洋生态修复工程以及相关海洋生态监测工程等。"屏障软件"建设主要包括法律法规、管理体制机制、宣传教育工作、市场运行机制等方面，为海洋生态安全屏障的构建和有效运行提供保障。"屏障硬件"是"屏障软件"的物质基础，"屏障软件"是"屏障硬件"的机制保障，二者相辅相成。

2.2　海洋生态安全屏障构建理论架构

2.2.1　海洋生态安全屏障构建思路及视角

　　海洋生态安全屏障构建应按照"问题解析—空间布局—技术途径—政策保障"的总体思路，通过对海洋生态环境及其生态安全屏障状况和发展的"问题解析"找出问题，通过对现状和未来的研判确定海洋生态安全屏障构建核心问题，即确定目标要"干什么"，进而通过"空间布局"研究确定海洋生态安全屏障空间的形态样态，解决到底要干成"什么样"的问题，最后通过"技术途径"和"政策保障"两条措施途径的落实来研究解决海洋生态安全屏障应该"怎么干"的问题，如图 2.1 所示。

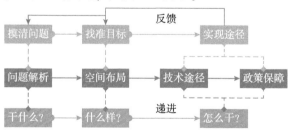

图 2.1　海洋生态安全屏障构建思路

在研究视角上，海洋生态安全屏障涉及海洋、生态、环境、管理、社会、经济等多个方面，加上对其研究亦为起步阶段，需要研究的问题很多，因此可选取多个研究视角，主要包括以下三方面：

（1）生态文明建设视角。构建和优化生态安全屏障体系，是生态文明建设的重要内容。党的十九大报告指出"优化生态安全屏障体系，构建生态廊道和生物多样性保护网络，提升生态系统质量和稳定性。"海洋领域生态安全屏障体系构建的实践，要以生态文明建设要求为背景和目标，以习近平生态文明思想为遵循，旨在探索创建海洋生态文明建设的模式。

（2）系统论视角。坚持"山水林田海"是一个生命共同体的理念，海洋生态安全屏障构建涉及的不仅是海洋生态系统，还包括陆地生态系统以及水陆交错带（滨海地区）生态系统。在空间上应该将这三个系统作为子系统，把研究区域作为一个大系统来考虑，这样才能够把海陆生态系统深度融合。此外，还要针对不同系统、不同层次的生态安全屏障构建相关因子确定构建要点，如对区域大系统重在总体规划布局和生态网络空间如生态廊道等构建，到各子系统中重在技术途径，如不同生态单元的修复模式的构建。系统论的视角还包括生态安全屏障中政策体系研究，考虑系统的解决方案，探索建立管理政策体系的系统框架。

（3）跨学科和多学科视角。海洋生态安全屏障构建这一命题具有极其浓厚的交叉学科色彩，需要社会科学和自然科学的深度交叉融合，没有自然科学对海洋生态安全问题的研判、生态空间的布局规划等，管理对象的确定就缺乏了科学性；没有社会科学对构建模式以及跨区域多部门体制和机制的探索等，构建的海洋生态安全屏障就很难实施或难以持续。

2.2.2 海洋生态安全屏障的构建理论架构

"海洋生态安全屏"的构建，在空间上涉及海洋、海岸带、陆域等多个生态空间的规划和建设，需主要探索以下几个关键问题：①如何研判海洋生态环境的现状和发展态势，找出海洋生态安全重点区域和重点问题是什么？②如何从屏障效应机理辨析海洋生态安全屏障现状问题是什么？③如何科学合理地规划布局海洋生态安全屏障，并将其和区域生态空间布局相融合？④如何筛选基于自然的海洋生态安全屏障构建技术，形成海洋生态安全屏障技术体系？⑤如何建立海洋生态安全屏障的可持续管理的政策保障体系？

通过对海洋生态安全屏障构建思路解析及关键问题探索，海洋生态安全屏障构建理论架构主要基于以下五点进行：一是海洋生态安全现状评价及态势分析；二是海洋生态安全屏障系统评估；三是海洋生态安全屏障空间规划；四是海洋生态安全屏障构建模式及技术路线；五是海洋生态安全屏障管理对策（图 2.2）。

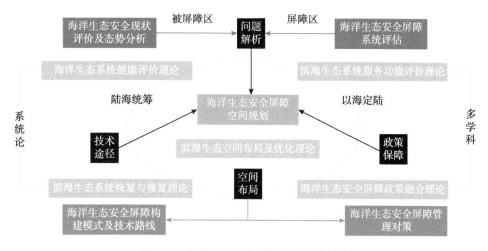

图 2.2　海洋生态安全屏障构建理论架构

（1）海洋生态安全屏障安全现状评价和系统评估。采用陆海一体化的生态系统功能评估方法，对研究区域海洋生态安全屏障的现状进行综合评价，确定海洋生态安全目标，辨析海洋生态安全屏障系统的生态脆弱区，厘清海洋生态安全屏障构建的关键问题。这里涉及的是海洋生态系统健康评价理论以及海洋生态系统服务功能评价理论。

（2）海洋生态安全屏障空间规划。通过对海洋生态安全现状评价及态势分析和海洋生态安全屏障系统评估，确定研究区域的关键问题以及生态目标，进行研究区域生态安全评估空间规划。空间规划环节属于海洋生态安全屏障构建的中心位置。这里涉及的是滨海生态空间布局与优化理论。

（3）海洋生态安全屏障构建模式及技术路线。针对研究区域的自然生态条件，基于自然化和生态化理念，筛选确定海洋生态安全屏障构建的适宜模式及其实现技术路线，从而为海洋生态安全屏障构建提供技术工具支撑。这里涉及的是滨海生态系统恢复与修复理论。

（4）海洋生态安全屏障管理对策。面向海洋生态安全屏障的可持续有效管理，探索海洋生态安全屏障管理的跨区域多部门协助体制和机制，从而为海洋生态安全屏障构建提供政策保障支撑。这里涉及的是海洋生态安全屏障政策融合理论。

总之，海洋生态安全屏障的理论框架应以系统论为指导，以多学科手段，遵循陆海统筹、以海定陆的原则，来进行架构。

2.3　海洋生态安全屏障评估方法

2.3.1　海洋生态安全健康评价方法

海洋生态安全健康评价是针对海洋生态安全屏障的被屏障区的评价。被屏障区是生态安全屏障的目标区域，只有了解被屏障区的生态安全问题才能设定对生态安全屏障区的构建重点。海洋生态安全健康评价可以分为单因子或多因子指数法以及生态系统评价模型法等。

1. 指示物种法

指示物种法是根据生态系统中的特定物种的健康程度来指示这个生态系统的健康状况，指示物种往往具有环境敏感性或生态系统特有性，浮游生物、底栖生物、鱼类、高等水生植物等均可成为指示物种，底栖生物是海洋生态系统健康评价最常见指示物种（Hoey et al.，2010；彭建等，2007）。

指示物种法简便、易操作，是海洋生态系统综合状况评估中最早和最常用基本方法之一。但该方法指标单一，难以反映复杂的生态系统，且物种筛选标准不明确，不具有普适性。由于指示物种法存在一些不足，一些研究选择在指示物种或不同组织水平的海洋生物种类群上建立指标体系进行海洋生态系统综合状况评估，以弥补指标单一评价的不足。

2. 指标体系法

指标体系法是根据生态系统的结构和功能特征，在大量复杂的信息中筛选和提取能够表征其特点的参数建立指标体系，然后依据指标的意义赋予其评价标准和权重系数，最后基于一个算法或规则建立综合评价体系（全峰和朱麟，2011）。遵循指标选取的稳定性原则，一般应选取的指标评估因子大多数是我国海洋环境状况常规监测因子。如：

1）有机污染指数

反映水体受有机污染物污染的程度，计算公式如下（HY/T084—2005）：

$$A = \frac{C_{COD}}{C'_{COD}} + \frac{C_{IN}}{C'_{IN}} + \frac{C_{IP}}{C'_{IP}} - \frac{C_{DO}}{C'_{DO}} \tag{2.1}$$

式中：A 为有机污染指数；C_{COD} 为化学耗氧量实测值，mg/L；C_{IN} 为无机氮实测值，mg/L；C_{IP} 为活性磷酸盐实测值（mg/L）；C_{DO} 为溶解氧实测值，mg/L；C'_{COD}、C'_{IN}、C'_{IP}、C'_{DO} 分别为《海水水质标准》（GB 3097—1997）中化学耗氧量、无机氮、活性磷酸盐、溶解氧第一类标准值，mg/L。

2）营养水平指数

反映水体的营养状态水平指数，计算公式如下（邹景忠等，1983）：

$$E = \frac{C_{COD} \times C_{IN} \times C_{IP}}{4500} \times 10^6 \tag{2.2}$$

式中：E 为营养水平指数；C_{COD} 为化学耗氧量实测值，mg/L；C_{IN} 为无机氮实测值，mg/L；C_{IP} 为活性磷酸盐实测值，mg/L。

3）海水重金属指数和生物体重金属指数

分别反映水体和生物体重金属污染程度的指数，计算公式如下（GB 3097—1997；GB 18421—2001）：

$$A_i = \frac{C_i}{C_o} \tag{2.3}$$

$$P = \frac{1}{n} \sum_{i=1}^{n} A_i = \frac{1}{n} \sum_{i=1}^{n} \frac{C_i}{C_o} \tag{2.4}$$

式中：A_i 为第 i 种重金属的相对污染指数；P 为重金属的综合污染指数；C_i 为第 i 种重金属的实测浓度值；C_o 为第 i 种重金属的《海洋沉积物质量标准》（GB 18668—2002）第一类标准。

4）沉积物重金属污染综合指数

反映沉积物金属污染物的潜在生态危害，计算公式如下（Hakanson，1980）：

$$E_r^i = \frac{C^i T_r^i}{C_n^i} \tag{2.5}$$

$$RI = \sum_{i=1}^{m} E_r^i \tag{2.6}$$

式中：E_r^i 为第 i 种重金属潜在生态危害系数；T_r^i 为第 i 种重金属毒性系

数；C^i 为重金属实测含量；C_n^i 为参考值；RI 则表示多种重金属潜在危害的综合指数。

5）生物多样性指数

反映评价海域浮游植物、浮游动物以及底柄生物群落结构变化，评价海域污染程度，选用 Shannon – Weaver 多样性指数公式计（GB 17378—2007）：

$$H' = -\sum_{i=1}^{s} P_i \log_2 P_i \qquad (2.7)$$

式中：s 为样品中的种类总数，P_i 为第 i 种的个体数与样品中的总个体数的比值。

6）鱼卵及仔鱼密度（C17）

衡量亲鱼资源大小及估测渔业资源量的重要指标，采用垂直拖网数据，计算公式为（GB/T 12763—2007）：

$$G = N/V \qquad (2.8)$$

式中：G 为单位体积海水中鱼卵仔鱼密度，ind/m³；N 全网鱼卵或仔稚鱼个体数，ind.；V 为滤水量，m³。

7）初级生产力（C18）

衡量海洋生产能力的重要指标，计算公式如下（Cadée & Hegeman，1974）：

$$P = \frac{(C_a \times D \times Q)}{2} \qquad (2.9)$$

式中：P 为初级生产力，mg/（m² · d）（以碳计）；C_a 为叶绿素 a 浓度，mg/m³；D 为光照时间，h；Q 为同化系数，mg/（mg · h⁻¹）（以碳计）。

8）生态系统整合健康指数（IHI）公式：

$$IHI = \sum_{i=1}^{n} (X_i \times W_i) \qquad (2.10)$$

式中，IHI 代表综合指数；X_i 表示为指标 i 的归一化值；W_i 表示为第 i 种指标的权重值，$0 \leqslant W_i \leqslant 1$。

目前，学术界关于生态系统健康评价的标准并没有统一，大部分学者在选取评价指标时均根据自身研究的需要与相关国家标准相结合来确定等级，因此评价的标准因研究方向和对象不同而各异。

3. 生态网络分析评价法

生态网络分析源于 Lindeman（1942），是一种基于生态系统层次，将定性与定量相结合的建模方法，突出整体性和系统性，注重系统结构与功能的研究（Borrett et al.，2018），可以描述系统的物质和能量流动，量化系统内部各组分间的作用关系、联系方式（Fath et al.，2007），从生态系统水平上辨识其内在属性。生态系统的管理和决策应该建立在对生态系统结构和功能的深入了解之上，需要对其进行量化和综合分析，生态网络分析已被证明是评估生态系统宏观特征的有效工具，近年来被广泛应用于生态系统稳定性、健康性、系统效率和可持续性的评价（李中才等，2011）。

Ecopath with Ecosim（EwE）软件主要由 Ecopath、Ecosim 和 Ecospace 三个功能模块组成。其中，Ecopath 是基于物质和能量守恒原理的静态模型，用于描述生态系统的食物网结构，定量评估物质和能量在各组分之间的流动（Pauly et al.，1993），深入研究生态系统特征。利用 Ecopath 软件可以方便地建立所研究生态系统的能量平衡模型，确定生物量（Biomass）、生产量/生物量（Production/Biomass，P/B）、消耗量/生物量（Consumption/Biomass，Q/B）、营养级和生态营养转换效率（Ecological 和 EE 系数）等生态系统的重要生态学参数，定量描述能量在生态系统生物组成之间的流动，系统的规模、稳定性和成熟度；物流能流的分布和循环；系统内部的捕食和竞争等营养关系；各营养级间能量流动的效率；生物群落中生态位分析以及彼此危害的程度等直接、间接影响等。此外，Ecopath 模型还可用于生态系统中的重要功能组和关键种群的确定（米玮洁等，2012）。在 Ecopath 模型基础上，通过加入时间因素（Ecosim）和空间因素（Ecospace），组成 EwE 模型，来分析在时空维度下生态系统各组成成分的变化特征（Walters et al.，1997，）将 Ecopath 模型的使用范围多维化。

目前通过调查数据建立的 Ecopath 模型，重点关注的生态系统参数主要有以下几种：捕食者食物链路径总数（Total Number of pathways）是指由初级生产者到某一特定捕食者所经过的路径总数，一般来说，营养级越高的捕食者，其食物链的路径总数就越多，平均径长也更大。此外，模型对系统食物链复杂程度的评价，主要采用 Finn′s 循环指数（Finn′s cycling index，FCL）和 Finn′s 平均路径长度（Finn′s mean path length，FML）两个指数。在自然生态系统中，一般发育越成熟的生态系统，其 FCL 和 FML 也越高（全龄，1999）。系统杂食指数（System Omnivory Index，SOL）和系统连接指数（Connectance Index，CL）是评价生态系统稳定性、发育程度和成熟度的重要指标。Cl 指数一般低于 0.5；SOI 指数在不同生态系统中存在一定的差异性，常见在 0.05 ~

0.5 之间。

Ecopath 模型定义生态系统是由多个在生态学上具有相似特征的功能组构成，所有功能组应能覆盖该生态系统能量循环过程。基于营养平衡原理，模型的每个功能组满足自然死亡量、捕食死亡量和活动量之和与生产量一致，用公式表示为：

$$B_i \times (P/B)_i \times EE_i = \sum_{j=1}^{n} B_j \times (Q/B)_i \times DC_{ji} + EX_i \qquad (2.11)$$

式中：B_i 表示生态系统功能组的生物量，$t/(km^2 \cdot a)$；P_i 指生态系统功能组 i 的生产量，$t/(km^2 \cdot a)$；Q_i 指生态系统功能组 i 的消耗量，$t/(km^2 \cdot a)$；DC_{ji} 为食物组成矩阵；EE_i 为功能组 i 的生态营养转化效率；EX_i 为功能组 i 的捕捞量和迁移量的产出，$t/(km^2 \cdot a)$；DC_{ji} 和 EX_i 为建立模型的必须输入参数；B_i、$(P/B)_i$、$(Q/B)_i$ 和 EE_i 4 个参数中可出现任意一个未知数，由模型计算得到。

4. PSR 综合评价法

PSR 综合评价法，也被称为压力（Pressure）- 状态（State）- 响应（Response）模型，就是将评价对象通过压力、状态、响应三个维度去构建评价指标体系。对于被屏障区生态系统健康评价而言，压力主要指被评价区收到的人类活动干扰，例如围海造陆、渔业养殖、海上采油等；状态主要指被屏障区生态环境质量，例如水质、沉积物质量、生物多样性等；响应主要指所采取的一些措施和手段，例如生态规划、红线管控等。进而，对所建立的指标体系设定评价标准及权重，最终可以进行综合评价。生态网络分析评价法所评价的是海洋生态系统的自然属性，而 PSR 综合评价法是海洋生态系统在自然、经济、社会维度下的综合评价。生态网络分析评价法的评价结论往往更具有客观性，而 PSR 综合评价法更具有综合性，但不同的指标选取、不同的评价标准、不同的指标权重会造成评价结果的较大差异，这一点是需要注意的。

2.3.2   海洋生态安全屏障区功能评价方法

根据生态系统服务理论，海洋生态安全屏障功能主要包括供给服务、调节服务和支持服务三个类别。处于不同生态安全状态的海洋生态系统对于生态安全屏障的屏障内容是不同的。这里我们介绍两种最为普遍的屏障功能的评价，一个是水质净化功能，另一个是水文连通性的保障功能。

1. 海洋生态安全屏障区的水质净化功能评价方法

水质净化是生态安全屏障所提供的一项极为重要的生态系统服务功能（Keeler et al.，2012）。近海普遍存在富营养化问题，而造成富营养化的主要原因是陆源的氮、磷等营养元素的大量排放。氮磷污染的来源往往以面源为主（吴哲，2014），并呈现随机排放、成分复杂、隐蔽性强、污染滞后等特点（洪华生等，2007）。对于海洋生态安全屏障的氮磷污染净化功能评价可以采样面源污染模型来进行评价。

面源污染模型通过对整个流域或区域内部系统发生的复杂的污染过程进行定量化描述，有助于分析面源污染产生的空间和时间特征，识别其主要来源和输移路径，预报污染物的产生负荷以及对水体的影响，也可以评估土地利用的变化以及不同的管理与技术措施对面源污染负荷和水质状况的影响，为流域或区域的管理和规划提供决策依据（于维坤，2009）。目前主要广泛应用的面源污染物负荷模型包括 CREAMS 模型、HSPF 模型、SWAT 模型、AnnAGNPS 模型、ANSWERS 模型等。这些模型在国外应用范围广，模拟精度较高。但是这些模型参数繁多，部分数据难以获得，比如有些模型需要使用长期对水质水量监测的结果，使得其在实际的应用中面临很多问题。目前我国基础数据、水文气象等资料难以获得，并且在各个城市、流域的基础调查工作不足，对面源污染物排放的监控点、监测点设定不多，因此对以上模型的广泛应用和发展受到了一定程度的限制。

2010 年，InVEST 模型引入中国。其包含的水质净化模块相较于其他预测模型输入参数较少，对特性数据要求较低。该模块是一组嵌套式模块，其中包括产水量模块和营养物截留模块。因此，研究利用 InVEST 模型中营养物截留（NDR）模块，需通过对研究区域氮磷营养物负荷估算过程，以评估研究区域水污染屏障功能。

营养物截留（NDR）模块模型采用质量守恒方法模拟氮、磷营养物在空间上的迁移过程。该模块估算植被对径流中的最终总氮、总磷的输出量，以此来反映污染物在水质净化中的贡献程度。

通过地表径流潜力指数，获取每个栅格养分修正负荷参数及地表、地下养分负荷，其计算公式如下：

$$modified.\,load_i = load_i \cdot RPI_i \tag{2.12}$$

$$RPI_i = \frac{RP_i}{RP_{av}} \tag{2.13}$$

$$load_{surf,i} = (1 - proportion_{subsurface_i}) \cdot modified.\,load_i \tag{2.14}$$

$$load_{subsurf,i} = proportion_{subsurface_i} \cdot modified.\,load_i \tag{2.15}$$

式中，$modified.\,load_i$ 为修正的每个栅格像素 i 的营养物负荷；RPI_i 为径流潜在指数；RP_i 是栅格像素 i 上的径流代理；RP_{av} 是栅格上的平均代理参数；$proportion_{subsurface_i}$ 为地下营养物来源占比参数；$load_{surf,i}$ 为地表营养物负荷；$load_{subsurf,i}$ 为地下营养物负荷。

地表营养物传输率计算公式如下：

$$NDR_i = NDR_{0,i}\left[1 + \exp\left(\frac{IC_i - IC_0}{k}\right)\right]^{-1} \tag{2.16}$$

$$NDR_{0,i} = 1 - eff'_i \tag{2.17}$$

$$eff'_i = \begin{cases} eff_{LULC_i} \cdot (1 - s_i) & if\ dwon_i\ isastreampixel \\ eff'_{down_i} \cdot s_i + eff_{LULC_i} \cdot (1 - s_i) & if eff_{LULC_i} > eff'_{down_i} \\ eff'_{down_i} & otherwise \end{cases} \tag{2.18}$$

$$s_i = \exp\left(\frac{-5l_{i_{down}}}{l_{LULC_i}}\right) \tag{2.19}$$

$$IC = \log_{10}\left(\frac{D_{up}}{D_{dn}}\right) \tag{2.20}$$

$$D_{up} = \overline{S}\sqrt{A} \tag{2.21}$$

$$D_{dn} = \sum_i \frac{d_i}{S_i} \tag{2.22}$$

式中，$NDR_{0,i}$ 是未被下游像素保留的营养物传输率；IC_i 是地形指数；IC_0 和 k 是校准参数；eff'_i 为地表栅格单元 i 和河流之间的最大截留效率；eff_{LULC_i} 是土地利用类型 i 可到达流的最大截留效率；eff'_{down_i} 是下游栅格单元 i 上的有效截留效率；s_i 为步长因子；$l_{i_{down}}$ 是栅格 i 到下游相邻栅格的路径长度，m；l_{LULC_i} 是土地利用类型栅格 i 的截留长度，m；$\overline{S}$ 是上坡贡献区域的平均斜率梯度（m/m）；A 是上坡贡献面积，m^2；d_i 是根据最陡的下坡方向沿第 i 个单元的流动路径的长度，m；S_i 是第 i 个单元的斜率梯度；D_{up} 是上游营养物向下游输送的潜力；D_{dn} 是下游营养物到达汇流点的潜力。

地下营养物传输率计算公式如下：

$$NDR_{subs,i} = 1 - eff_{subs}(1 - e^{\frac{-5 \cdot l}{l_{subs}}}) \tag{2.23}$$

式中，$NDR_{subs,i}$ 是能够达到地下流的最大营养物截留效率；l_{subs} 是地下水流的截留长度，即假设土壤保持其最大容量的营养物的距离；l 是从像素到流的距离。

营养物输出量计算公式如下：

$$x_{\exp_i} = load_{surf,i} \cdot NDR_{surf,i} + load_{subs,i} \cdot NDR_{subs,i} \tag{2.24}$$

$$x_{\exp_{tot}} = \sum_i x_{\exp_i} \tag{2.25}$$

式中，$x_{\exp_i}$ 为各栅格单元 i 的营养物输出量；$load_{surf,i}$ 为地表营养物的负荷；$NDR_{surf,i}$ 为地表营养物传输率；$load_{subs,i}$ 为地下营养物的负荷；$NDR_{subs,i}$ 为地下营养物传输率；$x_{\exp_{tot}}$ 为子流域营养物输出量。

InVEST 模型在削减非点源污染、缓解流域和海湾富营养化方面得到了广泛应用。Berg 等（2016）以缅因州和新罕布什尔的一个海岸带流域为研究对象，通过设定两个土地利用情景，利用 InVEST 模型和 FrAMES（Framework for Aquatic Modeling of the Earth System）模型评估了生态系统氮滞留能力，结果表明这两个模型都能够帮助决策者处理诸如营养过剩等复杂问题，而其所设定的情景在每年最多可以减少 28 t 总氮进入河口－海湾系统的基础上，也能达到节省氮处理开支的作用。吴哲等（2013）应用 InVEST 模型对海南岛氮磷营养物负荷进行模拟研究，进一步探讨了 InVEST 模型和其他污染物评价模型相比存在的优势。吴迎霞（2013）将 InVEST 模型与 GIS、RS 技术相结合，获取了海河流域多种生态系统调节功能的空间分布。结果表明，InVEST 模型和 GIS 技术的结合，在生态系统服务功能的空间展示方面和定量评价中呈现很强的优越性。韩会庆等（2016）利用 InVEST 模型对 2000—2010 年贵州省珠江流域的水质净化功能进行研究分析。结果表明，整个流域的氮、磷平均输出量和平均保持量均呈现下降趋势，研究区水质净化功能空间分布存在显著的差异性。吴瑞等（2017）基于 InVEST 模型，定量估算了 1995—2010 年官厅水库产水量和氮、磷输出量，分析产水量和污染物输出量的时空变化情况。结果表明，研究区产水服务呈现先减弱后增强的状态，整体表现为减弱趋势；水质净化功能呈现先减弱后增强的状态，整体表现为增强趋势。范亚宁（2017）利用 InVEST 模型评估了秦岭北麓 2000 年和 2010 年的水源涵养和水质净化功能能力及其空间异质性，为流域资源空间配置和水质监测管理提供了参考依据。显然，InVEST 模型可以用来评价屏障区汇水流域作为海洋生态安全屏障的水质净化功能的方法。

2. 海洋生态安全屏障区的水文联通功能评价方法

水文连通性（Hydrologic connectivity or hydrological connectivity）亦称"水文连通度或水文连接度"，表达了一种生态过程在不同景观单元之间发生的顺利程度，是一个系统指标，涉及生态学、水文学与沉积学等诸多领域，需从多学科角度界定与理解其内涵，需借助先进的地理信息技术、通过野外监测与模型模拟等多种方法进行量化与评估。对于海洋生态安全屏障功能评价而言，水文连通性是对海洋生态安全的重要保障之一。水文连通性评估方法研究开始于 20 世纪 80 年代，目前国内外已探讨了多种水文连通性评价方法，而已有的研究多集中于流域尺度内应用原位水文监测、水文模型、连通性函数和图论等方法定量评估流域内水文连通程度。

原位监测方法是指通过获取研究河段内观测站点的水文数据，分析流域水体的连通状况，常用的指标包括连接米数、连接天数、开始流动流量、高水位流量、平均流量、高水位流速和平均流速等（Mcdonough et al. , 2015）。如 Schiemer 等（2007）选择连接天数分析奥地利维也纳国家森林公园内多瑙河河段的水文连通性。Lesack 和 Marsh（2010）将河流水位超过湖泊水堰高程的持续时间作为河湖连通时间。陈敏建等（2005）利用湿地水面积、面积减小或水面分裂速率建立与水文连接度的关系，提出湿地水面水文连通性的量化方法，分为连续水体分裂和不连续水体分裂两种情形，将分裂后湿地最大一块连续水体面积与分裂前临界面积的比值定义为湿地水文连接度。

水文模型法是指通过评估流域内几种关键水文过程如坡面径流潜力、水文传输路径、侵蚀与沉积速率、地貌形态、河漫滩洪水持续时间等，分析流域内山地、岸带、河漫滩和河网之间的水文连通状况，包括 CRPPL、LAP-SUS、MIKE – 21 和 PDHM 模型等（Schoorler & Veldkamp, 2001；Karim et al. , 2012）。例如：Bracken 和 Croke（2007）应用 CRPPL 模型研究集水区内不同水文单元间的水文连通动态。Lane 等（2009）应用 PDHM 模型，通过量化流域地表坡面流与河网连接关系的时空格局评估陆地与河道水网的连通性。

连通性函数法是指基于景观生态学中的景观连接度理论，通过构建某种指数反映不同景观类型、景观动态变化对水文连通功能与过程的影响，如方向连通指数（Directional connectivity index）、最小距离连通指数（Minimun distance Connectivity index）和综合连通指数（Intergrated connectivity index）等

（Goodwin et al. ，2003）。Meerkerk 等（2009）采用连通性函数分析了半干旱流域阶地的减少和消失对水文连通性和洪峰量的影响，结果表明影响连通性的变量包括暴雨，土地利用状况及地形。孟慧芳等（2014）尝试建立基于水流阻力与水文过程的连通函数，评价了平原河网区不同类型河道的连通性对河道输水能力及泄洪排涝能力的影响，解释了实际河网中河道"连"而不"通"的现象。

图论方法是指利用数字化水系网络中的点、线几何拓扑关系，分析水网系统的水文连通状况（闫俊华等，2000）。Cui 等（2009）基于图论的最短路径算法评估了高、低流量时的河道网络系统水文连通动态。Phillips 等（2011）基于图论方法量化了流域中异质性地表格局的水文连通动态及其与径流 – 降雨之间的响应关系。赵进勇等（2011）利用图论理论对河道—漫滩系统中的微地貌单元进行了数学概化，以此分析开挖水流通道对河道—漫滩系统水文连通度的影响。邵玉龙等（2012）将水系的连通性定义为所有节点连通度的平均值。

2.4 海洋生态安全屏障空间规划方法

2.4.1 规划目标

海洋生态安全屏障空间规划是实现海洋生态安全屏障构建的有效手段，其核心是从保护海洋生态环境与区域生态系统安全出发，在生态理念支持下，采用空间规划的多种地理信息系统技术手段，为最终决策提供优选的方案。因此明确规划的目标，是实现海洋生态安全屏障空间规划的第一步，也是使得规划方案合理，能够真正落地实施的首要条件。

从生态系统的类型来说，针对海洋生态安全屏障的空间规划，其首要目标就是要保障海洋生态系统的健康以及维护该区域的生态安全。以这样的目标为导向，在遥感技术发展迅速的现阶段，采用地理信息系统的手段，融合景观生态学的概念理论构建陆—海生态网络并进行优化，强化景观空间和物种存续的联系，对实现保障海洋生态系统健康、安全的核心目标具有重要意义。

从资源利用的角度，海洋作为人类重要的食品生产基地和生产、生活空间，近年来还逐渐成为水资源、能源开发基地，其资源利用的功能也愈加凸显。而海洋处于自然地理位置的最低位，由于各流域，河口汇水区域、海岸带开发的压力，使得近海海域承载的环境压力相较于陆地生态系统更为堪忧。构建海洋生态安全屏障区，从生态资源统筹、生态空间统筹两个层面综合实现陆海一体协调统筹的规划目标，需要客观评价海岸带所处的地理环境复杂敏感性以及相关生态资源的可持续再生性。

从生态系统管理的角度，气候变化是关乎人类生存和各国发展的重大问题，是 21 世纪人类面临的最严峻的挑战之一，海岸带蓝碳生态系统作为生态交错带和敏感带极易受到气候变化、人类活动等造成的影响胁迫，而针对海洋生态系统构建的生态安全屏障其本质上是对海岸带空间的综合管理。随着对碳中和目标的关注与持续推进，近几年，中国政府已认识到蓝碳生态系统在增加碳汇、缓解 气候变化方面的作用也不容小觑，已在《中共中央国务院关于加快推进生态文明建设的意见》《"十三五"控制温室气体排放工作方案》《全国海洋主体功能区划》等多份重要文件中对发展蓝碳做出了部署。海洋生态安全屏障的规划需要充分考虑滨海碳汇，也就是我们所说的"蓝碳"，建立海洋生态安全屏障将有效改善现有保护格局，实现从点状保护向全面保护的转变，促进海岸带可持续发展，同时提升蓝碳生态系统服务与功能，助力我国碳中和与海洋强国建设目标的实现。

2.4.2 规划原则

海洋生态安全屏障区作为人为划出的位于特定区域而具有良性生态功能的复合生态系统，为达到保护生态源斑块、提高相应生态系统服务，发挥其生态屏障作用的目的，因此需要在一定的理论和方法准则指导下进行，海洋生态屏障区的规划应遵循以下三个原则。

1. 基于自然的解决方案（Nature – based Solutions，NbS）原则

基于自然的解决方案（NbS）是一系列保护、可持续管理并恢复自然的或经过改造的生态系统的行动（IUCN，2020），即应用生态系统及其提供的服务应对面临的气候变化、粮食安全、水安全、灾害风险、社会和经济发展等社会挑战。尊重自然、保护自然的理念在中华传统文化中由来已久，而 NbS

的理念与中国传统文化中蕴含着的儒家思想"天人合一"和道家思想"道法自然"的理念一脉相承。自党的十八大以来，生态文明建设融入经济建设、政治建设、文化建设、社会建设各方面，全过程纳入"五位一体"总布局，逐步形成"尊重自然、顺应自然、保护自然"，做到"人与自然和谐共生"。NbS 作为应对社会挑战和提升人民福祉的行动指导，可助力实现多重人类福祉目标，同时 NbS 又与我国生态文明理念、重要生态系统保护和修复重大工程等高度契合。因此在进行海洋生态安全屏障区规划时需遵循 NbS 原则，使得生态安全屏障区复合生态系统可持续地应对由人类活动、气候变化造成的威胁，同时也具有提高人类福祉、生物多样性等多种益处。在带来经济和社会效益的同时，需注意不同目标和效益之间的权衡以及多种生态系统服务的协同提升。

2. 陆海统筹原则

海岸带地区处海陆交互作用频繁地带，面临着区域土地利用方式改变、生态环境破坏、污染加重、渔业资源退化等压力，陆海之间水体流动、物种迁移等生态过程对维持海岸带区域生物多样性和生态连接至关重要，因此在海洋生态安全屏障区的规划中应坚持陆海统筹原则，不能将陆域和海域看作分割的个体。这就要以生态网络为桥梁，将陆海作为一个整体进行陆海统筹的生态规划，充分修复连接破碎化的陆域和近岸海域生态斑块，实现统筹陆地和海洋两大生态系统保护，达到在纵向上恢复保护河流水系的陆海联通作用，在横向上修复浅海湿地和滨海自然景观的陆海连接作用的统筹目标。

3. 区域分异原则

海洋生态安全屏障区作为复合的生态系统，发挥着多种生态系统服务功能，存在不同的结构与生态过程。因此在规划屏障区时应遵循区域分异原则，在充分研究区域生态要素功能现状、问题及发展趋势的基础上进行。这就要以资源环境承载能力和国土空间开发适宜性评价结果为基础，严守生态安全底线，依据生态系统的整体性和系统性，通过划定区域分异功能区，从而协调陆海功能冲突；优化生态网络节点与空间布局，从而形成以生态环境单元为范围，陆海协调发展的海洋生态安全屏障。

2.4.3 规划方法

2019年《中共中央 国务院关于建立国土空间规划体系并监督实施的若干意见》明确提出,"保护生态屏障,构建生态廊道和生态网络,推进生态系统保护和修复"的编制要求;2020年自然资源部在《省级国土空间规划编制指南(试行)》中进一步提出,"明确生态安全屏障"的生态空间规划要求,如何构建好海洋生态安全屏障,促进海陆一体化发展,也是本节重点讨论的问题。本节将主要介绍以下四种方法,为我国海洋生态屏障规划提供方法依据,促进建设海洋强国。

1. 生态安全格局规划方法

从自然的角度看,生态安全指的是自然和半自然生态系统的安全,它反映的是整个生态系统的健康水平和完整性,是人类开发和利用自然的临界点(马克明等,2004)。海洋生态屏障作为海陆交错特殊区域的复合生态系统,其生态安全状况直接影响着与其相连的水—陆生态系统的安全,因此其规划建设的最终目的是实现区域生态安全,也具有提升人类福祉、生物多样性等多种益处,实现社会—生态—经济三重效应。

Yu(1996)将生态安全格局定义为:在某些生态过程中,一些隐性的空间点、位置关系及关键区域组成的空间格局,发挥着维护和控制的关键性作用。生态安全涉及自然与社会的多个方面和时空尺度效应,是一个复杂的系统性问题(肖笃宁等,2002)。目前,国内学者已在多个区域进行了生态安全格局的研究,吴庭天等(2020)从镇级行政界线的尺度,探索了海南岛北部熔岩湿地的生态安全格局。在陆域生态系统的生态安全格局构建研究中,多以行政区划作为生态安全的单元,但行政区划往往缺少对自然地理条件的考虑,在对生态安全影响因子的转移、运动和转化过程研究中可能存在人为割裂自然联系的现象。李冲等(2021)以子流域为评价单元,选取人类活动为切入点,研究其对京津冀生态屏障区的生态安全格局的影响。从流域尺度进行研究,对生态安全关键区识别、威胁因子溯源分析等具有重要参考价值。

不管是以行政区划为界还是流域等尺度,当选择的单元尺度过大时,就会导致景观空间分布差异大,从而忽略了空间异质性。因此如何选择合适的尺度和指标构建海洋生态安全格局从而科学、合理、有效地保障陆—海生态系统安全是海洋生态安全屏障区规划中的重要组成部分。陈心怡等（2020）选取 5km×5km 格网作为评价单元，对海口市海岸带 30 年生态安全格局演变进行分析。选取格网作为评价单元，相对来说更为精确，且能更好地体现生态风险的空间分布情况。

1）评价单元确定

采用格网 GIS 法，以格网为研究单元，运用 ArcGIS 数据管理模块下的"create fishnet"工具，将研究区划分为若干格网并转为栅格数据进行后续研究。参考国家格网 GIS 的相关标准《地理格网》（GB 12409—2009）和前人研究（Rangel - Buitrago et al.，2020），格网宜采用平均斑块面积的 2～5 倍。划分后对各格网进行编码，并取每个格网的中心点为采样点，以此格网划分为基础对研究区 k 个小区分别计算景观生态风险指数，以此数值为样区中心点的生态风险值。

2）基于景观空间格局分析法的生态安全格局构建

基于景观角度的模式更适合评价人类活动造成的生态风险，因为人类活动会对景观格局产生巨大的影响，而影响带来的后果将直接导致生态环境的改变。因此，基于景观格局的海岸带生态风险评价研究可以实现多源风险的综合表征及其空间可视化（彭建等，2015），可为海岸带区域综合风险防范提供决策依据，从而有效指引海洋生态屏障规划建设与管理。

研究方法主要采用景观格局空间分析法，首先，通过区域景观生态风险定量评价得到原始评价结果；其次，构建区域生态屏障因子，对原始结果进行修正；最后，得到修正评价结果。方法流程如图 2.3 所示。

景观格局即景观要素在景观空间内的配置和组合形式，是景观区域若干生物过程和对生物过程长期综合作用的产物，对各种生物过程或非生物过程有直接或间接的影响。景观格局的分析方法是指研究景观结构组成特征和空间配置关系的分析方法。景观格局定量分析方法主要包括景观空间格局指数分析法、景观格局分析模型分析法和景观模拟模型分析法。景观空间格局指数是高度浓缩的景观格局信息，是反映景观结构组成、空间配置特征的简单量化指标，并且是研究景观格局构成、特征的最常用的静态定量分析方法。最初的景观格局分析模型来源于种群生态学中种群分布格局的研究，即根据种群密度的变化规律是否符合某种随机变量的分布型来确定分布格局。目前，常用的景观格局分析模型包括地统计学分析（Spatial Auto - correlation Analysis）、波谱分析（Spectra Analysis）、趋势面分析、聚块样方方差分析及分形分析等。景观动态模拟是指研究景观格局的动态发展，分析景观要素的变化、景观功能及生物量与生产力的变化等，但主要聚焦于景观各要素类型所占面积的变化、各景观要素类型在一定时期内的面积增减及其分别向其余各种景观要素类型转变的百分率（即转移概率），常见的有马尔可夫模型、元胞自动机模型等。目前，大多研究者通过比较景观格局指数在时间维度上的变化反映景观格局演变趋势。常用景观格局的指标主要包括破碎化指数、边缘特征指数、形状指数和多样性指数四大类。景观格局指数计算软件包括 SPANS、HE、LSPA、FRAGSTATS 等，其中 FRAGSTATS 软件的功能性最强也最常用。

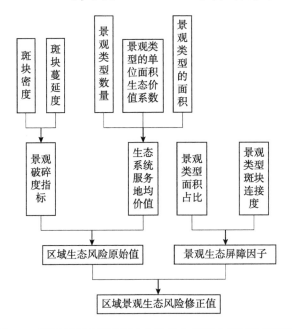

图 2.3　基于景观空间格局分析法的生态安全格局构建流程

FRAGSTATS 软件以 GIS 软件为数据输入平台，能够计算 59 个景观指标。这些指标分为三组级别，分别代表三种不同的应用尺度：①斑块级别（patch - level）指标，反映景观中单个斑块的结构特征，也是计算其他景观级别指标的基础；②斑块类型级别（class - level）指标，反应景观中不同斑块类型各自的结构特征；③景观级别（landscape - level）指标，反应景观的整体结构特征。许多指标间具有高度的相关性，可根据各自研究的目的和数据来源、精度选取合适的尺度、指标进行分析。

曾勇（2010）从生态风险的定义出发，基于景观破碎度和面积加权生态

价值指数，构建了区域生态风险的定量评价方法，即

$$R = SV = \frac{F}{M}V \qquad (2.26)$$

式中：R 为区域生态风险；S 为景观破碎度，在一定程度上反映了人类对景观的干扰程度；F 为斑块密度，个/km²；M 为斑块蔓延度（%）；上述指数均可通过景观格局指数分析软件 Fragstats 4.2 计算得出。V 为区域生态价值（式 2.27）。

$$V = \frac{\sum\limits_{k=1}^{m}(A_k VC_k)}{100A} \qquad (2.27)$$

式中：m 为区域中景观类型数量；A_k 为景观类型 k 的面积，km²；VC_k 为景观类型 k 的单位面积生态价值系数，万元/(km²·a)。

海洋生态屏障是以海岸带湿地、水域、陆地等构成的区域景观体系，承担着增碳固汇、消减海浪势能等多种生态功能，其面积、连通度与区域生态屏障功能存在正相关，因此参考蒋蕾等（2020）的处理方法，选择景观类型面积占比、景观类型斑块连接度作为指标计算生态屏障因子（Ecological Barrier factor，EB），从而修正生态风险原始值。

$$EB_i = (P_i + 1)(C_i + 1)/100 \qquad (2.28)$$

式中：EB_i 为第 i 类型景观的生态屏障因子；P_i 为第 i 类型景观占所有类型景观总面积的比例（%）；C_i 为第 i 类型景观的斑块连接度（%），上述两个指标均进行非零化处理。

最后计算得到修正后的景观生态屏障生态风险 R'：

$$R' = \frac{R}{EB_i} = \frac{F}{M}\frac{\sum\limits_{k=1}^{m}(A_k VC_k)}{A(P_i + 1)(C_i + 1)} \qquad (2.29)$$

综上计算结果，利用 ArcGIS 空间分析模块下的普通 Kriging 内插法，经过各种拟合情况的比对，选择半变异函数（地统计学特有的用来描述区域变化量的空间变异性的函数）对小区样点的风险值进行球状拟合，依此得到整个研究区的生态安全格局。根据分析结果，将景观生态高风险区和生态屏障建设相对薄弱地区作为研究区生态屏障的重点建设范围。基于景观生态学相关理论，形成了包含区域生态屏障因子的区域景观生态风险定量评价方法，在识别研究区生态屏障建设关键区域的基础上提出具有针对性的生态安全屏障建设对策与建议，为海洋生态安全屏障建设相关研究提供了较为可行的思路。

2. 基于"源—汇"理论与海陆统筹的生态网络构建方法

生态网络的概念源自景观生态学,生态网络由源地(Source Area)、廊道(Corridor)和节点(Node)组成(Wu et al.,2002)。20世纪末,欧美学者共同推动了生态网络的实践发展,生态网络成为一种保护生物多样性的新方法和新政策,核心区域、生态廊道和缓冲带逐渐成为自然保护战略的关键要素(Jonathan et al.,2015)。此外,从空间规划的角度,生态网络是在现有生境破碎化的背景下,探索出的一种空间优化重组方式,在一定程度上起到保护修复生境破碎区,延续完整景观空间和生物栖息地网络的目的。党的十九大报告中明确提出了"人与自然是生命共同体"的概念,以及"实施重要生态系统保护和修复重大工程,优化生态安全屏障体系,构建生态廊道和生物多样性保护网络,提升生态系统质量和稳定性",这将生态修复理念提升到了系统治理的高度。在这样的思路指导下,构建区域生态网络并识别其关键生态功能区域是进行海洋生态安全屏障区规划的重要切入点。

生态网络也是另一种形式的生态安全格局,其目的也是维系生态系统结构和过程的完整性、稳定性。目前,学者们基于土地利用、景观格局、生态基础设施建设等不同视角,从最初简单定性、定量的格局规划分析,逐步向静态格局优化、动态格局模拟以及生态状态趋势分析等更复杂、更空间化的研究发展(彭建等,2015)。有关生态网络构建的研究多基于"源—汇"理论,以及由此而发展的"源地识别—阻力面建立—廊道构建"范式。

生态源斑块在空间上具有一定的连续性和扩展性,为生态系统中物质、能量和生物的源头或汇聚地(邬建国,2007),因此所选取的"源地"应有重要的生态服务功能和价值,是促进景观过程发展的景观组分。目前,生态源的识别有基于生态敏感性、生态系统服务、景观连通性以及图论的方法等,已经在陆域生态系统的生态网络构建中得到广泛应用(高阳等,2020;张启舜等,2021)。生态廊道是物种、能量流和信息流在生态系统中流通的具有特定宽度的条状区域,可以增强自然生境斑块之间的连通性和稳定性(邬建国,2007),是生态网络的重要组成部分之一。生态廊道的识别多采用最小累积阻力模型(Minimum cumulative resistance model,MCR),以及电路理论模型。

不同于陆域生态系统,海洋生态安全屏障区所处陆海交错带,存在陆海之间水体流动、物种迁移等特殊生态过程,因此构建陆海统筹背景下的区域生态网络对于维持海岸带区域生物多样性和生态连接至关重要。同时也因其生态过程的特殊性，在选择生态网络构建方法时，需要结合海陆过程的相关特点，建立海陆统筹视角下的区域生态网络，以指导海洋生态安全屏障区的构建。

1）形态学空间格局分析识别源地

近年来，形态学空间格局分析（Morphological Spatial Pattern Analysis，MSPA）为生态源地的识别提供新思路（Dai et al.，2021；Cui et al.，2020），这是一种在图像中检测像素，并自动将像素数据分类的研究方法。该方法从形态学角度对所有生态斑块的潜在生态作用进行分析，解决了主观选择生态源地及评价结果脱离现实等问题（张启舜等，2021）。MSPA 方法由 Vogt 等（2009）基于形态学原理提出，侧重于测度景观连接结构，采用八邻域方法进行 MSPA 分析，得到七类景观类型（表 2.1），其中"核心"斑块可为物种提供较大的栖息地，有作为生态源地的价值。在获取核心区景观斑块后可进行后续的分析。

表 2.1　形态学空间格局分析的景观类型及生态学含义

景观类型	生态学含义
核心	前景中较大的生境斑块可为物种提供较大的栖息地，对生物多样性保护具有重要意义，是生态网络中的生态源地
岛	彼此不相连的孤立、破碎的小斑块、斑块之间的连接度比较低，内部物质、能量交流和传递的可能性比较小
孔隙	核心和背景斑块之间的过渡区域，即内部斑块边缘
边缘	是核心和背景之间的过渡区域
桥	连通核心的狭长区域，对生物迁移和景观连接具有重要意义
环	连接同一核心区的廊道，是同一核心区内物种迁移的捷径
支线	只有一端与边缘、桥、环或者孔隙相连的区域

2）最小阻力模型识别廊道

通过构建阻力面模型（MCR）来反映"源—汇"景观运行的空间情况，该模型主要考虑源、距离和地表阻力三个因子，在一定程度上将景观功能和格局联系起来。廊道提取的原理就是基于"源—汇"理论把物种移动过程中克服累积阻力最小的通道识别为生态廊道。模型原理如下：

$$MCR = f\min \sum_{j=n}^{i=m} D_{ij} \times R_i \qquad (2.30)$$

式中，MCR 为最小累积阻力值；f 为最小累积阻力与生态过程的正相关关系；D_{ij} 为物种从源地 j 到景观单元 i 的空间距离；R_i 为景观单元 i 对物种运动的阻力系数；m 为阻力面栅格个数；n 为生态源地的个数。利用 ArcGIS 空间分析模块中的成本距离（Cost Distance）模型生成累积耗费距离表面，利用 Linkage Mapper 模块构建生态廊道。目前，不同景观的阻力值没有统一的标准，仍采用专家赋值法作为阻力赋值参考依据。

3）电路理论识别廊道与"夹点"

物种水平空间运动的生态过程以及生态功能的流动与传递效率会受到土地利用方式和人为活动干扰的影响。生态源地斑块与目标斑块间的生物活动适宜性越强，其生态阻力越小，成为生物迁徙路径的概率越高。生态廊道是生物迁徙的主要通道，也具有生物栖息地、防风固沙、隔离等功能，多数研究中都将生态廊道作为物种迁徙或扩散的最优路径。MacRae 等（2007）结合电路与运动生态学，将物理学领域中的电路理论引入生态学中，用以研究在异质景观中的基因流动，对预测廊道范围和识别有助于增加区域连接度的关键节点具有很大价值。目前已经有不少学者将电路理论运用到识别潜在的保护区域和廊道中（Ayram et al.，2014；高阳等，2020）。

随机游走是概率论中最简单和重要的一种随机模型，电路中的电荷也具有随机游走的特性。基于电路理论的连接度模型，通过随机游走理论将电路理论和运动生态学联系起来，该模型将景观看作一个导电表面，把复杂景观中的物种看作一个随机游走者，借助于图论的数据结构［图 2.4，宋利利和秦明周（2016）］，用电阻代替图形的边［图 2.5，宋利利和秦明周（2016）］，将有利于某种生态过程的土地利用或覆被类型赋予较低的电阻。反之，阻碍该生态过程的土地利用或覆被类型被赋予较高的电阻。因此，异质性景观被抽象为由一系列节点和电阻组成的电路，节点可代表栖息地、种群或保护区。

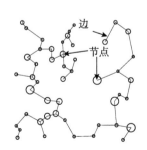

图 2.4　景观的图论数据结构表达

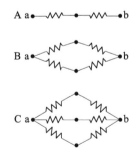

图 2.5　电路理论的数据结构表达

根据物理学中的欧姆定律，在同一电路中，导体中的电流与导体两端的电压成正比，与导体的电阻成反比。任意两个节点间的电流的基本表达式为：

$$I = V/R$$

式中：I 为电流；V 为电压；R 为有效电阻，又称电阻距离。电流与 R 直接相关，而 R 的大小又与电路的连接方式相关。电路理论中的基本概念及其生态学解释见表 2.2（宋利利和秦明周，2016）。

表 2.2 电路理论中常用名词、单位以及生态学解释

名 词	单 位	生态学解释
电阻（R）	欧姆（Ω）	类似于景观阻力的概念，电阻越大，对物种运动行为（迁徙或扩散）的阻碍能力越强
电导（G）	西门子（S）	电阻的倒数。类似于栖息地的渗透性，电导越大，越有利于物种的运动（迁徙或扩散）
有效电阻（又称电阻距离）（R）	欧姆（Ω）	两个节点之间或栅格数据中两个像元间隔离程度的测定指标，随着节点或像元之间连接路径的增加，有效电阻将随之减小
有效电导（R）	西门子（S）	两个节点或栅格数据中两个像元间连接度的测定指标，随节点或像元间可用路径的增加而增加
电流（I）	安培（A）	反映随机游走者到达目标栖息地之前通过相应节点或路径的净次数，用来预测物种通过相应节点或路径的净迁移概率，进而预测具有较高通过水平的地区
电压（V）	伏特（V）	随机游走者离开任意一个节点（或像元）成功到达一个给定目标节点（或像元）的概率的测定指标（即成功扩散的概率）

"夹点"一般位于生态廊道中，是生态过程流经的高频区域，对区域生态系统连通性十分重要，运用电路理论的方法可以识别"夹点"。在电路理论中，景观被视为导电表面，生境良好的斑块（生态源）被视为节点，促进物种迁移扩散的景观类型赋予较低的电阻，反之赋予高电阻。这样异质景观就被抽象成由一系列节点和电阻组成的网络，结合生态过程将有效电阻、电流和电压等与物理电路相类比，赋予其生态学意义。公式如下：

$$I = \frac{V}{R_{eff}} \tag{2.31}$$

式中，I 为电流；V 为电压；R_{eff} 为有效电阻。在生态学中，R_{eff} 被认为是

反映节点间隔离程度的指标，电阻值越大，则表示对物种运动或基因交流阻碍能力越强；I 表示物种运动或基因交流过程中沿某一路径扩散的概率，电流密度值越高的地区表示物种沿该地区扩散的概率越大（McRae & Dickson，2008），因此可以将识别出来的高电流区作为生态廊道和关键节点。

4）生态网络完整性评价

生态网络完整度的评价指标主要包括网络闭合度（α 指数）、线点率（β 指数）和网络连接度（γ 指数），主要反映了生态节点与生态廊道的数量关系，数值越大表明生态网络结构越复杂，生态效能越好（肖笃宁等，2010）。网络闭合度是用来描述网络中回路出现的程度（式2.32），变化范围在 0～1 之间，其值越大，表明供物种迁移扩散的路径越多，网络的循环和流通性也越好。线点率是用来描述网络中各个节点的平均连线数（式2.33），$\beta < 1$ 表明网络为树状结构，$\beta = 1$ 表明网络为单一回路结构，$\beta > 1$ 表明网络的连接水平较复杂。网络连接度是用来描述网络中节点的连接程度（式2.34），变化范围在 0～1 之间，$\gamma = 0$ 表示节点间没有廊道连接，$\gamma = 1$ 表明网络中节点的连接性高。

$$\alpha = \frac{L - V + 1}{2V - 5} \tag{2.32}$$

$$\beta = \frac{L}{V} \tag{2.33}$$

$$\gamma = \frac{L}{3(V - 2)} \tag{2.34}$$

式中，L 为廊道数；V 为节点数。

3. 累积影响评价方法

前文更多地从景观格局的层面说明了土地利用方式对区域生态系统的影响，但对于人类活动对区域生态系统的影响的分析是较少的。随着城市化进程的加快，人类活动更加多样化，造成的影响范围也更广泛，研究表明，多年来人为活动造成的累积影响使红树林和海草床生态系统退化，并导致珊瑚生态系统功能丧失（Bertocci et al.，2019；Thanos et al.，2018）。面源污染、渔网打捞、围填海活动……各种形式的人类活动对渤海的生态系统产生严重胁迫，人口的不断增长、各种开发活动强度和频率的加大使得资源和环境问题越来越重，渤海海域生态系统所承受的生态压力越来越大（李月，2008；曹卉，2013；纪大伟，2006）。因此，如何定量的评估人类活动对海陆复合生态系统的影响，对海洋生态安全屏障建设具有指导意义。

Halpern 等（2008）首次使用定量的方法来计算全球范围内人类活动对海洋生态系统的累积影响。该研究建立了一种标准化和可量化的方法，用于评估人为活动对海洋生态系统的累积影响。累积影响评价的量化方法需要选取生态系统单元（ecosystem component）与压力源（stressor），并通过专家评分等方法确定各种生态系统单元对于不同压力源的敏感程度（μ_{ij}）。计算公式如下：

$$I_c = \sum_{j=1}^{m} \sum_{i=1}^{n} D_j \times E_i \times \mu_{ij} \qquad (2.35)$$

式中：D_j 表示每个压力源 j 的空间分布，用规则网格表示，所有压力源都通过 $\log(x+1)$ 转换进行标准化并重新调整，最大值为 1；E_i 表示每个生态系统组分 i 的空间分布，用规则网格表示；μ_{ij} 表示敏感性权重；n 表示生态系统单元的数量；m 表示压力源的数量。计算过程可以用图 2.6 表示。

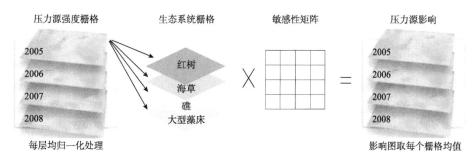

图 2.6　累计影响评价计算过程（Halpern et al.，2019）

目前，该方法已被广泛用于全球尺度（Halpern et al.，2008），加利福尼亚海域（Halpern et al.，2015）、波罗的海（Jesper et al.，2020）等诸多海域的人类活动累积影响评价。该方法最大的优点是实现了海洋生态系统的压力可视化，人类在陆地广泛地活动影响了沿海和海洋生态系统，对其进行累积影响评估，并将主要人类压力源在陆海梯度上的相对重要性进行排序，可以探究影响沿海和海洋生态系统最主要的因素，为海洋生态治理提供指导性意见。同时，基于累积影响可视化空间分布结果可以明确受胁迫较大的空间区域，为海洋生态屏障区域规划提供引导与参考。

4. 海洋生态安全屏障优先恢复区划分方法

滨海滩涂与湿地是海洋与陆地相互作用的过渡地带，通过土壤吸附和沉淀、植物吸收、微生物固定等作用，截留净化大量的氮、磷等营养物质，是净化近岸海域水质的重要生态功能区，具有丰富的生物多样性和生态价值，是海岸带最重要的生态屏障（Pant et al.，2001；李洁等，2014）。因此在海洋生态安全屏障规划中需要以自然保护地和生态红线为基础，依据生态系统的整体性和系统性，统筹划定陆海生态空间，统筹构建陆海生态保护格局。以沿海防护林带、滨海湿地和近海岛链为依托，构建沿海生态屏障；以入海河流为骨架，构建陆海生态廊道；以生态红线、自然保护地、河口、海湾和滩涂湿地等生态保护要素为重点，形成"屏—廊—点"一体的生态网络，实现陆海统筹的全域生态保护（徐永臣等，2021）。

"优先恢复"是指在进行生态恢复时，决策者必须解决的首要问题为在哪里进行修复。若目标是恢复一个具体领域，则需要考虑如何在目标区域内更好地分配恢复工作（Thompson，2011）。在生态屏障区内，基于生态恢复的最迫切目标，考虑其限制因素，从而评估各分区生态恢复的先后顺序，在景观尺度的优先排序下，划分海洋生态屏障优先恢复区，为实现陆海生态系统全面保护建立战略框架。具体方法框架如图2.7所示。

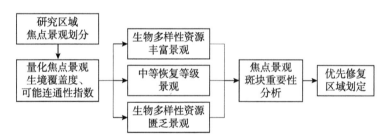

图2.7 生态屏障区优先恢复区域划分方法框架

景观连接度是景观空间结构单元间连续性的度量，包括结构连接度和功能连接度（邬建国，2007），在生物多样性保护、栖息地恢复等方面至关重要，同时也是生态系统功能的关键决定因素，通过物质和生物的交换过程而发生，并在生态过程中发挥关键作用。针对景观连接度，目前已有研究在图论基础上提出了各种计算指数，这些指数既可以量化生境区域的重要性，又可以评估生境和土地利用变化对连通性的影响（齐珂和樊正球，2016）。例如：有整体连通性指数（Integral Index of Connectivity，IIC）、可能连通性指数（Probability of Connectivity，PC）、等效面积连接指数（Equivalent Connectivity Area，ECA）、景耦合可能性指数（Landscape Coincidence Probability，LCP）

和通量指数（flux）等，这些指数不仅能够定量描述景观连接度，而且能够识别出对整个研究区连接度具有重要价值的斑块和组分，因此被用作识别互联景观中网络的实用工具。

整体连通性指数（IIC）计算如下：

$$IIC = \frac{\displaystyle\sum_{i=1}^{n}\sum_{j=1}^{n}\frac{a_i a_j}{1 + nl_{ij}}}{A_L^2} \tag{2.36}$$

式中：n 为研究区内节点或廊道总数；a_i、a_j 是生境斑块 i、j 的面积；nl_{ij} 是节点或廊道 i、j 之间的连接数；A_L 表示最大生境面积。

可能连通性指数（PC）计算如下：

$$PC = \frac{\displaystyle\sum_{i=1}^{n}\sum_{j=1}^{n} a_i \times a_j \times P_{ij}^*}{A_L^2} \tag{2.37}$$

式中：a_i、a_j 是生境斑块 i、j 的面积；A_L 表示最大生境面积；P_{ij}^* 是斑块 i、j 之间所有可能路径的最大乘积概率（包括两个板块间的直接扩散）。这是基于网络的栖息地可用性指数，用于量化功能连通性。它被定义为在给定一组 n 个栖息地斑块且它们之间存在连接（直接连接）情况下，随机放置在景观中的两个点落入可彼此到达的栖息地区域的概率。PC 值随着栖息地斑块的空间排列和属性以及物种的扩散能力而变化，变化范围为 $0 \sim 1$。

等效面积连接指数（ECA）计算如下：

$$ECA = \sqrt{\sum_{i=1}^{n}\sum_{j=1}^{n} a_i \times a_j \times P_{ij}^*} \tag{2.38}$$

式中：a_i、a_j 是生境斑块 i、j 的面积；P_{ij}^* 是斑块 i、j 之间所有可能路径的最大乘积概率（包括两个板块间的直接扩散）。ECA 定义为单个栖息地斑块（最大连通）的大小，其将提供与景观中的实际栖息地模式相同的连通概率值。ECA 指数能够更直接地解释景观连接度变化情况。ECA 值不会小于景观中最大斑块的面积，从而避免使用 PC 值可能出现的达到极低值的情况。ECA 指数是一个基于网络的指数，它考虑了栖息地斑块内存在的连通区域，景观中不同栖息地斑块之间的估计扩散量。一般来说，只要斑块属性对应不同区域的其他栖息地特征，例如栖息地质量、特定物种的出现概率、种群大小等，等效连通面积指数（ECA）可以等同于等效连通性指数（EC）。

优先区域划定是在恢复等级划分的基础上进行斑块重要性分析，斑块的重要值即斑块对景观整体连接度的重要性，选取不同的连接度指数进行斑块重要性计算得到的结果不同，重要值计算公式如下：

$$dI(\%) = 100 \frac{I - I_{remove}}{I} \qquad (2.39)$$

式中，I 指所有景观斑块整体指数值；I_{remove} 是去除某单个斑块后其余斑块的整体连接度指数值。将上述步骤中计算得到的中等恢复等级景观重要性指数值输入到 ArcMAP 软件中进行可视化分析，得到对景观连通性重要性排序，并在图中提取出，即得到研究区域的恢复优先区域划分。

2.5　海洋生态安全屏障构建技术途径

2.5.1　海洋生态屏障构建技术路径的总体架构

海洋生态安全屏障构建的关键区域是滨海水陆交错带，一个具有自然岸线的水陆交错带包含从潮下带到滨海陆上区域。滨海水陆交错带的生态空间（潮下带）、滩涂（潮间带）、滨海湿地（潮上带及滨海湿地）是海洋生态安全屏障构建以及生态功能发挥的重点区域，这里我们对该区域生态修复的主要技术途径进行梳理。对于近岸海域潮下带典型生态系统修复而言，主要包括利用海草床修复技术、牡蛎礁修复技术、人工鱼礁修复技术等技术；对于滩涂间带而言，其生态功能修复技术主要包括红树林生态系统修复技术、珊瑚礁生态系统恢复技术、滩涂互花米草为代表的入侵植物防治技术等，从而恢复潮滩的生物多样性和滩涂、浅海生物资源的生产力；对于潮上带以及滨海湿地等生态系统，其生态功能修复的技术主要分为滨海湿地生境修复技术和滨海湿地生物物种修复技术，其中滨海湿地生境修复技术分为基底修复技术、水文修复技术等，滨海湿地生物物种修复技术又分为湿地植被修复技术、其他生物资源修复技术。

海洋生态安全屏障构建的另一个关键区域是入海河流，入海河流生态修复技术主要分为流域治理和河流自身两个方面，主要包括：河流流域污染治理及生态修复技术、入河排污口管控技术、生态补水及生态调度技术、河流水生植物配置术、河流底泥生态疏浚及安全处置技术等。

海洋生态安全屏障构建的主要技术途径如图 2.8 所示。

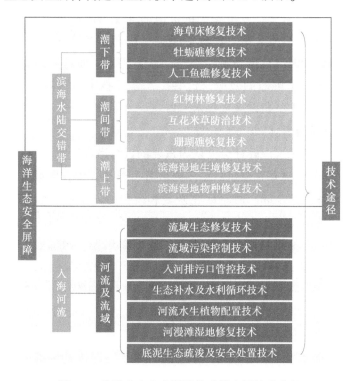

图 2.8　海洋生态安全屏障构建的主要技术途径

2.5.2　海陆交错带的生态修复技术途径

1. 近岸海域生态空间构建模式及技术途径

近岸海域典型的生态系统包括珊瑚礁、牡蛎礁、海草床等，它们具有极高的生物多样性和生产力，为人类提供了丰富的自然资源、为海洋生物提供了产卵和养育的场所，同时保护了生态海岸以防受到海浪和飓风等侵蚀（王丽荣等，2018；童晨等，2018）。然而，受围填海工程、入海污染物大量排放、过度捕捞等人类活动以及全球气候变化、风暴潮等自然因素的影响，近岸典型海洋生态系统出现了生境丧失、资源衰减、富营养化、生物多样性下降等一系列生态系统退化问题（Ladd et al.，2019）。渤海湾也不例外。《中国海洋生态环境状况公报》显示，渤海湾入海河流常年 COD、BOD 和高锰酸盐指数等污染物超标。此外，自 20 世纪末，渤海湾渔业资源由过去的 95 种减少到目前的 75 种；其中，有重要经济价值的渔业资源从过去的 70 种减少到目前的 10 种左右，野生牙鲆、河豚等鱼类已经彻底绝迹（于讯，2011）。因此，有必要构建渤海湾近岸海域生态空间恢复模式，通过生态修复技术的实施提升海洋生态安全屏障的效应，这些生态修复技术包括海草床修复技术、牡蛎礁修复技术、人工鱼礁修复技术、增殖放流等。

1）海草床修复技术

近年来，海草床被国际社会公认为重要的近海渔业生境（Unsworth et al.，2019）。除南极外，海草在全世界沿岸海域都有分布，生长区域从潮间带到潮下带，最大水深可达 90m。海草床在恢复和改善海洋生境方面起着重要的生态作用，海草群落是海洋生态系统的初级生产者，具有较高的生产力和碳捕获能力；同时，海草也是许多海洋动物的重要繁殖地、栖息地、庇护所和直接食物来源，在全球碳、氮和磷循环中起着重要作用（Hemminga et al.，2000）。根据 2003 年联合国环境规划署（UNEP）绘制的《世界海草地图集》，2003 年前十年（1993—2002 年）全世界已有约 2.6 万 km^2 的海草床消失。海草床的修复逐渐引起了人们的重视。

海草可以通过有性繁殖和无性繁殖两种繁殖策略维持种群大小。无性繁殖又称克隆扩增或营养生长，通过海草地下茎克隆出新的个体，即由母株长出的一条地下横走茎，有分节，几乎每个节上都可能生根，然后再长出新植株。横走茎不仅可以无限生长，且新植株也可长出新的横走茎。无性繁殖是一种能量成本较低的种群补充方式，通过无性繁殖可以保持海草种群的优良性状。有性繁殖对种群的补充方式又称种苗补充或有性补充，有性繁殖经过四个过程，即开花、传粉、受精和发育。有性繁殖方式虽然会消耗较多的能量成本，但能够保证草床中海草具有较高的基因多样性，对外界干扰具有较强的抵抗力和恢复力。种子对于海草而言是有性补充的重要组成部分（周毅等，2020）。

大多数海草都具有一年生和多年生两种不同的生活史策略。多年生海草种群主要通过无性克隆增殖和营养生长维持种群大小，种群内的植株全年存在。对于一年生海草种群，当生长环境及气候条件不利于海草生长时，海草种群退化甚至消失，待条件适宜后再依靠种子库恢复种群密度。一年生生活史策略的海草床生长周期一般短于一年，且其生长周期包括种子萌发、幼苗

生长、无性增殖、有性增殖和茎枝死亡沉降五个生活史阶段。例如：鳗草
(*Zostera marina* L.) 床常为多年生种群；一年生鳗草种群较为少见，且多分
布于温度变化剧烈或干燥的潮间带等压力环境。鳗草种群除一年生和多年生
两种生活史策略外，还有一种介于两种生活史策略中间的混合生活史策略
（周媛媛，2021）。

　　海草床的修复主要依靠海草的种子和根状茎（Balestri et al.，1998）。移
植法是较为常用的方法。移植法是在适宜生长的海域直接移植海草苗或者成
熟的植株（张沛东等，2013），通常是将成熟海草单个或多个茎枝与固定物
（枚订、石块、框架等）一起移植到新生境中，使其在新的生境中生存、繁殖
下去，最终达到建立新的海草床的方法。根据海草移植方式和数量的不同，
移植法分为草块法和根状茎法。在某些情况下，甚至直接移植海草床草皮，
但是这种移植方式需要的海草资源量较大，对原海草床的破坏较大。根状茎
法需要的海草资源量较少，是一种有效且合理的恢复方法，移植后具有较高
的成活率。根状茎法包括直插法、枚钉法、根状茎绑石法、框架移植法等。
由于移植单元与框架结构之间的绑缚材料具有可降解的功能，框架结构可以
回收再利用，该方法对海草单元的固定较好，移植成活率高，缺点为框架的
制作与回收增加了移植和劳动成本（李森等，2010）。

　　一般而言，移植法的优点是成活率较高，缺点是人工成本较高（常常需
要潜水移植），存在需要耗费大量劳动成本的问题。近年来，国内也进行了一
系列海草移植方法的研究。例如：在高隆湾光滩区采用相互间隔单株移植泰
来草和海菖蒲进行海草床修复，平均成活率分别为 56.39% 和 88.75%，修复
面积达 1 000m² （陈石泉等，2021）。还有研究提出的根茎棉线（或麻绳）绑
石法（刘鹏等，2013），简便易行。由于海草生长呈现明显的季节性，所以移
植海草的存活和生长在很大程度上受制于移植的时间。移植的最佳时间一般
是在海草生长低谷之后，在下一个生长低谷到来前有较长的时间来生长扩张。
例如：分布于温带海域的鳗草，其最佳的移植时间一般为春季和秋季。进行
海草移植时，需要进行适宜性评价，最好选择历史上有海草分布而现在退化
的海区，这样可以提高移植的成活率。同时，还需要考虑水体流动、底质运
动及人为活动等因素，确保移植后海草不会被水流冲走、沙子掩埋或者人为
破坏（周毅等，2020）。

　　海草床修复的另一种方法是种子法。虽然多数海草床在繁殖季节都会有
较大的种子产量，但能够成功过冬并作为新生长季种群补充原料的种子数量

并不多。目前的研究显示，草床水流、植物病害、种子捕食者如鱼类、无脊椎动物均会降低自然环境中的有效种子库大小。有调查指出，在鳗草建苗的适宜季节到来之前，80%繁殖季节新生的种子将消失，其中一半种子自发性死亡，另一半种子萌发，但仅有13%萌发后的种子能成长成幼苗（李森等，2010）。

利用种子来恢复和重建海草床，不但可以提高海草床的遗传多样性，同时海草种子具有体积小、易于运输的特点，而且收集种子对原海草场造成的危害相对较小，因此利用种子进行海草场修复逐步发展成为海草床生态修复的重要手段。美国学者研发了一种播种机，将鳗草的种子比较均匀地散播在底质1～2cm深处，提高了播种效率（Orth et al.，2009）。种子法的优点就是不破坏原有的海草床，一旦收集到足够的种子，就可以很快的大面积播种。但是如何有效地收集种子和保存种子，如何寻找合适的播种方法和适宜的播种时间，是种子法恢复海草的难点。近年来，国内一些学者对鳗草和日本鳗草（Zostera japonica Asch. & Graebn.）有性繁殖特征、种子萌发条件、种子保存方法、播种方法等进行了比较多的研究（周毅等，2020）。还有研究者发明蛤蜊播种技术，将种子通过采用糯米糊粘在蛤蜊贝壳上，随蛤蜊穴居被埋入底质，种子成苗率为23.2%（韩厚伟等，2012）。

海草床生长于海陆交汇的潮间带和潮下带，由于其物质循环、能量流动受人类活动干扰程度较大，导致海草床的监测和管理难度加大。此外，目前国内对海草的保护缺乏政策的支持，公众对于海草本身、海草生态服务功能以及经济价值关注和认识水平较低，工程建设和人为经济活动对海草场不可避免地造成不可预估的影响和损失。海草床是海洋牧场生境构建的重要途径之一，海草床的监测和管理是维持牧场稳定生态系统的重要保障。传统的监测方法需要定期调查、采样和分析，尽管费时费力，但比较直观准确。借助3S技术，运用水下声学（如单波束声呐、多波束声呐、垂直侧扫声呐及低频声呐等）、光学（如水下视频）等监测技术可以从景观水平上分析海草床的动态变化过程以及海草床渔业资源的分布特征。遥感技术可以极大提高海草床监测的空间广度。综合应用现代与传统监测技术阐明特定海域海草床为海洋牧场提供的产卵场、育幼场、栖息地、食物供给、营养及水质调控等生态功能，有助于提高对海洋牧场海草床生境的认知及管理水平。海洋牧场是集环境保护、资源养护、渔业产出和景观生态建设于一体的新业态，在海洋环境保护和经济效益相辅相成的共同利益框架下，海草床的监测和管理变得相对直接而简单。加强海草场的保护需要政府相关政策支持和引导，同时借鉴国外发达国家的海草保护和修复的经验，可以降低生态修复成本。

2）牡蛎礁修复技术

在许多温带河口区，牡蛎礁是具有重要生态功能的特殊生境（全为民等，2006）。牡蛎礁是指牡蛎聚集生长所形成的一种生物礁系统，广泛分布于河口和滨海地区（Coen & Luckenbach，2000）。牡蛎礁不仅能够提供鲜活牡蛎以供食用，还有净化水体、提供栖息地、保护生物多样性等生态功能（全为民等，2016）。除了直接利用混凝土制成的礁体，部分地区也会将收集来的牡蛎装入网袋，利用网袋构建礁体。成熟牡蛎产生的牡蛎幼虫到达牡蛎礁后，会永久性地黏合在礁体上，实现牡蛎礁的不断扩张。在礁体上，牡蛎可以大幅度地减少浮游植物和颗粒状有机碳的沉积，起到净化水质的作用。牡蛎礁的构造会增加潮间带的空间异质性，并聚集大量的浮游生物，促进以浮游生物为食的鱼类和大型底栖无脊椎动物生长，提升海岸带的生态多样性。过去几十年中，由于人类活动的影响，全球牡蛎礁分布面积下降了 85%（Jackson et al.，2001）。2019 年开展的渤海湾西北岸大神堂海域的活牡蛎礁地质调查结果显示，大神堂海域东北部礁体（面积约 1.4km^2）的西部由于人为破坏而萎缩，西北部礁体（面积约 0.9km^2）在 2011 年完全消失而未恢复。

布设于低潮滩的牡蛎礁是欧美国家海岸带保护的重要组成部分。世界各地陆续开展了牡蛎礁的恢复项目，尤其美国在大西洋沿岸及墨西哥湾开展了一系列牡蛎礁恢复项目（Breitburg et al.，2000），如 1993—2003 年，弗吉尼亚州通过 "牡蛎遗产"（oyster heri tage）项目在滨海共建造了 69 个牡蛎礁，每个礁体面积约为 0.41hm^2；2001—2004 年，南卡罗来纳州在东海岸 28 个地点建造了 98 个牡蛎礁，共用掉约 250 t 牡蛎壳；2000—2005 年，牡蛎恢复协作组（Oyster Recovery Partnership）在切萨皮克湾的 82 个地点共计投放了 5 亿多个牡蛎蚝卵。同时，牡蛎礁恢复是一项十分复杂的系统工程，需要大量的人力物力，如在美国恢复 1hm^2 牡蛎礁，需要约 94 万美元和 $7\,400 \text{m}^3$ 的牡蛎壳，许多州都成立了专门进行牡蛎礁恢复的组织，他们除申请联邦政府的财政资助以外，更多地通过宣传活动，使广大民众了解牡蛎礁的生态服务功能与价值，接受社会各界的捐助，组织义务者参与牡蛎礁恢复活动。

目前，牡蛎礁恢复的目标并不是为了维持牡蛎的可持续收获利用，恢复过去的牡蛎工业，而是为了修复生态系统的结构与功能、保护生物多样性、净化水体和维持可持续的渔业生产，特别是为河口鱼类提供理想的栖息生境

（O'Beirn et al.，2000）。牡蛎礁恢复是改善河口生态环境和提高生态系统健康的重要技术手段。

牡蛎礁的修复主要通过结合防浪堤设置专用礁体以及利用牡蛎壳礁体的方式实现（Borde et al.，2004）。牡蛎是喜欢生长于硬底质上的底栖动物，建造适合于牡蛎幼体生长的栖息生境（硬底质）是牡蛎礁恢复的关键。牡蛎礁恢复通常按以下五个步骤进行（全为民等，2006）。

（1）地点选择。地点选择需要考虑以下因素：①现在或过去是否有牡蛎的记载；②盐度、水流和沉积速度；③硬底质（软泥是不适合牡蛎生长的）；④坡度（陡度上牡蛎很难生长）；⑤人为干扰情况。

（2）底物准备。在牡蛎礁的恢复过程中，通常使用牡蛎壳来构造礁体，足够数量的牡蛎壳成为牡蛎礁恢复的重要因子。在美国许多州，通过宣传鼓励民众循环利用牡蛎壳，将废弃的牡蛎壳上交给有关部门或组织，作为牡蛎礁恢复的底物。其他可替代的底物还有粉煤灰和混凝土结构等。

（3）礁体建造。将牡蛎壳装入一个圆柱形塑料网袋中，每袋装 23L 牡蛎壳，每个礁体由 100 袋并排而成，每个地点构建 3 个礁体。考虑到牡蛎的繁殖时间，牡蛎礁的建造时间一般在夏季。具体地点为潮下带与潮间带交界处或潮间带，在低潮时进行构建。牡蛎礁的大小、形状与空间布局对恢复成败有着重要的影响。

（4）补充牡蛎种苗。礁体建成以后，自然牡蛎卵通常会补充到新建的牡蛎礁上，但一般需要另外添加一些牡蛎卵于礁体上，来提高礁体上牡蛎的生长速率。

（5）跟踪监测。礁体建好以后，通常经过 2～3 年的时间，牡蛎礁才能发育成为一个具有自然功能的生态系统。期间，需要在不同时空尺度上，对牡蛎的生长情况、附近水质和礁体上的生物群落进行系统的跟踪监测，最后才能确定牡蛎礁恢复是否成功。

目前，我国也有许多构建牡蛎礁来保护、恢复、增强和创建盐沼等滨海生态系统，保护岸线免受侵蚀的实例。江苏海门蛎蚜山牡蛎礁（全为民等，2016）的恢复采用构建牡蛎壳礁体的方法，总面积达 2 335m²，其生态评估结果显示礁体建造以后的总生物量和平均密度均显著增长，恢复工程取得初步成功。在渤海湾，大神堂活牡蛎礁区是渤海湾的重要生态敏感区，国家和地方政府采取相应措施，对大神堂牡蛎礁区的海洋环境和生物资源起到一定保护作用。在国家和天津市政府的支持下，海洋行政主管部门先后启动了"天津大神堂浅海活牡蛎礁独特生态系统保护与修复项目""天津典型海域生态区生境与生物资源修复技术集成及示范项目"等,并采用先进生态修复手段,减缓活牡蛎礁面积下降的趋势,保护大神堂现有的泥质活牡蛎礁生态系统。因此,应该对现有的自然牡蛎礁进行保护,并结合大尺度的河口工程项目进行牡蛎礁构建,从而为改善河口环境、修复生态系统结构与功能和维持河口渔业的可持续发展做出贡献。

3)人工鱼礁修复技术

针对近岸海域环境污染、生境退化、过度捕捞和全球气候变化等问题,建设海洋牧场被认为是一种重要出路(陈勇等,2014)。海洋牧场是基于海洋生态学原理和现代海洋工程技术、充分利用自然生产力、在特定海域科学培育和管理渔业资源而形成的人工设施。投放人工鱼礁是海洋牧场建设过程中采用的一种重要技术手段,主要作用是为海洋生物提供栖息、繁殖、避难和生活场所(张灿影等,2021;李东等,2019)。投放人工鱼礁不仅对增殖渔业资源和保护海洋生物多样性以及维持渔业资源可持续发展有很重要的积极作用,而且礁体的附着生物对海水水质环境的改善有一定的促进作用(周艳波等,2010)。

人工鱼礁在应用方面和研究方面活跃的国家主要是日本、美国、韩国,其次是欧洲各个国家(张志伟,2019)。日本的人工鱼礁建设在亚洲乃至全球范围内都具有代表性,不仅投入的资金最多、投放人工鱼礁的时间最早,人工鱼礁投礁海域范围最大,而且对人工鱼礁的研究也最为深入。在 18 世纪末日本人工鱼礁的雏形就已经基本形成,随着人工鱼礁建设的不断开展,关于鱼礁的环境功能、集鱼效果等研究逐渐被提出,并且通过人工鱼礁区建设,传统渔业栖息地的生态环境得到了改善和修复,渔业资源得到了恢复,经济水产品的质量得到了提升。进入 20 世纪 80 年代,日本人工鱼礁的发展更加标准化、规模化,到 90 年代日本人工鱼礁也由民间组织行为提升到国家行为,进一步形成了制度化的发展,国家政府和地方政府每年投入 600 亿日元用于进行人工鱼礁建设,每年人工鱼礁建设体积大约为 600×10^4 空 m^3。在日本的各个沿海渔场,大多数是通过人工鱼礁的搭建而形成的,大约有 8 500 多处,人工鱼礁不仅使人为和工业等因素造成的海区污染有了明显的改善,还促进了沿海渔业经济的发展,并取得了一定的经济效益。我国真正意义上的人工鱼礁建设是在 20 世纪 70 年代中期开始的。根据相关资料表明,截至 21 世纪初,我国在人工鱼礁建设资金投入已超过 55.8 亿元人民币,建设人工鱼礁区 200 多个，人工鱼礁海域面积超过 852.6km²，投礁量超过 6 000 万空 m³。投礁规模方面山东省居全国首位，广东省、辽宁省以及浙江省人工鱼礁建设规模位于全国前列。天津市于 2009 年开始在大神堂海域投放钢筋混凝土礁体，开展海洋修复行动。截至 2016 年底，大神堂海域共有 19 825 处人工鱼礁，造礁面积 10.989m²，同年被列为国家海洋牧场示范区（张雪等，2019）。经过八年运营，天津人工鱼礁区海域的生物多样性有了一定改善（戴媛媛等，2018）。

虽然中国在人工鱼礁建设方面取得了诸多瞩目的成绩，但相对于日本、美国、韩国等较发达国家而言，中国关于人工鱼礁的运用多借鉴国外经验，研究水平多停留在表面现象的描述上，尚缺乏充足的理论基础和必要的定量研究，特别是在人工鱼礁的结构设计与优化方面仍有很多问题尚未明确。而且制作人工鱼礁的材料多为混凝土浇筑或 PCV 等硬质塑料，在复杂的海洋环境条件下必然存在老化磨损的情况。因此，人工鱼礁存在迭代更新，并且人工鱼礁技术还会继续应用于未投放海域，以达到恢复当地海洋生态的要求。

人工鱼礁修复海洋生态系统主要包括投放选址、礁体设计、模拟实验、投放鱼礁和监测评价等环节。

人工鱼礁设计是人工鱼礁区构建活动预先进行的计划。人工鱼礁区建设是一项庞大的系统工程，投资巨大，一旦鱼礁投放后将很难更改，礁型及布局方式的选择将直接决定礁区建设的成败。因此，在人工鱼礁结构设计方面亟须必要的理论指导和科技支撑。下面就人工鱼礁的选址、礁形设计和效果评价方法进行介绍。

（1）人工鱼礁礁区选址。人工鱼礁的选址需要考虑鱼礁用途、海水理化性质、投放海域生物等实际情况，在各方面因素互相协调的情况下达到人工鱼礁的投放目的（姜邵阳等，2019；王磊，2007）。

目前，我国已有的鱼礁以增值型和休闲型鱼礁为主。增值型鱼礁以资源增值为目的，使海洋生物在礁体中栖息、繁殖、生长，以满足商业捕捞的需要，主要增值贝类、虾类、蟹类等，一般放置于 −10m 以内的浅水区。此类鱼礁应选择适合商业捕捞的海域，还应该考虑捕捞方式、捕捞强度等因素。休闲游钓型鱼礁一般投放于离滨海旅游区较近的浅岸水域，以增殖和诱集鱼类，供休闲垂钓之用。该类鱼礁的投放应考虑垂钓能够达到郊区鱼群的活动范围，避免鱼礁的无效投放。

鱼礁选址需要考虑的海水理化性质包括水质、水深、沉积物性质、海流等。礁区水质对海洋生物的生长发育繁殖有重要影响，例如在氮磷含量较高的渤海在其他相同条件下投放人工鱼礁效果显然比氮磷含量较低的南海效果好。

海水的各种理化性质与其水深有很大关系，如温度和光照，而温度和光照是制约大多数海洋生物光合作用和呼吸作用的关键因素，因此在投放鱼礁时需要对投礁区水深做调查。目前已投放的人工鱼礁运行情况表明，人工鱼礁一般适宜建在 20 ～ 30m 的水深中。

作为人工鱼礁的支撑点，沉积物的性质决定了人工鱼礁的稳定性和使用寿命。有浅层细砂覆盖的坚硬岩石海床是建造人工鱼礁的理想场所，应该避免在淤泥质、散沙、黏土上建造人工鱼礁，这可能会使鱼礁下沉或迁移，还会阻碍生物在礁区的聚集。因此有必要对拟投礁区的沉积物化学性质进行调研。

人工鱼礁的投放会改变鱼礁周围的流场结构，流场效应深刻影响着鱼礁的物理环境功能及生态效应的发挥，上升流的产生使低温而营养丰富的深层海水与温暖表层海水混合，提高礁区海水含氧量，促进浮游生物和底栖生物的生长，使礁区成为鱼类捕食的好去处。而缓流区可为鱼类提供休憩、躲避强流的场所，也使得浮游生物、甲壳动物等聚集。

为了避免投放鱼礁对原有海洋生态环境的破坏，礁区应当尽量避免在大量珊瑚礁、水草、贝类等底栖生物存在的海床投放。人工鱼礁在投放前应当明确增值对象，根据增殖对象适应海水温度、盐度、溶解氧、污染物耐受的程度等因素以及食物和栖息地要求进行综合考虑。

人工鱼礁投放区需要考虑的其他因素包括渔业捕捞区域、航线、鱼礁对今后渔业的发展影响等，尽量避免投放鱼礁对现有经济活动产生影响。

在确定投礁范围以后，需要进一步明确各礁区的位置，遵循均匀分布的原则，间隔以 1 ～ 2km 为宜。在各礁区位置确定以后，应对其进行有效的标识，标明礁体的个数、投放间距、礁型等信息，并能根据已有信息推测其他礁体的大致位置。

（2）人工鱼礁构型设计。礁体设计应遵循以下原则（赵海涛等，2006）。

① 可行性。保证人工鱼礁礁体构件在制造、运输、组装、投放过程中的切实可行性，确保设计的人工鱼礁能够投放到目标海区并产生生态效益。

② 不同高度、构型的礁体配合投放。针对不同的海洋类群，鱼礁在设计时应当考虑目标增殖生物的生活习性，考虑生物的上下层分布情况，较低的

礁体适合底栖鱼类，较高的礁体适合上层生物，所以在设计投放时需要将不同高度、构型的礁体一起投放。

③ 充分的比表面积。人工鱼礁的比表面积大小直接关系到礁体上附着的生物数量，附着生物如红藻门、绿藻门、褐藻门、节肢动物等是鱼类的重要饵料之一，在礁体设计时应当尽量增大礁体的比表面积。

④ 良好的透空性、透水性和连通性。礁体的空隙大小、数量和形状都将影响礁体上以及礁体周围生物的种类数量，礁体内充分的水体交换才能使礁体的表面积得到有效利用，礁体具有良好的连通性才能保障礁体具有良好的透空性和透水性。因此，应当尽量将礁体设计成多孔洞、缝隙的结构，使得礁体表面积得到充分利用，确保礁体发挥良好功用。

基于以上设计原则，人工鱼礁构型设计中需要考虑的因素包括流体力学因素、生物因素和几何构型（姜邵阳等，2019）。具体来说，流体力学是指鱼礁投放后，海流引起的礁体的滑移、倾覆、沉陷和被泥沙掩埋，即人工鱼礁的物理稳定性问题。应确保礁体所在位置基地具有足够的承载力，使礁体不至于发生整体下沉和整体滑移。生物因素是指人工鱼礁投放海底后，引起周围物理化学性质的变化，从而引起的礁区海洋生态系统的变化。人工鱼礁投放后的礁体表面通常会生附着生物，鱼礁周围的底栖生物和浮游生物的种类、数量、分布也会发生变化，从而形成礁体特有的生物群落。对于岩礁性鱼类来说，鱼礁的空隙是非常重要的条件。所以，鱼礁的结构应以中空型为主，通常希望空隙率越大越好。对于索饵鱼类，人工鱼礁则以全潮时为设置条件。对于表、中层鱼类，鱼礁要有足够的高度，应有遮断流体的机能，有产生流体声音的设计，因为部分能产生声学效果的礁体对鱼类的行为也有一定的影响。空间几何因素是指礁体的配置问题，也就是礁体布局时利用鱼礁排列方向来提高鱼礁性能的问题。应针对特定海域特征，确定礁高水深比和能充分发挥鱼礁功能的礁体（群）配置规模等参数的较适值范围，制定人工鱼礁的优化组合方案、配置规模大小及礁区的整体布局模式，并通过配置组合的验证进一步优化鱼礁的性能，设计出适宜的鱼礁单体构型。

礁体材料的选择将直接影响礁体的结构特征，对于礁区生物的增养殖效果也将起到重要的影响。选择时需综合考虑礁区的位置、礁体结构的要求以及运输和礁体投放过程的便捷程度。同时应保证礁体与周围环境的协调性、礁体本身的稳定性和耐久性。例如，建在天然礁体附近的人工鱼礁应选择不会对天然礁体造成侵蚀的材料；在海流或风浪较大的海区，礁体一般不宜选择轻质材料制作（江艳娥等，2013）。

礁体的大小是指鱼礁的外形尺寸，主要是指高和宽，其取决于水深、流速及鱼种。随着鱼礁事业的发展，礁体的外形产生了很大的变化，从简单到复杂，从小型到大型。鱼礁大小型号的具体数值界定也没有一个统一的标准，一般大型单体鱼礁体积在 $100 \sim 400 m^3$，重量为 $15 \sim 70t$；小型单体鱼礁的体积为 $1 \sim 30 m^3$，重量为 $0.1 \sim 3t$；而中型单体鱼礁的体积和重量则在前两者之间（陶峰等，2008）。因此，礁体大小设计要考虑到礁体投放后的稳定性，礁体建造技术的复杂性，投放的难易程度，并兼顾经济效益，力求达到集鱼效果好，施工简单、投放方便且成本低廉。

（3）人工鱼礁效果评价。人工鱼礁投入使用以后，需要对其实际效果和预期效果进行评估与比较，以便发现设计中存在的问题，进而采取一定的措施改善其功效，同时也为同类项目的建设积累经验。效果评估应包括以下指标：

①礁体结构的整体稳定性，礁区周围局部的冲淤情况，例如上升流高度与礁高之比、礁体使用年限；②海域生态环境的改善情况，浮游及底栖生物的增养殖效果、礁区水质的变化等，例如水质指标（盐度、pH 值、浊度、COD、溶解氧、磷酸盐、亚硝酸盐和氨氮等）、多样性指数、生物量等；③增养殖目标鱼类数量的增加情况、所捕获鱼的大小，例如目标鱼类丰富度（某站点每 24 小时的渔获重量/站点每小时每平方千米的渔获重量）、种类丰富度、经济种类数变化；④礁区使用者数量的变化；⑤鱼礁的经济收益情况。

为确保效果评估的有效性，在人工鱼礁的建造前后必须对礁区的底质、水质、生物等情况进行详细的本底调查，以便比较建礁前后的生态改善情况。

4）增殖放流模式

天然渔业资源衰退已经成为世界渔业所面临的共性重大问题，且对种群遗传多样性、物种多样性和生态系统的健康造成很大的威胁（Jackson et al.，2001）。近年来，越来越多学者开始关注渔业资源衰退所引起的生态学后果等一系列的科学问题，而增殖放流作为渔业种群遗传多样性保护与渔业资源恢复较为有效的措施之一，被寄予厚望（Grimes，1998）。

增殖放流是指通过人为的方法，向自然海域中投放人工繁育或野生的水生生物幼体（成体、卵等），以增加投放海域种群数量、优化海域渔业资源群落结构，最终达到恢复受损野生渔业资源的目的（李继龙等，2009）。欧洲和日本是最早记载增殖放流的区域。我国增殖放流始于 20 世纪 80 年代，尽管起步较晚，但发展迅速，目前放流品种已达100多种，涵盖了鱼类、贝类、甲壳类和头足类等种类（程家骅等，2010）。长期的增殖放流为我国渔业发展带来了明显的经济和社会效益，使我国近海严重衰退的经济渔业资源得到了明显的补充。

（1）放流苗种。放流苗种的工作为了获得更大的收益，除需要考虑到放流苗种的质量之外，还需要从流放区域的生态环境角度进行分析，考虑苗种是否会对整体环境产生影响和冲击；需要对放流苗种品种的自然遗传特性进行分析，保证其在新的环境下不受感染。因此，增殖放流的品种选择首先是选择原种，尽量不要选择质量不纯的品种，如杂交、转基因、外来物种等。特别要注意的是，选择外来引进品种进行放流要非常谨慎。而且，应选择培育技术较好的苗种，可完成多量栽培，且成本低、生长速度快、经济效益高，可以缩小放流区的生物链，提高放流区的生物量（卢波等，2022）。

（2）放流规模。确定放流区最佳种苗规模是保证放流质量的重要基础。放入规格较大的种苗获得的存活率较高，但成本也较高。从理论上来看，最适应的种苗规格应为入海放流后的最小体长种苗。不同品种，个体差异适合放流的种苗大小不同。即使同一种鱼，其所在地区不同，适合放流的种苗大小也很可能不同。所以，要经过多次试验和实践，才能确定最佳的放苗规格（卢波等，2022）。

（3）放流生境。适宜的外部环境对苗种放流十分重要，需要从多方面进行分析，否则将无法达到预期的效果。有些鱼类只能在特殊的水域环境下生长，一旦出现了不适应环境的现象，存活率将大幅下降，增殖放流的效益也大打折扣，如鲑鱼。而在海草比较丰富的领域可以适当进行海草的放流工作，其成活的概率比在海草贫瘠的区域高，并且在此区域的虾苗的生长速度也会提升。因此，需要在放流之前全方位明确周围的环境和物种数量，选择苗种合适的放流栖息地，保证苗种的有效生长（卢波等，2022）。

当前，随着社会经济的发展，人们生活水平日益提升，对于海产品的需求量不断增加。为了满足人们对海产品的需求，增殖放流就成为一件十分重要的工作，也是维持海洋生态环境稳定的保障。但是在我国进行增殖放流的过程中，还需根据当前的工作现状进行有效的优化，加强科学指导与有效的管理工作，扩大公共参与的渠道，采纳沿海居民的建议和意见，增加增殖放流工作的品种和数量，从而保证各项工作的顺利进行。与此同时，应增强国际交流与合作，共同探讨增殖放流工作的有效性和必要措施，改善方案，提升区域平衡的稳定性，保证渔业生产的健康稳定发展，实现利益最大化。

2. 滩涂（潮间带）生态功能修复技术途径

滩涂（潮间带）是一种重要滨海湿地类型（Gunnell et al.，2013）。广义上的滩涂是指处于低海拔、频繁受潮汐影响、表面由多种基质组成的一种复合湿地生态系统，不同湿地植物群落的分布取决于滩涂所处气候区和滩面相对海平面的位置（杨世伦，2003）。而狭义的滩涂，仅指分布于平均海平面和低潮位之间没有明显植物分布的光滩。滩涂湿地在维持海岸带生物多样性（如水鸟和鱼类重要栖息地）和生态系统服务供给（如气候调节、消浪护滩和水质净化等）中具有重要作用（Barbier et al.，2011）。

滩涂在全球海岸带分布甚广，但在不同地区间的分布具有明显差异。全球 70% 的潮滩集中分布于亚洲、北美和南美，绝大部分盐沼分布在纬度高于 30° 的温带，也有小部分存在于寒带（Murray et al.，2019）。受海岸带社会经济快速发展和气候变化的影响，整个滨海湿地资源损耗状况非常严峻（Deegan et al.，2012）。已有学者对全球滩涂面积变化开展研究，结果表明，1984—2016 年约丧失 16% 的滩涂（Murray et al.，2019）。海岸带土地开发、陆域来沙下降、地面沉降、海岸带侵蚀和海平面上升都是引起滩涂面积下降的原因（Murray et al.，2019）。但就不同驱动力的贡献程度而言，人类主导的土地利用转化是导致全球滩涂丧失的主要驱动力（Kirwan & Megonigal，2013）。河流携带的陆源物质进入河口区域后，由于海陆交互作用而在河口地区沉降、堆积，形成滨岸滩涂，并随着陆源物质持续输入，不断向海推进和演替。河口滨岸滩涂作为海陆过渡带，一方面受到咸淡水交互、暴露和淹没交替（季节性河流河口地区）、泥沙冲淤等海陆相互作用的影响，环境因子变化显著，生态环境相当脆弱；另一方面，江河流域内各种物质通过吸附作用富集在河口地区，使河口滨岸滩涂成为河流到海洋的过滤器，某些难降解、惰性物质一旦进入沉积环境后便很难再迁出（刘娇，2011）。因此，河口及近岸区域的沉积物是陆源污染物的重要归宿之一。

在受损严重有代表性的潮间带、潮下带，采用生物、生态学修复技术，红树林修复技术，互花米草防治技术，珊瑚礁恢复技术等途径，有效地人工移植滩涂植被，使其在示范区建立稳定种群，形成规模资源，达到以生物来调控、吸附营养盐，提升初级生产力，改善底泥土质，使受损潮间带、潮下带重建植被、生物种群，受损生境得到自净、修复，进而恢复该区域生物多样性和滩涂、浅海生物资源的生产力（陈雪初等，2021）。最终建立此类型海岸带最佳生态——经济效益模式和实现海岸带生态、生物、经济相耦合的良性循环，使富饶有生命的美丽海岸带重归人类怀抱。

1）红树林修复技术

红树林是自然分布于热带、亚热带海岸和河口潮间带的木本植物群落（林鹏，1997）。通常生长在港湾与河口地区的淤泥质滩涂上，是海滩上特有的森林类型。红树林生态系统处于海洋、陆地和大气的动态交界面，周期性遭受海水浸淹的潮间带环境，使其在结构和功能上既不同于海洋生态系统，也不同于陆地生态系统，作为独特的海陆边缘生态系统在维持海湾河口生态系统的稳定和平衡中起着特殊的作用（林鹏等，2005）。

红树林对生长环境有特殊要求，只能生长在平均海平面（或稍上）与回归潮平均高潮位（或大潮高潮位）之间的滩涂面，潮水浸淹频率过高或过低均会导致红树林退化、死亡或难以自然更新（范航清等，1997）。

为了保护、恢复红树林资源，应当利用生态恢复理论作为指导，借助于政府和民众的力量逐步对红树林进行恢复、改造和利用。例如，把生态恢复理论应用到红树林的保护中来，生态恢复强调根据恢复地点及目标多样性而进行适应性恢复，通过恢复与保护相结合，实现生态系统的可持续发展（任海等，2004；彭少麟等，2005；卢群等，2014；张倬纶等，2012）。早在2001年就已经有研究提出红树林的生态恢复问题（范航清等，2001），且多在理论上探讨了红树林宜林地的选择、造林方法、苗木培育等问题（叶勇等，2006；叶功富等，2005；李丽凤等，2013；林鹏等，2005），研究认为对于退化红树林恢复的实践操作应大面积开展。首先，重点进行群落内外环境的改造，致力于红树林周围环境的改造，按照需要以及自然条件合理利用土地。其次，利用乡土植物改造。有研究报道了3种外来种薇甘菊、互花米草、无瓣海桑对红树林的危害（林鹏，2003）。它们从危害本地种的生存、侵占红树林的生境、排挤本地种等方面对红树林构成威胁。一个连续的群落系列毕竟具有更强大的生态功能，对红树林的生存具有较大意义。任何恢复都是从生态系统的角度考虑，但生态系统也是相互关联的。红树林生态系统的良好发展同样有赖于社区环境整体的改良，如海岛和海水污染的治理、海岸的绿化等（何奋琳，2004；韩淑梅等，2009）。

另外，应当结合城市规划要求，合理保护和利用红树林。红树林是一类特殊的资源，可以作为生态旅游的内容加以合理利用。红树植物的胎生繁殖、支柱根、板状根、气生根和带状分布等内容是良好的科普教育的题材，若能进行广泛的宣传，可以让更多的人了解红树林，保护红树林。红树林作为城市规划的一部分，其有效保护还需要政府的直接管理。保护红树林最主要的力量是当地居民，所以有必要对当地居民进行宣传教育，使其意识到红树林与自己的切身利益的相关，从而自发地保护、种植红树林。

2）互花米草防治技术

红树林是海岸潮间带重要的初级生产者，有较大的生物量和较多的凋落物产生，具有高度开放和高度复杂的能量流动和物质循环特征，是河口海岸重要的食物源和能量源。但是由于红树林和互花米草生态位很接近，且互花米草生命力与竞争力极强，其扩散蔓延的速度远超过红树林的天然扩散和更新，生长迅速的互花米草会使得其存在的滩涂处于完全荫蔽状态，邻近的红树幼苗逐渐被米草群落埋没，缺乏光照无法正常生长而大部分死亡。近年来，互花米草侵占裸露滩涂呈蔓延趋势，而且不同程度地进入原本生长着红树林的林地滩涂，红树林的生存受到威胁。

目前，已有多种措施对互花米草入侵进行综合防治，以保护好近海滩涂、原有红树植物及其他海洋生物资源，维持保护区生态系统的独特性和稳定性。

（1）加强管理。建议对近岸海域互花米草的分布和生长状况、危害状况进行广泛调查和重点地区调查，建立近岸海域互花米草种群动态模型；结合互花米草入侵过程和现状，明确互花米草入侵的原因和机制；同时根据互花米草入侵现状对近岸海域进行分区研究，提出近岸海域互花米草的分区和有害物种预警体系，形成近岸海域的互花米草防侵网络；落实互花米草防治及其研究的投入资金，防止有害生物的入侵不仅需要职能部门的努力，更需要全社会的参与。

（2）社区防治。互花米草的入侵已经威胁到了沿海滩涂的养殖，威胁到了渔民的切身利益。故当地人民群众应积极响应管理部门的号召，积极行动起来，集中力量防治互花米草。例如，开发利用有互花米草的滩涂；用围垦根除局部地段的互花米草；在米草萌芽季节（4—5 月）开发利用"海笋"（即刚出苗的互花米草，可食用）等。合浦县科委最初引进互花米草的目的之一是作为鹅等家禽饲料，人民群众可积极实践，用于养牛或加工成饲料，饲养家禽（范航清和何斌源，2005）。

（3）物理防治。物理防治是采用人工或机械等措施，根据米草属植物的生活史特征、种群分布面积和区位（潮间带高程和底质类型）差异，对互花

71

米草进行拔除、挖掘、遮盖、水淹、火烧、割除、碾埋等，限制其呼吸或光合作用，或种子传播，或无性生殖等直接或间接抑制米草种群的扩散，最终杀死植株（吴敏兰和方志亮，2005）。对互花米草进行水淹研究表明，水淹可以在一定程度上抑制其生长（肖强等，2005）。崇明东滩对互花米草的实验结果表明，冬季收割和火烧能显著提高互花米草的植株密度和结穗率，降低其植株基部直径，即对其生长与繁殖有一定的促进作用（王智晨等，2006）。总的来说，物理方法对环境影响较小，但是控制成本一般相对较高。

（4）化学防治。由于互花米草生长在海洋滩涂，未被互花米草吸收的药剂会直接被海水带走，除草剂本身及残留会对水生生物及环境造成危害。因此，国外绝大部分研究都倾向于开发对水生生物低毒的化学除草剂。目前，欧美以及澳大利亚、新西兰等国家均开展了大规模的研究工作并报道了三种除草剂在特定助剂下会连根杀死米草，Haloxyfop（已注册 Gallantnf）是根除米草最成功的除草剂，首次使用可达95%的去除效果。但这些药剂对水生生物均有不同程度的危害；福建省农业科学院生物技术中心研制了米草净，美国唯一允许使用的是除草剂草甘膦（RodeoTM），但草甘膦对米草的杀除力差别很大，范围在0 ~ 100%之间；林业部门曾经尝试用农药来清除互花米草，但是效果并不是很好，目前采取的是细胞抑制的化学防治方法；而最近的研究证实：乙酸（acetic acid）可用于杀伤沉积物中互花米草的繁殖体，用乙酸浸泡沉积物可以作为使用叶片除草剂的额外的或辅助的方法，本方法可以有效防止根茎春天的再生生长（李贺鹏等，2006）。与其他杂草相比，互花米草之所以难除，可能是由于以下两点：是互花米草植株含有盐腺，整株盐度达70以上，在这样高的盐度下很多除草剂都会失效，即使不失效，其效力也会大大降低；二是涨潮退潮的影响。互花米草为滩涂植物，每天都会被海水淹没两次，每次长达6h，这样必然造成所用药剂的散失。鉴于种种原因，至今尚未研究出一种安全有效的互花米草除草剂。

（5）生物防治。生物防治法作为长期控制害草扩散的有效方法，互花米草的适宜天敌包括昆虫、寄生虫以及病原菌等。食草昆虫光蝉（*Prokelisia marginata*）和玉黍螺（*Littoraia* spp.）能啃食互花米草，并且有很好的控制效果（Grevstad et al.，2003；Sillman & Zieman，2001）。在互花米草的原产地发现两种飞蝇幼虫可以在互花米草的茎秆钻孔（Viola et al.，2004），经过对其进行室内培养和野外释放，发现对互花米草有一定控制效果，但是茎秆的损害程度在不同区域差别很大，仍需要进一步地研究。微生物致病菌可抑制米草植物的迅速生长，例如麦角病［*Claviceps purprea*（Fr.）Tul.］能够使米草感染麦角症，限制植物的生产（Gray et al.，1991）。

（6）生物替代。生物替代技术是根据植物群落演替的自身规律，利用有经济或生态价值的本地植物取代外来入侵植物的一种生态学防治技术。据有关部门的初步研究结果表明：互花米草向灌木状、较高密度的红树林内扩散极为困难。当红树林的高度超过互花米草时，红树林的生长不会受到互花米草的明显影响，但互花米草会跟低矮的红树植物幼苗竞争阳光和养分。通过互花米草提高滩涂高程，在种植红树林时应该对过高过密的互花米草进行人工控制，直到红树植物高度超过互花米草的高度。显然，这种生物替代造林是特种造林，在理论上是可行的，但人工控制时间长，成本高，只有在经济发达地区的特种滨海绿化时可考虑使用，同时还要高度重视互花米草的可控制性。如中国科学院热带雨林研究所曾经于 1999 年在珠海汉澳岛引种无瓣海桑进行替代互花米草的实验，由于无瓣海桑的生长速度快，很快郁闭成林，在一年后即成功抑制了互花米草的生长（王蔚等，2003）。

（7）综合治理。综合治理是将上述各项技术进行有机结合，在治理初期可采用机械、化学方法，但在长期维持上，则仍然需要有效的生态学治理技术。不仅要考虑每种方法的有效性，而且还要特别注意潮汐，相互作用的环境因子，其他减缓因素，植物的生物学和生态学特征。目前，国内外有关互花米草生物防治和生物替代的技术还不够成熟，已采用的综合治理多是将物理方法和使用除草剂相结合综合防治（钦佩，2006；仲崇信，1985；仲崇信，1992；张敏等，2003；唐廷贵等，2003；彭少麟和向言词，1999；陈中义等，2005；宋连清等，1997；何斌源和莫竹承，1995；李加林，2004）。

3）珊瑚礁恢复技术

珊瑚礁生态系统具有很高的生产力和生物多样性，是地球上重要的生态系统之一。珊瑚礁生态系统有着巨大的生态意义和经济价值，据估计，热带珊瑚礁的资产价值接近 1 万亿美元（Hoegh–guldberg，2015），每年产生的商品和服务经济价值超过 3 750 亿美元，全世界至少有 90 个国家 5 亿多人从中受益（Berike et al.，2011）。珊瑚礁修复主要分为以下四类。

（1）自然修复。对于受损程度较轻且相对健康的珊瑚礁，采取避免人为破坏的措施是关键的修复策略，如建立海洋公园和自然保护区，让珊瑚礁缓慢恢复。1975 年，澳大利亚成立了第一个珊瑚礁保护区——伯利兹珊瑚礁保护区；20 世纪 80 年代，澳大利亚大堡礁开始作为海洋公园进行管理。我国

1990 年建立海南三亚珊瑚礁自然保护区；1997 年建立福建东山珊瑚礁自然保护区；2003 年建立广东徐闻珊瑚礁自然保护区；2013 年建立广西涠洲岛珊瑚礁国家级海洋公园等。同时，一些国家的某些珊瑚礁潜水区不再对外开放，如泰国政府在 2016 年宣布无限期关闭安达曼海域 7 个海洋公园且无限期禁止潜水观赏珊瑚活动，以保护日益受到破坏的深海冷水珊瑚礁生态系统；马来西亚政府关闭位于刁曼岛及热浪岛的热门潜水点，给予珊瑚礁自然生态修复时间。但事实上，珊瑚的自然补充修复效率非常低，在比较了红海地区不同大小保护区对珊瑚礁恢复的作用后发现，如果只是对珊瑚礁划定小范围保护区，进行简单隔离，作用甚微。自然保护区虽然改善了珊瑚礁的一些生态参数，但却不足以补偿人为活动所造成的影响（Epstein et al.，2005）。

（2）珊瑚移植。珊瑚移植是珊瑚礁修复的常用方法，其基本原理是用新的珊瑚替代死去的珊瑚，即把珊瑚幼虫、珊瑚片段或珊瑚群落移植到退化珊瑚礁区，从而加速珊瑚礁恢复，提高活珊瑚覆盖率、改善恢复珊瑚礁生态结构。珊瑚是一种构件生物，一个小片段便具有和整个种群一样的生长发育能力。众多实验表明，珊瑚移植具有修复退化珊瑚礁的可行性，移植到相似生境的珊瑚的存活率一般在 50% ~ 100%（Harriott & Fisk，1988；Yap，2009）。珊瑚移植实验（Clark & Edwards，1995）结果指出，西叉轴孔珊瑚（*Acropora divaricata*）移植后的生长速率高且死亡率相对低，适宜移植。另外，同一种珊瑚不同大小移植片段的移植效果也存在差异，通常大片段地移植珊瑚具有更高的存活率和生长速率。珊瑚移植虽被证实可以提高活珊瑚覆盖率、增加生物多样性，但并不适用于所有珊瑚礁退化区，如三亚鹿回头珊瑚礁的移植珊瑚 10 个月后的平均存活率仅为 45.5%，研究认为在受到高度威胁的礁区进行珊瑚移植是没有意义的，除非威胁减少或消失（Zhang et al.，2016）。因此，珊瑚移植首先要考虑珊瑚礁区是否适合进行珊瑚移植，其次考虑移植珊瑚的种类。

（3）人工养殖珊瑚。珊瑚移植有助于退化珊瑚礁的修复，但大量的采摘会导致供体珊瑚的死亡率增加、繁殖力降低。研究提出 "Gardening coral reefs" 策略（Rinkevich，1995），即人工养殖珊瑚，将珊瑚片段、小群落珊瑚或已附着的珊瑚浮浪幼虫放在养殖场所进行养殖，待其生长到一定大小后再移植到退化珊瑚礁上。人工养殖珊瑚可以自由选择适宜环境进行珊瑚养殖，因此具有更高的珊瑚存活率，从而提高珊瑚移植成功率。佳丽鹿角珊瑚（*Acropora pulchra*）半保护苗床养殖实验表明，在适宜条件下，经过一段时间后便可以产生大量的人工养殖珊瑚（Soong & Chen，2003）；鹿角杯形珊瑚（*Pocillopora damicornis*）的浮浪幼虫在进行 6 个月人工养殖后再移植到珊瑚礁上，6 周后的存活率超过 95%（Raymundo et al.，1999）。此外，原位养殖不仅能为移植珊瑚提供一个适应期，有助于珊瑚更快地生长到可以移植的大小，提高珊瑚移植后的存活率，还可以把养殖的珊瑚再移植回供体珊瑚礁上，有助于防止供体珊瑚礁退化。Shafir 等（2006）在红海设置了一个悬浮在海水中的养殖基地，由于水流环境较好、沉积物影响较少和阳光充足，10 个月后养殖珊瑚的总死亡率低于 10% 且生长速率能达到养殖前的 6 倍，其中大量的黄癣蜂巢珊瑚（*Favia favus*）在养殖 270 天后的死亡率为零且平均生长速率为 159%。这表明人工养殖珊瑚具有较高的生长速率，能较快生长到可用于移植的大小，提高珊瑚移植的存活率。因此，人工养殖珊瑚不仅可以为珊瑚礁修复提供大量的供体珊瑚来源，减少对供体野生珊瑚礁的破坏，还可以满足水族市场和旅游纪念品市场对珊瑚的需求，大大减少对珊瑚礁的人为破坏。

（4）人工鱼礁。从珊瑚礁修复角度看，人工鱼礁是指放置于珊瑚礁区的人工结构，主要用于发展珊瑚和其他礁区无脊椎动物，以达到修复裸露珊瑚礁生态系统的目的。当珊瑚礁礁体的三维结构被严重毁坏，无法通过传统的珊瑚移植完成珊瑚礁修复时，人工鱼礁是一个不错的选择。Clark 和 Edwards（1999）于马尔代夫退化珊瑚礁礁坪放置的人工鱼礁在 6.5 个月后观察到了第一批珊瑚补充群体，且直径已有 1~2cm，礁区鱼类数量和物种多样性也显著增加，3.5 年后在大的人工鱼礁上发现了约 500 个珊瑚补充体，有些直径已达到 25cm。在随机形状人工鱼礁上的造礁珊瑚种类和数量要显著高于人为设计的人工鱼礁；同时，电解海水形成的人工鱼礁是由海水中的 $CaCO_3$、$Mg(OH)_2$ 等沉淀形成的石灰石基质，类似于天然珊瑚礁体的组分，相较于混凝土水泥基质的传统人工鱼礁，能更好地促进珊瑚幼虫附着、生长，提高珊瑚存活率和生长率，且造礁珊瑚组织内具有更高的虫黄藻密度和虫黄藻分裂率（Goreau et al.，2004）。随着珊瑚礁修复研究工作的不断探索，人工鱼礁由简单投放慢慢演变为投放与珊瑚移植相结合，Ortiz - prosper 等（2001）移植到人工鱼礁上的珊瑚在 1 年后的存活率为 93%，有 15 种珊瑚生长了 1cm，还观察到了 5 个移植珊瑚物种的补充群体。

3. 滨海湿地生态功能修复技术途径（潮上带及滨海湿地）

滨海滩涂与湿地是海洋与陆地相互作用的过渡地带，通过土壤吸附和沉淀，植物吸收，微生物固定等作用，截留净化大量的氮磷等营养物质，是净化近岸海域水质的重要生态功能区，具有丰富的生物多样性和生态价值，是海岸带最重要的生态屏障（Pant et al.，2001；李洁等，2014）。

随着环渤海区域海洋经济发展，围填海、盐田和水产养殖、修坝、建港、筑路、石油开发及其他海洋工程，渤海自然生境严重破坏，自然岸线年均丧失40余km，滨海天然滩涂与湿地面积锐减（牛海涛，2008；孙贺，2013）。

目前，滨海湿地生态功能修复的技术主要分为滨海湿地生境修复技术和滨海湿地生物物种修复技术，其中滨海湿地生境修复技术分为基底修复技术、水文修复技术等；滨海湿地生物物种修复技术又分为湿地植被修复技术、其他生物资源修复技术。

1）生境修复

（1）水文修复。水文过程是湿地形成的重要驱动机制，因此想要成功修复湿地就得先修复湿地的水文条件（陈敏建，2008）。

湿地水文修复常见的技术手段包括微地形改造、潮沟修复、闸坝建设、生态补水等。同时，湿地在进行水文修复时还需要以"生态优先"为基础，采用"退围还湿"、生态引水、修建生态海堤和清淤疏浚等措施恢复湿地原有给水状态（刘书锦等，2022）。

① 微地形改造。当滨海湿地是由于滩面微地形变化而导致湿地水文环境不适于目标生物生长时，可以采用微地形改造技术对滨海湿地的水文环境进行修复。

滨海湿地的微地形条件对于湿地的水文环境具有重要影响。湿地的微地形条件决定了湿地内的淹水深度、淹水频率及淹水时间；而这些对湿地植被及其他生物的生长具有重要影响。当滩面微地形由于自然及人为因素发生变化时，滨海湿地植被群落也会随之发生相应的变化甚至退化。此时则需要通过对滨海湿地内的微地形进行人为的改造与控制，使湿地内的淹水深度、频率及时间满足于滨海湿地植被及其他生物的正常生长需求（谭学界和赵欣胜，2006；Scorth et al.，2008）。对滨海湿地的微地形改造一般可以从地形高程及坡度两方面展开。

地形高程与当地的潮位之间的相对关系决定了不同地形高程的淹没时间及频率，是影响滨海湿地植被及其他湿地关键物种生长的重要因子，因此滨海湿地的微地形改造最重要的是对目标生物生长地形高程的修复，将目标生物生长所需的最适地形高度阈值及现状地形下的湿地滩面地形高程进行对比，选择地形抬升工程或地形降低工程来进行滩面高程的改造。当现状地形高程小于目标滨海湿地生物生长所需的适宜地形高程阈值时,则需要利用回填土进行滩面抬升工程。对回填土的选择,回填土的各项土壤指标(粒径大小、营养盐含量、重金属指标等)应满足目标湿地生物的正常生长需求。当现状地形高程大于目标湿地生物生长所需的最适地形高程阈值,则需采用疏浚技术进行滩面降低工程。通过滩面高程的适当降低,消除湿地内高营养盐含量的表层沉积物与营养物质集合成的絮状胶体、浮游藻类以及残枝落叶,既能使滩面降低到适合目标生物生存的适宜高度,还能在一定程度上降低滨海湿地内的内源污染(江文斌,2020)。

地形坡度是滨海湿地微地形改造需要考虑的另一个重要因子,通过地形坡度的设置与改造可以模拟天然潮滩坡度,同时在滩面较窄时可以满足多种不同湿地生物的生长高程需求。地形坡度的改造跟地形高程改造的原则一样,根据目标生物生长所需的最适地形坡度阈值进行确定。但是,在实际工程应用中,基本上稳定的湿地地形坡度都是一个接近零的数,因此,在实际坡度改造的过程中,为方便施工,可以把自然动力较强的区域(潮水经常到达的区域)内的坡度设计为零度,经过一定的年限可自然形成坡度,而对于自然动力较弱的区域(潮水不易达到的区域)可以设计成一定坡度的形式(在施工条件不利及项目经费较为紧张的情况下可将其设计为零度)(江文斌,2020)。

② 潮沟修复。若滨海湿地是由于潮沟系统退化与阻塞而导致湿地内潮动力减弱,湿地水文环境退化,则可以考虑进行潮沟系统的修复。

潮沟是滨海湿地的重要组成部分,对于一个面积较大的滨海湿地来说,潮沟的存在一定程度上可以增加湿地内的潮动力,还可以起到水质交换、潮汐循环及增加滨海湿地生态性的重要作用。潮沟的修复可以从潮沟的平面形态、级数、密度、截面等方面进行考虑。

潮沟系统的平面形态大概可以分为平行、树状(细长与非细长)、支流状、辫状、联通型(Eisma,1998)。在应用时,可参考实际工程区域内以及附近参考区域的现状或历史潮沟的平面形态确定拟要修复潮沟的平面形态。

对于潮沟分级,可沿用河网分级办法,将最大的主流定义为一级潮沟,汇入主流的支流定义为二级潮沟,以此类推(Gravelius,1914)。在应用时,可参考实际工程区域内以及附近参考区域的现状或历史潮沟级数确定拟要修复潮沟的级数。一般来说,潮沟的级数与湿地的面积息息相关,面积越大的湿地,其潮沟的级数就越多,面积越小的湿地,其潮沟的级数就越少;湿地水动力条件越强,其潮沟的级数就越多(陈琳和韩震,2015)。同时,在潮沟级数的确定上,建议不要设计过多级的潮沟,可以设计主要的潮沟(面积小的设计至一级潮沟、面积大的设计至二级潮沟),而其他级别的小潮沟可后期通过滨海湿地的自我恢复能力进行恢复。

现有研究表明,潮沟的密度与潮盆的纳潮量或者潮差呈显著正相关关系,纳潮量与潮差越大,其潮沟的密度也越大(Allen,1997;张忍顺等,1991)。同时,潮沟的密度与潮滩植被也有一定的关系,但不同的植被种类以及植被所处的潮间带位置对潮沟发育的作用不同,可能是促进作用(沈永明等,2003),也可能是抑制(陈勇等,2013;郑宗生等,2014),目前尚无一致定论。此外,潮沟密度与沉积物中的黏土含量呈负相关关系,黏土含量越高,潮沟越不易形成(邵虚生,1988)。在应用时,首先,要考虑到潮滩上难以准确识别集水区域边界,建议用单位面积潮滩上的潮沟长度来表示潮沟密度(吕亭豫等,2016);其次,可以根据上述研究成果与研究区域的环境现状(潮通量、潮差等)结合对拟要修复的潮沟密度进行定性判断。最后,潮沟的密度的确定建议还是应该参考周围滨海湿地内稳定的潮沟系统密度给出。

研究成果表明,潮沟横剖面的断面形状有"V"形(更准确地说是楔形)及"U"形,其中"V"形具有更稳定的边坡比、"U"形具有更大的纳潮量(Marani et al.,2003)。在应用时,建议将拟修复的潮沟断面设计成采用"V"形和"U"形结合的梯形截面形态,即拥有稳定的边坡又具有一定的纳潮量。确定完潮沟的断面形态后应确定潮沟的宽度、边坡比及深度。潮沟宽度可以参考潮沟系统内健康的各级潮沟平均宽度进行确定;潮沟的边坡比的设置与湿地底质条件及水文条件有关,在设计时应满足边坡稳定性的要求;现有研究表明,潮沟的深度与宽度存在一定的联系(宽深比),碱蓬湿地潮沟的宽深比米草湿地的宽深比更大(侯明行等,2014),一般湿地潮沟宽深比为 5~8(Marani et al.,2002),在实际应用时,建议对潮沟的深度(或宽深比)进行相应的统计取平均值。

③闸坝修复。若目标湿地生物对水位等水文环境因子的敏感度极高,可以采用闸坝建设工程来进行高精度的湿地水文环境控制。

闸坝建设工程对水文环境要求高的生物生境修复具有重要意义,比如滨海湿地中黑嘴鸥繁殖基地的生态修复。黑嘴鸥为地营性鸟类,其繁殖地主要分布在有碱蓬分布的高滩涂中,巢穴的高度一般高于滩面(5~10cm),若繁殖期间有大的潮汐淹没其繁殖地，对黑嘴鸥的雏鸟及其卵的存活率会有较大程度的影响（宋守旺，2005；孙立汉等，2005）。因此，精确保证每年黑嘴鸥繁育期内其繁育地不被潮汐淹没是黑嘴鸥湿地生态修复的关键，而闸坝建设恰恰能够满足该需求。

闸坝建设工程通过筑坝拦水，增加湿地的过水面积、增加湿地贮水能力，同时设计引水闸和排水闸，有效提高湿地的水位控制精度及抵抗风暴潮的能力。比利时 Schelde 河口湿地生态修复工程就是一个成功地应用闸坝工程建设来进行湿地生态修复的案例。比利时政府过去为抵御风暴潮灾害，在 Schelde 河口河堤的外面修建了外堤，河堤与外堤之间的区域（滞洪区）由于外堤的修建水位条件发生改变而导致该区域原本的湿地景观格局退化严重。2005 年以来，当地政府在 Schelde 河口的滞洪区湿地（河堤与修建的用于抵御风暴潮的外堤之间的湿地）建立了多处潮汐减控系统——即在湿地外堤上部设置单向进水闸，在外堤的下部设置单向出水闸，控制河口泄洪区湿地的水位、潮差及停留时间，恢复正常的湿地周期性淹没干出过程，成功恢复受损的芦苇湿地植被景观格局（Vandenbruwaene et al.，2012）。该方法水位控制精确性高，但是需要进行闸坝建设因而造价太高，所以建议在一些对水位控制要求较高的湿地水文修复中使用。

④ 生态补水。若滨海湿地是由于径流量减少而造成湿地内存在水位高度较低、海水盐度较大等水文环境问题，则可以采用生态补水工程技术。

淡水对滨海湿地具有重要意义，现有研究表明，生态补水工程可以有效提高湿地内的水体深度，降低水体盐度，最终有效地修复退化的滨海湿地（Davies et al.，2014），同时可以显著提高湿地的调节能力（如水质净化、水沙调节）及湿地生境的质量（Cui et al.，2009）。生态补水可以通过引蓄淡水、恢复淡水地表径流、改变水源的咸淡比例等来调控湿地水深、降低水体盐度、修复受损的滨海湿地。以黄河三角洲湿地生态修复工程为例，当地政府于 2008 年开始从清水沟及刁口流路多次向湿地内补水，生态补水工程增加了湿地的水文连通性，改善了水氧条件，成功恢复了湿地植被景观格局及其他生物资源（Yang et al.，2017）。在生态补水过程中最重要的是对生态需补水量的计算，对于滨海湿地的生态需补水量可以根据生态学法，将需补水量分成湿地植物需补水量、湿地土壤需补水量、野生生物栖息地需补水量、补水需补水量、防止岸线侵蚀需补水量、净化污染物需补水量，然后按照生态需补水等级划分法，即最大、最优、优等、中等和最小五个等级对每个需补水量进行计算并相加得到总的生态需补水量（崔保山和杨志峰，2003）。

（2）基底修复。土壤基底是湿地微生物、浮游动物、鸟类和植被等物种生存繁衍的基础，因此基底修复对于湿地生态功能恢复也非常重要。目前，基底修复的方法可分为物理修复、先锋物种稳固以及防护保护、生物及外源物质修复等（刘书锦等，2022）。

通过地形改造和清淤等物理修复手段可以营造良好的地形条件协助湿地自然修复。也有研究利用河道清淤和水道开挖等水动力修复过程产生的淤泥对受损区域进行吹填来对湿地基底进行修复（黄华梅等，2012）。

对破碎湿地生境可利用生态学的原理，通过选育种植生长快、适应性强的先锋物种来稳定、改善基底。例如，选用生长快、适应性强的浅滩藻（*Halodule wrightii*）结合鸟粪肥来修复热带海草床（Kenworthy et al.，2018）；利用海蓬子和碱蓬两种耐盐植物对滨海湿地的基底进行修复（杨佳等，2015）。

对受外界自然及人为负面扰动较强的湿地，可采取退耕还养、建设生态防护海堤等措施来保护、稳固基底（邢容容等，2019）。研究发现利用碎石、纤维编织网和土工布等材料结合湿地植被建设生态海堤可以有效地减少岸线侵蚀过程对湿地基底的影响（Jonesk et al.，2010）。

对受石油烃、有机物及重金属污染的区域，可使用吸附材料、微生物、植物、底栖动物修复以及植物 – 微生物联合修复等技术手段对底质中的污染物通过吸附、转化、分解等过程进行去除（吉云秀等，2005；张韵等，2013）。

2）生物物种修复

（1）湿地植被修复。湿地植被是湿地生物多样性的重要基石，可保证湿地生态系统各过程的有序展开。同时，湿地植被可以反映环境特征，并能及时地对环境的变化做出相应的调整，促进生态系统的发育与演替，维持湿地生态系统的平衡与稳定。因此，对滨海湿地的植被修复也是滨海湿地修复的重要内容。

对于大多数滨海湿地而言，在进行湿地植被修复的过程中，其基本思路是：首先，应对生态修复区的植被生长特点进行分析并以此确定植被修复类型及平面方案（其中植被生长特点可以从植被生长范围、湿地主要植被类型及空间分布特征及问题等进行分析；河口处及浅海滩涂处的滨海湿地的植被的分布特征相差较大，应用时应注意区分）；其次，依据植被类型及修复区域的自然条件确定植被的种植修复方案。

选种植被类型是决定潮滩植被恢复成败的一个关键点。因为潮滩植物不仅需要具备耐盐碱的特性，在海、淡水的交替下生存，还要具有富集重金属、有机污染物的能力，从而达到去除潮滩污染物的作用。因此，植被的选择应具备以下特征：苗期易播、种子发芽率高、抗逆性好、耐酸碱、抗重金属、适应性强、根系发达的品种、生长快，成活率高；应优先考虑能够改善土壤有机质和土壤理化性质的物种；应优先选择当地物种，并尽可能选择优良的本地物种和先锋植物，不能构成物种入侵，破坏本地物种。因此，具有耐盐碱性的盐生植物成为滨海地区潮滩植被恢复的一类关键物种。

以重金属污染的潮滩为例，从盐生植物中筛选具有污染区去除能力的物种可以以植物地上部分重金属富集量、富集系数和转移系数来评价盐生植物对重金属污染潮滩的修复能力。这些植物还要具有超富集植物特性：植物地上部分富集量达到 Cd ≥ 100mg/kg、Cr ≥ 300mg/kg、Cu ≥ 300mg/kg、As ≥ 1 000mg/kg、Pb ≥ 1 000mg/kg、Zn ≥ 3 000mg/kg。此外，对重金属具有较强的耐性、生物量大、生长周期短、根系发达的盐生植物应该优先考虑。针对潮滩不同的重金属污染，应当选育相应的盐生植物。例如，Cd 污染可以选择盐地碱蓬、狗牙根、海菖蒲等，Pb 污染选择海马齿、地肤、狗牙根、盐地碱蓬等（韩承龙等，2022）。

在湿地植被修复的类型选择上一般选取该滨海湿地内的优势植被物种，翅碱蓬及芦苇是两种较为常见的滨海湿地植被类型。

① 翅碱蓬植被种植修复。翅碱蓬为一年生盐生草本植物，通常植株颜色为绿色或紫红色，株高 15 ~ 40cm；盖度 70% ~ 80%，秋季大面积的翅碱蓬会变红，具有极佳的观赏性（康艳华，2004）。翅碱蓬在 4 月下旬至 5 月上旬出苗，幼苗期生长缓慢，在进入 5 月中旬开始出现分枝，这时地温回升加快，营养生长速度也加快，在 6 ~ 7 月生长较快，8 月初生长速度缓慢并开花结果，9 月种子成熟（李忠波，2002）。翅碱蓬是一种对生境要求较高的滨海湿地植被，若拟要修复区域的生境达到翅碱蓬生长的要求，则可以直接进行翅碱蓬植被群落的修复；若没有，则需要进行一定的生境恢复措施使生境达到翅碱蓬生长的要求。

对翅碱蓬植被种植修复，主要考虑选种要求、种植方法及时间要求这两个方面。

在翅碱蓬种子的选择方面，所选的翅碱蓬种子应与种植区域特点相适应；

选择的翅碱蓬种子必须是当年采集的新种子，保证发芽率；选择翅碱蓬种子应以多株翅碱蓬种子为主，辅助单株翅碱蓬种子；选择的种子应达到净度要求，杂质率要低。翅碱蓬的种子用量可以根据需求进行确定，一般每平方米400株，每亩需要50kg碱蓬草种子（折合每平方米需要0.075kg碱蓬草种子）。若要求生态修复的翅碱蓬植被覆盖度较高，则种子的用量可以适当增加。碱蓬种子发芽所需要的积温和最低温度分别为24.57℃和0.62℃，最适发芽温度为20～35℃，盐浓度达到500 mol/L，发芽率可高于50%（管博等，2011）。

在种植方法以及时间要求方面，对生境已经符合翅碱蓬生长的滨海湿地，其翅碱蓬修复时可以采用两种方法：一是大面播撒－重点补种，在种子萌发前大量播撒种子，增加翅碱蓬数量；在种子萌发后对翅碱蓬生长稀疏处进行补种，适用于翅碱蓬分布密度较低且滩面水动力条件很小的情况。二是浅翻撒播－覆土轻盖，在修复种植区翻松表层泥土（1～2cm），散播种子泥土搅匀并平整表面，适用于翅碱蓬分布密度较低且滩面水动力条件较大的情况（纪晶，2014）。翅碱蓬的种植最佳时间在每年2月中旬后，具体耕种时间需要根据当地条件，但最晚也不能超过3月底。

② 芦苇湿地群落种植修复。芦苇属禾本科芦苇属，是多年生湿地植物，一般株高可达2.5m以上，性喜湿、抗盐碱，是滨海湿地最常见的一种湿地植被，具有极高的生态价值及经济价值。芦苇适应性极强，可以在湖滨、海滨、江河及盐碱潮滩和沼泽湿地上生存，因此芦苇对生境条件的要求没有像翅碱蓬对生境条件的要求那么高，但也有一定的要求，若要修复区域的生境达到芦苇生长的要求，则可以直接进行芦苇植被群落的恢复；若没有，则需要进行一定的生境恢复措施使生境达到芦苇生长的要求。

对芦苇植被种植恢复一般采用移植方式，主要考虑幼苗栽培、移植方法及要求两方面。

芦苇种子很小，因此芦苇育苗需要进行整地坐床。芦苇苗按每平方米1 500株的要求，每亩用种5～6kg，出苗后进行人工间苗，保证每平方米800株较为理想；播种时先播种量的一半，用剩下的一半找匀，覆土后轻轻镇压，播种应选择无风天气，有风要掺细土拌匀喷上少量的水播撒，防止漂移；播种时应保持苗床湿润，并做好相应的施肥、间苗、拔草等工作。目前，已经有许多育苗场具有芦苇幼苗栽培的能力，建议直接从就近的育苗场购买芦苇幼苗。

根据 2013 年发布的河北省地方标准《滨海盐土芦苇栽植技术规程》（DB13/T 1848—2013），滨海盐土芦苇移植方法主要有苇墩带土移植法、根状茎移植法、根状茎育苗移植法、青芦苇带根移植法、茎秆扦插繁殖与移植。具体的移植方法的主要工作内容可参照《滨海盐土芦苇栽植技术规程》相应的部分。

（2）其他生物资源修复技术。其他生物资源包含滨海湿地植被以外的生物，主要是微生物资源和动物资源。和湿地植物一样，湿地其他生物资源同样是湿地生物多样性的重要组成部分，是保证湿地生态系统健康运行的重要一环。因此，修复湿地的其他生物资源也是滨海湿地生态恢复的重要内容。

对于大多数滨海盐沼湿地而言，在进行湿地生物资源修复的过程中，其基本思路为：首先，应对生态修复区域内的其他生物资源及环境等进行分析，确定拟要恢复的其他生物资源类型；其次，依据拟要恢复的其他生物资源类型确定其他生物资源修复方案。在其他生物资源修复类型选择上一般选取生态功能较好的微生物和底栖生物。

① 微生物修复。生物修复是指通过投放特殊的微生物种群或群落，恢复滨海盐沼湿地的微生物群落，同时利用微生物降解湿地内的污染物，改善湿地生态环境的生态修复技术。

目前，微生物修复更关注的是其对湿地内污染物的降解作用。因此，对于微生物修复而言，其最重要的过程是判别盐沼湿地的污染物类别，并根据污染物的类别选择相应的微生物进行滨海盐沼湿地的修复。首先，一般优先选择具有较强降解能力的滨海本土微生物种类，避免外来物种入侵风险；其次，选择降解能力强且没有物种入侵风险的微生物种群，选择之前应做好相应的外来物种入侵分析，确保不会造成物种入侵（江文斌，2020）。

② 底栖生物修复。底栖生物也是湿地生物多样性的重要基石，可保证湿地生态系统各过程的有序展开。同时，底栖生物可以反映环境特征，并能及时地对环境的变化做出相应的调整，促进生态系统的发育与演替，维持湿地生态系统的平衡与稳定。因此，对底栖生物的修复是滨海盐沼湿地生物资源的修复较为重要的内容。目前，底栖生物修复需要用到的技术过程主要有物种的选择、投放等。在物种选择方面，根据相关的生态调查确定要恢复的底栖生物，尽量选择受损较为严重或者生态效果较高的底栖生物，同时，应该选择当地或附近海区的优势品种，提高生态修复的质量，避免外来物种入侵（江文斌，2020）。

2.5.3 入海河流的生态修复技术路径

入海河流生态修复是指基于生态系统原理，运用多种方法或技术手段，恢复因人类活动干扰而丧失或退化的入海河流水体生态系统的生物群体及结构，重建健康的水生生态系统，修复和强化其自然生态和社会服务功能，使入海河流生态系统实现整体协调与自我维持、自我演替的良性循环（刘晓婉和许继军，2015；雷书姗，2020）。

通常而言，健康的河流状态一般具备良好的水文情势、适宜的地貌形态、丰富的生物多样性等特征，而河流生态修复则主要是对河流因人类活动干扰而丧失或退化的自然生态功能进行恢复和保护。从技术流程上讲，河流生态修复通常包括三个主要阶段：其一为河流健康状况调查及评价，以明晰河流生态系统的主要退化原因；其二为生态修复策略制定，针对河流生态功能受损状况，有针对性地采取适当的生态修复技术（包括工程类技术和生态类技术），改善河道水文情势（包括水量调配、水质净化、水文过程重塑等），营造适宜的栖息地环境（包括河道水系连通性改造、横向 – 纵向地貌形态多样性营造等），改善河流生态系统生物生境，以促进生物多样性恢复；其三为河流生态修复效果评价，采取定性或定量指标评估修复工程的实际效果（许继军和景唤，2022）。

1. 工程技术类

1）底泥疏浚

底泥疏浚主要针对季节性断流且内源污染严重的河流，通过河道底泥的直接机械疏挖，清除水体内源污染源，控制污染物的持续释放，达到河流生态修复的目的（刘欢等，2019）。底泥疏浚技术涉及两个关键问题，其一为疏浚深度的确定，其二为污泥后处理。对此，邢雅囡等（2006）探讨了城市河道底泥疏浚深度对氮、磷释放的影响；林莉等（2014）系统综述了底泥减量化、无害化处理和资源化利用的各项技术及底泥的处理处置途径等。总的来说，底泥疏浚技术适用于突发水污染问题的应急处置，可快速改善污染河道的水质状况，但作业工程量大，成本高昂，难以避免对河流底质生态系统的损害，且往往难以从根本上解决问题（于鲁冀等，2014）。

2）生态补水

生态补水技术是对缺水河流的生态修复技术，通常包括闸坝设置、闸坝生态调度和生态输水等内容。闸坝设置是指通过在河道内布设堰、低坝等维持基本水量（于鲁冀等，2014）；闸坝生态调度是指利用河道闸坝进行水量调度时，应将生态要素考虑在内，满足工程下游河道的生态需水，缓解对河流生态系统的胁迫（刘欢等，2019；于鲁冀等，2014）；生态输水是指通过闸、泵等水利设施的调控，引入上游河道、水库水源或处理厂处理水，补充河道水量，促进河流生态修复（刘欢等，2019；于鲁冀等，2014）。生态补水技术可直接有效地改善河道缺水状况，提升水环境容量，但具有工程量大、施工成本高等不足。

3）河流形态修复

河流形态修复主要指基于近自然原理，尽可能恢复河流横向连通性和纵向连续性、形态多样性、河床与河岸的生态化等（于鲁冀等，2014）。

（1）横断面结构修复。所谓河流横断面结构修复，主要指在不影响河道功能的条件下，尽量保持河流天然断面形态，若无法保持天然断面，则按照复式、梯形、矩形断面的顺序选择（孙东亚等，2006）。其中，河道滩地占地面积较大的复式断面因有助于改善水生动植物栖息环境，在天然河流中应用广泛（张先起等，2013）。例如，王庆国等（2009）以四川某一山区河流为例，探讨了河道横断面深槽设置的生态改善效果，结果发现，特征流量下采用深槽修复可增加权重，可使用栖息地面积约48%，生境改善效果显著。

（2）河道蜿蜒性修复。蜿蜒性是天然河流平面形态的典型特征。所谓河道蜿蜒性修复包括大尺度和小尺度两个层面，前者是指应尊重河流地貌特性，应弯则弯，应直则直，尽可能保持原有蜿蜒性，确保河流连续；后者则多借由堆石、丁坝等结构营造局部蜿蜒性（于鲁冀等，2014）。

（3）河道纵向连通性修复技术。所谓河道纵向连通性的修复，是指尽可能恢复河流的纵向连续性，通畅其物质和能量的纵向流动，常通过拆除或降低阻碍水流的诸如闸门、水坝、浆砌谷坊坝、跌水等挡水建筑物或通过人工布设辅助水道，改直立跌水为缓坡，于水位落差大河段设置鱼道等方式来实现（廖平安，2014）。河道纵向连通性的改善有利于恢复河流的生物多样性。

（4）生态河床构建。河床的生态化主要是指深槽与浅滩形态序列构建、河床生态化以及栖息地结构加强三个部分（刘欢等，2019；于鲁冀等，2014）。针对水量偏少或易发生断流河流，采用人工机械挖掘方式塑造河床深槽浅滩犬牙交错分布的形态格局；在条件允许的情况下，亦可利用生态丁坝和潜坝进行河床深槽浅滩形态构建（赵银军和丁爱中，2014）。河床生态化主要是指河床组成材料的生态化，手段包括：采用透水性能较好的材料构筑河床；以木桩、块石或混凝土块体等提高河床孔隙率等。生物栖息结构加强，主要是指运用树墩、砾石、渔礁等改善河床地貌，旨在提高河道生境异质性（于鲁冀等，2014）。

（5）生态岸坡构建。河岸生态化主要是指河道岸坡的生态防护，将植物、自然材料等与工程技术有机结合，在保证河岸稳定性与抗侵蚀性前提下，营造多种生物共生的生态景观（刘永录等，2012），常用措施有植物环、生态型土壤技术等。

2. 生态类技术

1）水生生物处理
水生生物处理技术包括水生植物修复技术和水生动物修复技术（即生物操纵法）两大类。

（1）水生植物处理。
① 人工湿地技术。人工湿地是指通过人为设计与建造，由饱和基质、挺水与沉水植物、水体、动物构成的复合体，构建人工湿地生态系统，利用自然生态系统的物理—化学—生物的多重协同作用，通过过滤、吸附、降解等过程，同化或异化水体营养物质，实现水污染治理，恢复河道水质（蒋凯等，2019）。按水流形态，人工湿地可分为垂直流人工湿地、水平潜流人工湿地和表面流湿地。以往研究表明，人工湿地技术对河道污水的氮、磷去除效果显著。例如，陈源高等（2004）研究了表面流人工湿地系统对云南抚仙湖窑泥沟富营养化污水的除氮效果，结果发现，人工湿地系统氮去除率年平均为39.4%；裴亮等（2012）研究了潜流人工湿地系统对农村生活污水的处理效果，结果发现，潜流人工湿地对 COD、BOD_5、$NH_3 - N$、TN 和 TP 的去除效果较好，平均去除率依次达 87.4%、83.5%、63.8%、57.9% 和 90.1%，并指出人工湿地系统处理效果与植物种植状况、温度、污染物浓度等有关。总的来说，人工湿地技术具有管理成本低、运行简便、无重复污染等优点，但也存在占地面积大、作用机制认识尚不清晰、处理效果不完全可控等缺陷。

② 生物浮岛。生物浮岛又称生态浮岛、人工浮岛、人工浮床技术，是指基于生态工程原理，通过将挺水植物、陆生植物等有机组合后种植于人为设

计、搭建的轻质浮岛上，一方面利用植物根系直接吸收水体中的氮、磷等营养元素，另一方面借助由此构成的植物—微生物—动物生态系统的分解、合成、代谢功能除去污染水体中的有机物及其他营养元素，达到净化水质的目的（陈荷生等，2005）。例如，罗固源等（2008）通过实验研究了以陶粒为基质的人工浮床上的美人蕉、风车草对水体中氮、磷、COD 等的去除效果，结果发现，浮床美人蕉、风车草对氮、磷、COD 的去除率分别为 51.3%、44.7%、26.7%，46.6%、40.0% 和 25.0%，效果显著。该类方法适用于富营养化河流治理，具有工程量小、维护简单、避免重复污染等优点，但难以实施机械化、标准化推广，适用范围较为有限。

③ 稳定塘。稳定塘又称生物塘、氧化塘，是指基于水体的天然自净能力，在洼地或适宜河段人工修建处理塘，使待处理污水缓慢流动、稀释与扩散，利用稳定塘中细菌、藻类等微生物的代谢作用降解污染物，净化水体（Li et al.，2011）。例如，江栋等（2005）研究了氧化塘对河道黑臭水体的处理效果，结果发现，在一定进水量与增氧曝气条件下，CODcr 去除率在 50.0% 以上，$NH_3 - N$ 去除率在 40.0% 以上，并指出氧化塘对于恢复河道多级食物链组成的复杂生态系统效果显著。该方法具有结构简单、无须污泥二次处理、成本低、管理简便等优点，但同时具有占地面积大、维护操作较复杂、处理效果不稳定等缺点。另外，为避免污染地下水，稳定塘常需设置围堤和防渗层。

④ 水生植被恢复。在发生逆向演替的水生生态系统中，选取适应性强、生长状况好且具备水质净化能力的现存植被，通过设计、布置合理的群落结构组成，截流陆源污染物，加快河流生态系统的生态恢复，保护物种多样性，实现良性循环（陈灿等，2006）。例如，陈开宁等（2006）开展了太湖五里湖生态重建示范工程试验，探讨水生植被恢复对水体处理效果的影响，结果表明，示范工程区内水体的 TN、TP、$NH_4 - N$、$NO_3 - N$、$NO_2 - N$ 及 $PO_4 - P$ 的平均值分别比示范工程区外下降了 20.7%、23.8%、35.2%、21.1%、45.6% 和 54.0%。

（2）水生动物处理。

水生动物处理又称生物操纵法，是指基于生态系统的食物链原理，通过投放鱼类、虾类、螺蛳和河蚌等大型底栖动物，营造 "水生植物—微生物—藻类—水生动物" 食物链，达到控制水体藻类量，实现生态系统完整性的目标（于鲁冀等，2014）。部分学者对此开展了大量研究。例如，谢平（2013）

认为可通过调整肉食性鱼类和滤食性鱼类（以浮游生物为食的鲢鱼、鳙鱼等）种群数量控制蓝藻水华，并提出了非经典生物操纵模式；余文公（2013）通过在四明湖水库中放养鲢、鳙，控制水华，缓解水库水体富营养化。

2）生物膜

通过在天然河道中人工补充填料或载体，促进水体细菌增殖，利用其产生的生物膜的净化、过滤作用，摄取水体中的有机污染物并吸收、同化，大幅提升水体自净能力，改善河流水质（李晋，2011）。例如，周勇等（2013）运用生物填料开展城市重污染河道治理研究，结果发现，生物膜对河流水质的改善效果显著，TN、TP、COD、Chla 浊度的去除率均达 5.0% ~ 53.0%；张楠等（2013）通过实验研究了 A/O 生物膜法的污水处理效果，结果发现该方法对石化综合污水的氮、磷去除效果显著，水力停留时间为 30h 条件下，COD 和氨氮的去除率为 74.0% ~ 77.0% 和 93.0% 以上，TN 和 TP 的去除率为 58.0% 和 79.0%。该方法具有成本低、效率高、占地面积小等优点，在有机物污染突出的城市中小河流应用效果相对较好。

3）微生物修复

微生物修复技术是指利用天然或特殊微生物（光合细菌、硝化细菌等）对污染物的降解作用，对污染水体进行处理的技术。根据工程实施的方法又分为原位修复技术和异位修复技术。该方法具有耗时短、经济高效、不产生二次污染等优点。通常而言，原位微生物修复技术更为经济合理，操作模式分为两种：一种是直接补充硝化细菌等高降解微生物；第二种是补充可有效促进微生物生长、解毒及污染物降解的有机酸、营养物质、缓冲剂的组分，间接提高处理能力（黎明等，2009）。例如，刘双江等（1995）通过海藻酸钠固定光合细菌，研究了其对不同浓度豆制品生产废水的处理效果，结果表明，当污水 COD 浓度在 7 560 ~ 12 600mg/L 时，去除率为 62.3% ~ 78.2%，当污水 COD 浓度在 1 260 ~ 5 040mg/L 时，去除率为 41.0% ~ 60.3%，效果突出；马文林等（2013）将微生物生态修复剂应用于富营养化湖泊的治理中，监测结果显示微生物修复剂修复富营养水体水质能力突出，COD、TP、Chla 去除率分别达到 50.6%、65.5% 和 73.0%。

4）土地处理技术

利用土地中微生物和植物系统的自我调控功能及对污染物的吸收、过滤和净化作用，对被污染水体进行改善净化，同时，污水中氮、磷等营养物质可促进农作物生长和发育，实现被污染水体的无害化和资源化，具有工艺灵活、效果稳定、工程投资小等优点。依据处理对象和目标不同，可分为慢速渗滤、快速渗滤、地表漫流、湿地处理和地下渗滤几种工艺类型。目前，虽因系统易堵塞等缺点尚未大规模应用，但该技术在农业污水灌溉领域具有较为广阔的应用前景。

2.6 海洋生态安全屏障构建政策融合

海洋生态安全屏障的构建需要政策的驱动和保障。从广义上讲，政策驱动和保障是指政府部门分析和设定政策目标，采用适当的政策工具，规范政策目标的实现机制，对政策实施过程进行监督和控制，从而确保政策实际效果的过程。本节以政策工具为主要切入点，通过回顾我国海洋生态安全屏障相关政策工具创制和演变过程，对进一步构建完善渤海湾海洋生态安全屏障的政策体系进行分析。

2.6.1 海洋生态安全屏障政策体系的形成与发展

我国海洋生态安全屏障相关政策体系构建的开端可追溯至 1982 年，在《中华人民共和国海洋环境保护法》（以下简称《海洋环境保护法》）出台后，其体系不断完善，至今已经形成了以各相关领域单行法为主干，行政法规、部门规章、地方性文件为补充的复合体系。从政策体系形成的时间线来看，我国海洋生态安全屏障的政策变迁分为起始期、平稳增长期和高速发展期三个阶段，如图 2.9 所示。

起始期（1981—1994 年）是我国海洋环境保护工作上升到立法层面的起始阶段。该阶段出台了我国海洋生态安全屏障相关政策体系中具有核心地位的几项法律，如《海洋环境保护法》（1982 年）、《中华人民共和国渔业法》（1986 年）等，这些法律与相应的法规、规章构成了体系的早期框架，排污许可、限额捕捞等海洋管理的重要制度初步确立，该时期整体政策数量较少，众多涉海领域存在立法空白，地方政策发展明显滞后于中央。平稳增长期（1995—2013 年）政策发布数量有所提升，《中华人民共和国海域使用管理法》（2001 年）、《中华人民共和国港口法》（2003 年）、《中华人民共和国海岛保护法》（2009 年）等重要法律出台，多部关键法律法规进行了修订修正，

中央政策的地方化推进不断深入，政策体系逐渐成形。2004 年，《渤海生物资
源养护规定》出台，该规定对渤海的禁渔制度、捕捞方式限制进行了明确规
定。另外，这一时期我国针对渤海日益恶化的生态环境，先后批准实施了
《渤海碧海行动计划》（2001 年）、《渤海环境保护总体规划（2008—2020
年)》，但这些文件约束力不足。高速发展期（2014—2021 年）政策发布数量
增势迅猛，法律修订、修正频率更为密集，生态保护红线、环境公益诉讼等
重要规制手段被引入，《中华人民共和国湿地保护法》（2021 年）、《中华人民
共和国海警法》（2021 年）出台，政策体系更具针对性，执法体制迎来了进
一步改革的契机（杨丽美和郝洁，2021）。

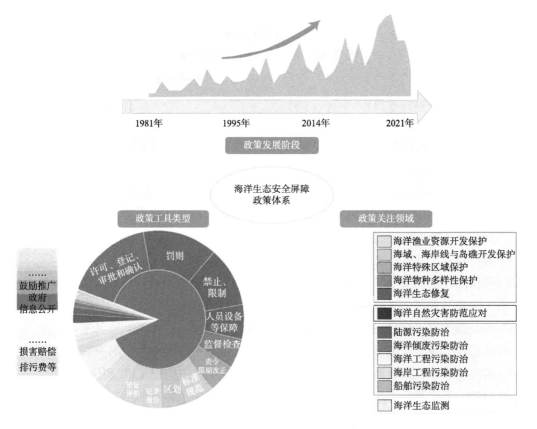

图 2.9　我国海洋生态安全屏障构建政策融合

　　总体而言，我国的海洋生态安全屏障有关政策体系已经发展成以环境、
渔业、交通等领域涉海法律为主干，以各涉海法律延伸出的系列行政法规、
部门规章、地方性文件为分支的复合体系。尽管相关法律体系不断完善，但

由于海洋生态安全的综合性立法和为渤海地区制定的专门法均未出台，当前对渤海这样特定海区的海洋生态安全管理需要协调各领域政策法规，政策体系结构分散，容易存在制度冲突与制度空白，而且对特定海区的针对性不足（Ren et al.，2022）。

2.6.2　海洋生态安全屏障政策工具与手段

在分析政策工具时，一般按照命令控制型、经济激励型和信息 – 鼓励 – 参与型的政策工具分类方式。命令控制型工具在各时期、各范围尺度上均为采用最为广泛的类型。从总体时间跨度来看，"许可""登记""审批""确认""禁止""限制""罚则"等传统命令控制型工具的使用频次最高。"罚则"类工具，主要由以各类行政处罚使用最为频繁，其中对罚款的使用偏好最突出，总体上依旧暴露出处罚手段单一、处罚力度不足、处罚范围不全等问题，"拒不改正，按日计罚"的处罚模式仅针对排污行为，而其他的生态破坏行为并未被纳入"按日计罚"的范畴。相较于上述使用偏好较为明显的命令控制型工具，"海洋联合执法""环境保护及安全责任制""应急预案""论证评估"等对于构建海洋生态安全屏障尤为重要的工具类型使用占比普遍偏低，这意味着海洋协同治理机制、环境保护目标责任制、海洋石油污染应急机制、海洋生态修复效果评估机制等一系列重要机制仍未被作为主要规制手段。

相较而言，经济激励型工具的使用偏好明显弱于命令控制型。"排污费""资源费"和"损害赔偿"为使用率最高的经济激励型工具，均呈现出随时间逐渐降低的趋势。"资金投入""补贴"作为使用率较高的经济激励型工具，其偏好程度在各时期的不同范围下较为稳定，而作为另外的资金渠道，"投资"和"融资"的占比虽然表现出一定的上升趋势，但是总体水平依旧偏低，反映出资金渠道的单一性以及对政府资金的依赖性。使用占比同样表现出上升趋势的还有"生态保护补偿"，主要以海洋生态保护补偿为主，虽然数量水平低微，但可以发现其在渤海湾尺度的使用占比相对高于其他范围。"海域使用权""排污权交易"等类型的使用明显少于"排污费""资源费""资金投入""损害赔偿"，说明我国政府更倾向于选取简单、直接的经济激励型工具。

与经济激励型类似，信息 – 鼓励 – 参与型工具的使用偏好同样明显弱于命令控制型。"政府文件及政务信息公布"作为使用偏好最突出的信息－鼓励－参与型工具，其使用占比在全国、环渤海、渤海湾范围尺度均呈现出了很稳定的上升趋势，"征求专家、公众意见"和"公众举报监督"也同样表现出增加的趋势，这说明我国在海洋生态安全治理方面的社会参与度正在逐渐提升。与这些传统的社会参与方式对比，"环境公益诉讼""企业环境信息公开""征信"出现相对较晚，虽然使用情况也表现出一定提升，但水平明显低于前述几种传统的社会参与方式，能起到的社会柔性约束较弱，仍有待进一步发展。

在政策工具分类基础上进一步讨论政策工具的控制过程，可以发现，许可审批、征信、标准制定等事前控制手段占比明显增加，而罚款、排污费、责令限期治理等事后补救手段的占比逐渐减少，监督、监测、记录等事中控制手段略有增加，但占比始终最低。从构建渤海湾海洋生态安全屏障的视角来看，我国已形成了"事前预防为主，事后补救为辅"的政策控制模式，可通过严格审批、限制准入等方式从"源头"减少生态破坏的发生。但是事中控制手段在数量上存在缺失，这可能意味着政府无法根据相关信息及时准确地做出反馈；而事后补救方面，以罚款等传统手段为主，海洋生态损害赔偿、海洋生态保护补偿等可以更准确衡量生态破坏损失的手段仅占很小一部分，这可能导致生态破坏造成的损失不能被完全弥补。

2.6.3 海洋生态安全屏障政策关注领域

污染防治在我国海洋生态安全政策体系中始终是关注重点，也是海洋生态安全保障的基础条件。在众多污染源管控政策中，除了陆源污染管控政策外，海上船舶污染相关政策占比最高，这反映出船舶污染治理在不同时期被各级政府视为海洋治理的重中之重。在渤海湾层面，海岸工程污染防治同样占据了重要位置，主要是对岸边拆船污染、港口污染物接收设施的关注度较高，这本质上也和船舶污染防治密切相关。各范围尺度中涉及海洋倾废的文件均较少。事实上，在起始时期中央层面先后出台《海洋环境保护法》《海洋倾废管理条例》等政策法规，虽然文件覆盖范围相较于船舶、海洋工程等较为单薄，但海洋倾废污染防治的基本政策框架已经形成。

海洋资源利用及生态保护的政策主要集中于渔业资源保护。在海域岸线与岛礁的开发保护方面，环渤海和渤海湾各省市均出台了一系列专项管理条例、实施办法，主要集中在海域使用管理方面。相较于海域使用管理，岸线、海岛的利用保护相关政策较少，尤其是对岸线（海岸带）的开发、保护和修复，直到 2015 年起才陆续颁布一些地方性专项文件，中央层面目前尚未出台专项文件。在物种多样性保护方面，针对渤海湾尚未出台专项文件，且全部物种多样性保护的相关文件都同时涉及渔业资源开发保护。对渤海湾的物种多样性保护政策在很大程度上是从保护和利用经济鱼种的角度出发的，而从海洋生态系统的角度出发，对海洋生物群落进行系统性保护的政策有所缺失。生态修复作为构建海洋生态安全屏障的重要手段，同样存在立法不足的问题，在相关文件中涉及生态修复的条款数目较少，且多为原则性叙述，缺乏实质性措施。

当前，渤海湾生态安全屏障协同管理体制机制较为松散，联合执法、信息共享等机制尚未成形；在政策工具的选取上不能完全适应构建海洋生态安全屏障的政策目标，整体上仍以传统规制手段为主；政策关注重点未能充分体现生态安全屏障的内涵，部分领域关注程度不足，立法进程落后。

参考文献

白佳玉，程静. 2016. 论海洋生态安全屏障建设：理论起源与制度创新 [J]. 中国海洋大学学报：社会科学版，(6)：19-25.

曹卉. 2013. 太湖流域骨干河道生态系统限制因子分析 [J]. 安徽农业科学，41 (35)：13717-13719.

陈灿，王国祥，朱增银，等. 2006. 城市人工湖泊水生植被生态恢复技术 [J]. 湖泊科学，18 (5)：523-527.

陈荷生，宋祥甫，邹国燕. 2005. 利用生态浮床技术治理污染水体 [J]. 中国水利，(5)：50-53.

陈开宁，包先明，史龙新，等. 2006. 太湖五里湖生态重建示范工程——大型围隔试验 [J]. 湖泊科学，18 (2)：139-149.

陈琳，韩震. 2015. 长江口九段沙潮沟系统分维研究 [J]. 海洋通报，34 (2)：190-196.

陈敏建，丰华丽，王立群，等. 2005. 中国分区域生态用水标准研究 [R]. 南京：南京水利科学研究院.

陈敏建，王立群，丰华丽，等. 2008. 湿地生态水文结构理论与分析 [J]. 生态学报，(6)：2887-2893.

陈石泉，蔡泽富，沈捷，等. 2021. 海南高隆湾海草床修复成效及影响因素 [J]. 应用海洋学学报，40 (1)：65-73.

陈心怡, 谢跟踪, 张金萍. 2021. 海口市海岸带近 30 年土地利用变化的景观生态风险评价 [J]. 生态学报, 41 (3): 975 – 986.

陈雪初, 戴禹杭, 孙彦伟, 等. 2021. 大都市海岸带生态整治修复技术研究进展与展望 [J]. 海洋环境科学, 40 (3): 477 – 484.

陈勇, 何中发, 黎兵, 等. 2013. 崇明东滩潮沟发育特征及其影响因素定量分析 [J]. 吉林大学学报: 地球科学版, 43 (1): 212 – 219.

陈勇, 杨军, 田涛, 等. 2014. 獐子岛海洋牧场人工鱼礁区鱼类资源养护效果的初步研究 [J]. 大连海洋大学学报, 29 (2): 183 – 187.

陈源高, 李文朝, 李荫玺, 等. 2004. 云南抚仙湖窑泥沟复合湿池的除氮效果 [J]. 湖泊科学, 16 (4): 331 – 336.

陈中义, 付萃长, 王海毅, 李博, 吴纪华, 陈家宽. 2005. 互花米草入侵东滩盐沼对大型底栖无脊椎动物群落的影响 [J]. 湿地科学, (1): 1 – 7.

程家骅, 姜亚洲. 2010. 海洋生物资源增殖放流回顾与展望 [J]. 中国水产科学, 17 (3): 610 – 617.

崔保山, 杨志峰. 2003. 湿地生态环境需水量等级划分与实例分析 [J]. 资源科学, (1): 21 – 28.

戴媛媛, 侯纯强, 杨森, 等. 2018. 天津海域人工鱼礁区浮游动物群落结构及其与环境因子的相关性研究 [J]. 海洋湖沼通报: 英文版, (05): 163 – 170.

范航清, 陈光华, 何斌原, 等. 2005. 山口红树林滨海湿地与管理 [M]. 北京: 海洋出版社, 26 – 27.

范航清, 何斌源. 2001. 北仑河口的红树林及其生态恢复原则 [J]. 广西科学, 8 (3): 210 – 214.

范航清, 黎广钊. 1997. 海堤对广西沿海红树林的数量、群落特征和恢复的影响 [J]. 应用生态学报, 8 (3): 240 – 244.

范亚宁. 2017. 秦岭北麓及周边生态系统水源涵养与水质净化功能评估 [D]. 西安: 西北大学.

高阳, 刘悦忻, 钱建利, 等. 2020. 基于多源数据综合观测的生态安全格局构建——以江西省万年县为例 [J]. 资源科学, 42 (10): 2010 – 2021.

管博, 栗云召, 于君宝, 陆兆华. 2011. 不同温度及盐碱环境下盐地碱蓬的萌发策略 [J]. 生态学杂志, 30 (7): 1411 – 1416.

韩承龙, 于雪, 莫训强, 等. 2022. 我国盐生植物在土壤重金属污染修复中的应用述评 [J]. 江苏农业科学, 50 (4): 17 – 23.

韩厚伟, 江鑫, 潘金华, 等. 2012. 基于大叶藻成苗率的新型海草播种技术评价 [J]. 生态学杂志, 31 (2): 507 – 512.

韩会庆, 罗绪强, 游仁龙. 2016. 基于 InVEST 模型的贵州省珠江流域水质净化功能分析

［J］. 南京林业大学学报：自然科学版，40（5）：87 – 92.

韩淑梅，吕春艳，罗文杰，等. 2009. 我国红树林群落生态学研究进展［J］. 海南大学学报：自然科学版，（1）：91 – 95.

何斌源，莫竹承. 1995. 红海榄人工苗光滩造林的生长及胁迫因子研究［J］. 广西科学院学报，（3）：37 – 42.

何奋琳. 2004. 深圳福田红树林生态系统生态恢复对策研究［J］. 环境科学与技术，27（4）：81 – 83.

洪华生，张玉珍，曹文志. 2007. 九龙江五川流域农业非点源污染研究［M］. 北京：科学出版社.

侯明行，刘红玉，张华兵. 2014. 盐城淤泥质潮滩湿地潮沟发育及其对米草扩张的影响［J］. 生态学报，34（2）：400 – 409.

黄华梅，高杨，王银霞，等. 2012. 疏浚泥用于滨海湿地生态工程现状及在我国应用潜力［J］. 生态学报，32（8）：2571 – 2580.

吉云秀，丁永生，丁德文. 2005. 滨海湿地的生物修复［J］. 大连海事大学学报，31（3）：47 – 52.

纪大伟. 2006. 黄河口及邻近海域生态环境状况与影响因素研究［D］. 青岛：中国海洋大学.

纪晶. 2014. 翅碱蓬（Suaeda heteroptera）种群修复技术与模式研究：以莱州湾西岸为例［D］. 青岛：中国海洋大学.

江栋，李开明，刘军，等. 2005. 黑臭河道生物修复中氧化塘应用研究［J］. 生态环境，14（6）：822 – 826.

江文斌. 2020. 滨海盐沼湿地生态修复技术及应用研究［D］. 大连：大连理工大学.

江艳娥，陈丕茂，林昭进，等. 2013. 不同材料人工鱼礁生物诱集效果的比较［J］. 应用海洋学学报，32（03）：418 – 424.

姜昭阳，郭战胜，朱立新，等. 2019. 人工鱼礁结构设计原理与研究进展［J］. 水产学报，43（9）：1881 – 1889.

蒋凯，邓潇，周航，等. 2019. 植物塘人工湿地系统对灌溉 Cd 的生态拦截效果［J］. 农业现代化研究，40（3）：518 – 526.

蒋蕾，韩维峥，孙丽娜. 2020. 基于景观生态风险的区域生态屏障建设研究［J］. 国土资源遥感，32（4）：219 – 226.

康艳华. 2004. 盘锦海岸带翅碱蓬种群退化原因的调查与分析［J］. 辽宁农业职业技术学报，（3）：27 – 28，38.

柯昶，曹桂艳，张继承，等. 2013. 环渤海经济圈的海洋生态环境安全问题探讨［J］. 太平洋学报，21（04）：71 – 80.

雷书姗. 2020. 基于生态修复技术的河流治理研究［J］. 黑龙江水利科技，48（11）：

125 – 127.

黎明, 蔡晔, 刘德启, 等. 2009. 国内城市河道水体生态修复技术研究进展 [J]. 环境与健康杂志, 26 (9): 837 – 839.

李冲, 张璇, 许杨, 等. 2021. 京津冀生态屏障区人类活动对生态安全的影响 [J]. 中国环境科学, 41 (7): 3324 – 3332.

李东, 侯西勇, 唐诚, 等. 2019. 人工鱼礁研究现状及未来展望 [J]. 海洋科学, 43 (04): 81 – 87.

李贺鹏, 张利权, 王东辉. 2006. 上海地区外来种互花米草的分布现状 [J]. 生物多样性, 14 (2): 114 ~ 120.

李继龙, 王国伟, 杨文波, 等. 2009. 国外渔业资源增殖放流状况及其对我国的启示 [J]. 中国渔业经济, 27 (3): 111 – 123.

李加林. 2004. 互花米草海滩生态系统及其综合效益——以江浙沿海为例 [J]. 宁波大学学报: 理工版, (1): 38 – 42.

李洁, 张文强, 金鑫, 等. 2015. 环渤海滨海湿地土壤磷形态特征研究 [J]. 环境科学学报, 35 (4): 1143 – 1151.

李晋. 2011. 河流生态修复技术研究概述 [J]. 地下水, 33 (6): 60 – 62.

李丽凤, 刘文爱, 莫竹承. 2013. 广西钦州湾红树林群落特征及其物种多样性 [J]. 林业科技开发, 27 (6): 21 – 25.

李森, 范航清, 邱广龙, 等. 2010. 海草床恢复研究进展. 生态学报, 30 (9): 2443 – 2453.

李月. 2008. 海洋生态健康胁迫因子分析 [D]. 大连: 辽宁师范大学.

李中才, 徐俊艳, 吴昌友, 等. 2011. 生态网络分析方法研究综述 [J]. 生态学报, 31 (18): 5396 – 5405.

李忠波. 2002. 盘锦海岸带 "红海滩" 植物群落退化原因及恢复措施 [J]. 辽宁城乡环境科技学报, (3): 37 – 38, 45.

廖平安. 2014. 北京市中小河流治理技术探讨 [J]. 中国水土保持, (1): 11 – 13.

林莉, 李青云, 吴敏. 2014. 河湖疏浚底泥无害化处理和资源化利用研究进展 [J]. 长江科学院报, 31 (10): 80 – 88.

林鹏, 张宜辉, 杨志伟. 2005. 厦门海岸红树林的保护与生态恢复 [J]. 厦门大学学报: 自然科学版, 44 (B06): 1 – 6.

林鹏. 1997. 中国红树林生态系 [M]. 北京: 科学出版社.

林鹏. 2003. 中国红树林湿地与生态工程的几个问题 [J]. 中国工程科学, 5 (6): 33 – 38.

刘欢, 杨少荣, 王小明. 2019. 基于河流生态系统健康的生态修复技术研究进展 [J]. 水生态学杂志, 40 (2): 1 – 6.

刘娇. 2011. 有机污染型河口潮滩的修复技术研究 [D]. 青岛: 中国海洋大学.

刘鹏, 周毅, 刘炳舰, 等. 2013. 大叶藻海草床的生态恢复: 根茎棉线绑石移植法及其效

果 [J]. 海洋科学, 37 (10)：1 – 8.

刘书锦, 曹海, 李丹, 等. 2022. 滨海湿地生态保护及修复研究进展 [J]. 海洋开发与管理, 39 (7)：29 – 34.

刘双江, 杨惠芳, 周培瑾, 等. 1995. 固定化光合细菌处理豆制品废水产氢研究 [J]. 环境科学, 16 (1) 42 – 44, 93 – 94.

刘晓婉, 许继军. 2015. 河流修复中几个概念的辨析 [C]. 水生态安全—水务高峰论坛2015 年度优秀论文集, 132 – 137.

刘永录, 徐晓锋, 高之栋. 2012. 河道生态修复及堤防护岸技术模式探讨 [J]. 亚热带水土保持, 24 (2)：53 – 56.

卢波, 张秀梅, 高雁. 2022. 海洋渔业资源增殖放流及其渔业效益分析 [J]. 新农业, (6)：66 – 67.

卢群, 曾小康, 石俊慧, 等. 2014. 深圳湾福田红树林群落演替 [J]. 生态学报, 34 (16)：4662 – 4671.

吕亭豫, 龚政, 张长宽, 等. 2016. 粉砂淤泥质潮滩潮沟形态特征及发育演变过程研究现状 [J]. 河海大学学报：自然科学版, 44 (2)：178 – 188.

吕文广. 2017. 生态安全屏障建设中的生态补偿政策效益评价——以甘肃省退耕还林还草为例 [J]. 甘肃行政学院学报, (4)：103 – 114.

罗固源, 韩金奎, 肖华, 等. 2008. 美人蕉和风车草人工浮床治理临江河 [J]. 水处理技术, 34 (8)：46 – 48, 54.

马克明, 傅伯杰, 黎晓亚, 等. 2004. 区域生态安全格局：概念与理论基础 [J]. 生态学报, 24 (4)：761 – 768.

马文林, 吕爱芃, 刘建伟, 等. 2013. 微生物生态修复剂修复富营养化人工湖水质研究 [J]. 环境科学与技术, 36 (81)：213 – 216.

毛汉英. 2014. 中国周边地缘政治与地缘经济格局和对策 [J]. 地理科学进展, 33 (3)：289 – 302.

孟慧芳, 许有鹏, 徐光来, 等. 2014. 平原河网区河流连通性评价研究 [J]. 长江流域资源与环境, 23 (5)：626 – 631.

米玮洁, 胡菊香, 赵先富. 2012. Ecopath 模型在水生态系统评价与管理中的应用 [J]. 水生态学杂志, (1)：127 – 130.

牛海涛. 2008. 天津滨海湿地资源保护与土地利用研究 [D]. 天津：天津大学.

裴亮, 刘慧明, 颜明, 王理明. 2012. 潜流人工湿地对农村生活污水处理特性试验研究 [J]. 水处理技术, 38 (3)：84 – 86, 90.

彭建, 党威雄, 刘焱序, 等. 2015. 景观生态风险评价研究进展与展望 [J]. 地理学报, 70 (4)：664 – 677.

彭建, 王仰麟, 吴健生, 等. 2007. 区域生态系统健康评价——研究方法与进展 [J]. 生态学报, 27 (11): 4877 - 4855.

彭少麟, 陈卓全. 2005. 生态恢复的全球性挑战——第 17 届国际恢复生态学大会综述 [J]. 生态学报, 25 (9): 2454.

彭少麟, 向言词. 1999. 植物外来种入侵及其对生态系统的影响 [J]. 生态学报, (4): 560 - 568.

齐珂, 樊正球. 2016. 基于图论的景观连接度量化方法应用研究——以福建闽清县自然森林为例 [J]. 生态学报, 36 (23): 7580 - 7593.

钦佩. 2006. 海滨湿地生态系统的热点研究 [J]. 湿地科学与管理, 3 (1): 7 - 11.

全峰, 朱麟. 2011. 海岸带生态健康评价方法综述 [J]. 海南师范大学学报: 自然科学版, 24 (2): 204 - 209.

全为民, 沈新强, 罗民波, 等. 2006. 河口地区牡蛎礁的生态功能及恢复措施 [J]. 生态学杂志, (10): 1234 - 1239.

全为民, 周为峰, 马春艳, 等. 2016. 江苏海门蛎蚜山牡蛎礁生态现状评价 [J]. 生态学报, 36 (23): 7749 - 7757.

任海, 彭少麟, 陆宏芳. 2004. 退化生态系统恢复与恢复生态学 [J]. 生态学报, 24 (8): 1756 - 1764.

任海. 2004. 海岛与海岸带生态系统恢复与生态系统管理 [M]. 科学出版社.

邵虚生. 1988. 潮沟成因类型及其影响因素的探讨 [J]. 地理学报. 43 (1): 35 - 43.

邵玉龙, 许有鹏, 马爽爽. 2012. 太湖流域城市化发展下水系结构与河网连通变化分析——以苏州市中心区为例 [J]. 长江流域资源与环境, 21 (10): 1167 - 1172.

沈永明, 张忍顺, 王艳红. 2003. 互花米草盐沼潮沟地貌特征 [J]. 地理研究, 22 (4): 520 - 527.

宋利利, 秦明周. 2016. 整合电路理论的生态廊道及其重要性识别 [J]. 应用生态学报, 7 (10): 3344 - 3352.

宋连清. 1997. 互花米草及其对海岸的防护作用 [J]. 东海海洋, (3): 11 - 19.

宋守旺. 2005. 黄河三角洲黑嘴鸥的生境评估及其建议 [J]. 山东林业科技, (2): 71.

孙东亚, 董哲仁, 许明华, 等. 2006. 河流生态修复技术和实践 [J]. 水利水电技术, 37 (12): 4 - 7.

孙贺. 2013. 滨海湿地实验区生态化规划设计策略研究 [D]. 哈尔滨: 哈尔滨工业大学.

孙立汉, 杜静, 高士平, 等. 2005. 滦河口湿地黑嘴鸥原繁殖地恢复研究 [J]. 地理与地理信息科学, (03): 84 - 87.

谭学界, 赵欣胜. 2006. 水深梯度下湿地植被空间分布与生态适应 [J]. 生态学杂志, (12): 1460 - 1464.

唐廷贵, 张万均. 2003. 论中国海岸带大米草生态工程效益与"生态入侵" [J]. 中国工程科学, 5 (3): 15 - 20.

陶峰, 贾晓平, 陈丕茂, 等. 2008. 人工鱼礁礁体设计的研究进展 [J]. 南方水产, (3)：64 - 69.

仝龄. 1999. Ecopath——一种生态系统能量平衡评估模式 [J]. 海洋水产研究, 20 (2)：102 - 107.

童晨, 李加林, 黄日鹏, 等. 2018. 陆源污染生态损害评估及其补偿标准研究—以象山港为例 [J]. 海洋通报, 37 (6)：685 - 694.

王灿发, 江钦辉. 2014. 论生态红线的法律制度保障 [J]. 环境保护, (2)：30 - 33.

王磊. 2007. 人工鱼礁的优化设计和礁区布局的初步研究 [D]. 青岛：中国海洋大学.

王丽荣, 于红兵, 李翠田, 等. 2018. 海洋生态系统修复研究进展 [J]. 应用海洋学学报, 37 (3)：435 - 446.

王庆国, 李嘉, 李克锋, 等. 2009. 减水河段水力生态修复措施的改善效果分析 [J]. 水利学报, 40 (6)：756 - 761.

王蔚, 张凯, 汝少国. 2003. 大米草生物入侵现状及防治技术研究进展 [J]. 海洋科学, 27 (7)：38 ~ 42.

王玉宽, 孙雪峰, 邓玉林, 等. 2005. 对生态屏障概念内涵与价值的认识 [J]. 山地学报, (4)：431 - 436.

王智晨, 张亦默, 潘晓云, 等. 2006. 冬季火烧与收割对互花米草地上部分生长与繁殖的影响 [J]. 生物多样性, 14 (4)：275 - 283.

邬建国. 2007. 景观生态学：格局, 过程, 尺度与等级 [M]. 高等教育出版社.

吴敏兰, 方志亮. 2005. 米草与外来生物入侵 [J]. 福建水产, 3 (1)：56 ~ 59.

吴瑞, 刘桂环, 文一惠, 等. 2017. 基于 InVEST 模型的官厅水库流域产水和水质净化服务时空变化 [J]. 环境科学研究, 30 (3)：406 - 414.

吴庭天, 陈宗铸, 雷金睿, 等. 2020. 琼北火山熔岩湿地生态安全格局研究 [J]. 生态学报, 40 (23)：8816 - 8825.

吴迎霞. 2013. 海河流域生态系统服务功能空间格局及其驱动机制 [D]. 武汉：武汉理工大学.

吴哲, 陈歆, 刘贝贝, 等. 2013. 基于 InVEST 模型的海南岛氮磷营养物负荷的风险评估 [J]. 热带作物学报, 34 (9)：1791 - 1797.

肖笃宁, 陈文波, 郭福良. 2002. 论生态安全的基本概念和研究内容 [J]. 应用生态学报, (3)：354 - 358.

肖笃宁, 李秀珍, 高峻, 等. 2010. 景观生态学 (第二版) [M]. 北京：科学出版社.

肖强, 郑海雷, 叶文景, 等. 2005. 水淹对互花米草生长及生理的影响 [J]. 生态学杂志, 24 (9)：1025 - 1028.

邢容容, 刘修锦, 邱若峰. 2019. 七里海潟湖湿地近期演变分析及生态修复研究 [J]. 海洋开发与管理, 36 (11)：64 - 68.

邢雅囡，阮晓红，赵振华．2006．城市河道底泥疏浚深度对氮磷释放的影响［J］．河海大学学报（自然科学版），34（4）：378－382．

徐永臣，牟秀娟，刘晓东，等．2021．新时代国土空间规划中陆海统筹的重点内容和实现路径［J］．海洋开发与管理，38（4）：75－79．

许继军，景唤．2022．河流生态修复理念与技术研究进展［J］．农业现代化研究，（4）：691－701．

闫俊华，周国逸，申卫军．用灰色关联法分析森林生态系统植被状况对地表径流系数的影响［J］．应用与环境生物学报，2000，6（3）：197－200．

杨佳，李锡成，王趁义，等．2015．利用海蓬子和碱蓬修复滨海湿地污染研究进展［J］．湿地科学，13（4）：518－522．

杨丽美，郝洁．2021．《中华人民共和国海警法》视野下中国海警局法律制度释评［J］．中国海商法研究，32（4）：71－79．

杨世伦．2003．海岸环境和地貌过程导论［M］．北京：海洋出版社．

叶功富，范少辉，刘荣成，等．2005．泉州湾红树林湿地人工生态恢复的研究［J］．湿地科学，3（1）：8－12．

叶勇，翁劲，卢昌义，等．2006．红树林生物多样性恢复［J］．生态学报，26（4）：1243－1250．

于鲁冀，李瑶瑶，吕晓燕，等．2014．河流生态修复技术研究进展［C］//湖泊保护与生态文明建设——第四届中国湖泊论坛论文集．合肥，279－288．

于维坤．2009．丹江口库区小流域面源污染特征研究［D］．沈阳：沈阳航空工业学院．

于讯．2011．渤海湾渔业资源调查评估显示：野生河豚绝迹［J］．现代渔业信息，26（8）：30－30．

余文公．2013．生物操纵防止四明湖水华研究［C］//健康湖泊与美丽中国——第三届中国湖泊论坛暨第七届湖北科技论坛论文集．武汉：933－938．

曾勇．2010．区域生态风险评价——以呼和浩特市区为例［J］．生态学报，（3）：668－673．

张灿影，孙景春，鲁景亮，等．2021．国际人工鱼礁研究现状与态势分析［J］．广西科学，28（1）：1－10．

张敏，厉仁安，陆宏．2003．大米草对我国海涂生态环境的影响［J］．浙江林业科技，23（3）：86－89．

张沛东，曾星，孙燕，等．2013．海草植株移植方法的研究进展［J］．海洋科学，（5）：100－107．

张启舜，李飞雪，王帝文，等．2021．基于生态网络的江苏省生态空间连通性变化研究［J］．生态学报，41（8）：3007－3020．

张忍顺，王雪瑜．1991．江苏省淤泥质海岸潮沟系统［J］．地理学报，58（2）：195－206．

张先起，李亚敏，李恩宽，等．2013．基于生态的城镇河道整治与环境修复方案研究

［J］．人民黄河，35（2）：36 - 38，77.

张雪，徐晓甫，房恩军，等．2019．天津近岸人工鱼礁海域浮游植物群落及其变化特征
　　［J］．渔业科学进展，21（1）：40 - 55.

张韵，蒲新明，黄丽丽，等．2013．我国滨海湿地现状及修复进展［C］．中国环境科学学
　　会学术年会论文集（第六卷）．昆明：中国环境科学学会，77 - 80.

张志伟．2019．人工鱼礁构建技术及效果评价［D］．保定：河北农业大学.

张倬纶，侯霄霖，梁文钊，等．2012．深圳现存红树林群落的生境及保护对策［J］．湿地
　　科学与管理，8（4）：49 - 52.

赵海涛，张亦飞，郝春玲，等．2006．人工鱼礁的投放区选址和礁体设计［J］．海洋学研
　　究，（4）：69 - 76.

赵进勇，董哲仁，翟正丽，等．2011．基于图论的河道 - 滩区系统连通性评价方法［J］．
　　水利学报，42（5）：537 - 543.

赵银军，丁爱中．2014．河流地貌多样性内涵、分类及其主要修复内容［J］．水电能源科
　　学，32（3）：167 - 170.

郑宗生，周云轩，田波，等．2014．植被对潮沟发育影响的遥感研究—以崇明东滩为例
　　［J］．国土资源遥感，26（3）：117 - 124.

仲崇信．1992．采用米草生态工程开发黄河三角洲［J］．植物杂志，（2）：11.

仲崇信．1985．米草简史及国内外研究概况［J］．南京大学学报（米草研究论文集），
　　133 - 140.

周艳波，蔡文贵，陈海刚，等．2010．人工鱼礁生态诱集技术的机理及研究进展［J］．海
　　洋渔业，32（2）：225 - 230.

周毅，徐少春，张晓梅，等．2020．海洋牧场海草床生境构建技术［J］．科技促进发展，
　　16（2）：200 - 205.

周毅，徐少春，张晓梅，等．2020．海洋牧场海草床生境构建技术［J］．科技促进发展，
　　（2）：200 - 205.

周媛媛．2021．海草床资源保护与可持续发展研究［J］．国土与自然资源研究，（02）：
　　68 - 71.

Allen J R L. 1997. Simulation models of salt - marshmorphodynamics：some implications for high -
　　intertidal sediment couplets related to sea - level change［J］. Sedimentary Geology, 113（3 -
　　4）：211 - 223.

Ayram C A C, Mendoza M E, Salicrup D R P, et al. 2014. Identifying potential conservation are-
　　as in the Cuitzeo Lake basin, Mexico by multitemporal analysis of landscape connectivity［J］.
　　Journal for Nature Conservation, 22（5）：424 - 435.

Balestri E, Piazzi L, Cinelli F. 1998. Survival and growth of transplanted and natural seedlings
　　of Posidoniaoceanica［J］. Delile in a damaged coastal area［J］. J Exp Mar Biol Ecol, 228

（2）：209 - 25.

Barbier E B, Hacker S D, et al. 2011. The value of estuarine and coastal ecosystem services [J]. Ecological Monographs, 81, 169 - 193.

Berg C E, Mineau M M, Rogers S H. 2016. Examining the ecosystem service of nutrient removal in a coastal watershed [J]. Ecosystem Services, 20：104 - 112.

Berike L, Reytar K, Spalding M, et al. 2011. Reefs at Risk Revisited [M]. Washington D C：World Resources Institute.

Bertocci I. , Dell'Anno A. , Musco L. , et al. 2019. Multiple human pressures in coastal habitats：variation of meiofaunal assemblages associated with sewage discharge in a post - industrial area [J]. Science of The Total Environment, 655：1218 - 1231.

Borde A B, O'Rourke L K, Thom R M, Williams G W, Diefenderfer H L. 2004. National review of innovative and successful coastal habitat restoration [M]. Washington：Battelle Marine Sciences Laboratory, Sequim, 1 - 58.

Borrett S R, Sheble L, Moody J, 2018. Bibliometric review of ecological network analysis：2010 - 2016.

Bracken L J, Croke J. 2007. The concept of hydrological connectivity and its contribution to understanding runoff dominatedgeomorphic systems [J]. Hydrol Proc, 21 （13）：1749 - 1763.

Breitburg D L, Coen L D, Luckenbach M W, et al. 2000. Oyster reef restoration：Convergence of harvest and conservati onstrat egies [J]. Journal of Shellfish Research, 19 （1）：371 - 377.

Cadée G C, Hegeman J. 1974. Primary production of the benthic microflora living on tidal flats in the dutch wadden sea [J]. Netherlands Journal of Sea Research, 8 （s2 - 3）：260 - 291.

Clark S, Edwards A J. 1995. Coral transplantation as an aid to reef rehabilitation：evaluation of a casestudy in the Maldive Islands [J]. Coral Reefs, 14 （4）：201 - 213.

Clark S, Edwards A J. 1999. An evaluation of artificial reef structures as tools for marine habitat rehabilitation in the Maldives [J]. Aquatic Conservation：Marine and Freshwater Ecosystems, 9 （1）：5 - 21.

Coen L D, Luckenbach M W. 2000. Developing success criteria and goals for evaluating oyster reef restoration：ecological function or resourceexploitation? [J]. Ecological Engineering, 15 （3/4）：323 - 343.

Cui B, Wang C, Tao W, et al. 2009. River channel network design for drought and floodcontrol：a case study of Xiaoqinghe River basin, Jinan City, China [J]. J Environ Manage, 90 （11）：3675 - 3686.

Cui B, Yang Q, Yang Z, Zhang K. 2009. Evaluating the ecological performance of wetland restoration in the Yellow River Delta, China [J]. Ecological Engineering, 35 （7）：1090 - 1103.

Cui L, Wang J, Sun L, et al. 2020. Construction and optimization of green space ecological networks in urban fringe areas: A case study with the urban fringe area of Tongzhou district in Beijing [J]. Journal of Cleaner Production, 276 (Pt 2): 124266.

Dai L, Liu Y B, Luo X Y. 2021. Integrating the MCR and DOI models to construct an ecological security network for the urban agglomeration around Poyang Lake, China [J]. Science of The Total Environment, 754: 141868.

Davies P M, Naiman R J, Warfe D M, et al. 2014. Flow – ecology relationships: closing the loop on effective environmental flows [J]. Marine and Freshwater Research, 65 (2): 133 – 141.

Deegan, L A, Johnson DS, Warren R S, et al. 2012. Coastal eutrophication as a driver of salt marsh loss [J]. Nature, 490, 388 – 392.

Eisma D. 1998. Intertidal deposits: river mouths, tidal flats, and coastal lagoons [M]. New York: CRC press.

Epstein N, Vermeij M, Bak R, et al. 2005. Alleviating impacts of anthropogenic activities by traditional conservation measures: Can a small reef reserve be sustainedly managed? [J]. Biological Conservation, 121 (2): 243 – 255.

Fath B D, Scharler U M, Ulanowicz R E, Hannon B. 2007. Ecological network analysis: network construction [J]. Elsevier, (1).

Goodwin B J. 2003. Is landscape connectivity a dependent or independent variable [J]. LandscapeEcol, 18 (7): 687 – 699.

Goreau T J, Cervino J M, Pollina R. 2004. Increased zooxanthellae numbers and mitotic index in electrically stimulated corals [J]. Symbiosis, 37 (1 – 3): 107 – 120.

Gravelius H. 1914. Grundriß der gesamten Gewässerkunde, Band I: Fluß kunde (Compendium of Hydrology. Vol I Rivers, in German) [M]. Berlin: Cöschen.

Gray A J, Marshall D F, Raybould A F. 1991. A century of evolution in Spartina alterniflora [J]. Advances in Ecological Research, 21: 1 – 62.

Grevstad F S, Strong D R, Garcia – Rossi D, et al. 2003. Biological control of Spartina alterniflora in Willapa Bay, Washington using the planthopper Prokelisia marginata: agent specificity and early results [J]. Biological Control, 27 (1): 32 – 42.

Grimes C. 1998. Marine stock enhancement: sound management or techno – arrogance? [J]. Fisheries, 23 (9): 18 – 23.

Gunnell J R, Rodriguez A B, Mckee B A. 2013. How a marsh is built from the bottom up [J]. Geology, 41, 859 – 862.

Hakanson L. 1980. An ecological risk index for aquatic pollution control. a sedimentological approach [J]. Water research, 14 (8): 975 – 1001.

Halpern B S, Frazier M, Afflerbach J, et al. 2019. Recent pace of change in human impact on the world's ocean [J]. Scientific Reports. 9 (01): 11609.

Halpern Benjamin, Walbridge Shaun, Selkoe Kimberly, et al. 2008. A Global Map of Human Impact on Marine Ecosystems [J]. Science, 319 (5865): 948 –952.

Harriott V J, Fisk D A. 1988. Coral transplantation as a reef management option [J]. Proceedings of the 6th International Coral Reef Symposium. 2: 375 – 379.

Hemminga M A, Duart C M. 2000. Seagrass ecology [M]. Cambridge: Cambridge University Press, 3 – 20.

Hoegh – guldberg O. 2015. Reviving the Ocean Economy: the case for action – 2015. WWF International [J]. Gland, Switzerland, Geneva.

Hoey G V, Borja A, Birchenough S, et al. 2010. The use of benthic indicators in Europe: from the Water Framework Directive to the Marine Strategy Framework Directive [J]. Marine Pollution Bulletin, 60 (12): 2187 – 2196.

IUCN. 2020. IUCN Global Standard for Nature – based Solutions, Version 1.0 [G].

Jackson J B C, Kriby M X, Berger W H, et al. 2001. Historical overfishing and the recent collapse of coastal ecosystems [J]. Science, 293 (5530): 629 – 637.

Jackson J B C, Kriby M X, Berger W H. 2001. Historical overfishing and the recent collapse of coastal ecosystem [J]. Scierce, 293155 (30): 629 – 637.

Jesper H, Andersen, Zyad Al – Hamdani, E. 2020. Thérèse Harvey, Emilie Kallenbach, Ciarán Murray, Andy Stock. Relative impacts of multiple human stressors in estuaries and coastal waters in the North Sea – Baltic Sea transition zone [J]. The Science of the total environment. (704): 135316.

Jonathan W H, Kevin W, Elisa F M, et al. 2015. What canstudies of woodland fragmentation and creation tell us about ecological networks? A literature review and synthesis [J]. Landscape Ecology, 30 (1): 21 – 50.

Jonesk, Panx, Garzaa, et al. 2010. Multi – level assessment of ecological coastal restoration in South Texas [J]. Ecological Engineering, 36 (4): 435 – 440.

Karim F, Kinsey – Henderson A, Wallace J, et al. 2012. Modelling wetland connectivity during overbank flooding in a tropical floodplain in north Queensland, Australia [J]. Hydrol Processes, 26 (18): 2710 – 2723.

Keeler B L, Polasky S, Brauman K A, et al. 2012. Linking water quality and well – being for improved assessment and valuation of ecosystem services [J]. Proceedings of the National Academy of Sciences of the United States of America, 109 (45): 18619 – 18624.

Kenworthy W J, Margareto, Hall, et al. 2018. Hammerstrom, Manuel Merello, Arthur Schwartzschild. Restoration of tropical seagrass beds using wild bird fertilization and sediment regrading [J]. Ecological Engineering, 112.

Kirwan M L, Megonigal P. 2013. Tidal wetland stability in the face of human impacts and sea –

level rise ［J］. Nature, 504, 53 – 60.

Ladd M C, Burkepile D E, Shantz A A. 2019. Near – term impacts of coral restoration on target species, coral reef community structure, and ecological processes ［J］. Restoration Ecology, 27 (5): 1166 – 1176.

Lane S, Reaney S, Heathwaite AL. 2009. Representation of landscape hydrological connectivity using a topographically driven surface flow index ［J］. Water Resour Res, 45 (8): w08423.

Lesack LF, Marsh P. 2010. River – to – lake connectivities, water renewal, and aquatic habitat diversity in the Mackenzie River Delta ［J］. Water Resour Res, 46 (12): w12504.

Li H B, Du L N, Zou Y, et al. 2011. Eco – remediation of branch river in plain river – net at estuary area ［J］. Procedia Environmental Sciences, 10: 1085 – 1091.

Lindeman R L. 1942. The trophic dynamics aspect of ecology ［J］. Bulletin of Mathematical Biology, 53 (1 – 2): 167 – 191.

MacRae B H, Beier P. 2007. Circuit theory predicts gene flow in plant and animal populations ［J］. Proceedings of the National Academy of Sciences of the United States of America, 104 (50): 19885 – 19890.

Marani M, Belluco E, D'Alpaos A, et al. 2003. On the drainage density of tidal networks ［J］. Water Resources Research, 39 (2).

Marani M, Lanzoni S, Zandolin D, et al. 2002. Tidal meanders ［J］. Water Resources Research, 38 (11): 1225.

Mcdonough O, Lang M, Hosen J, et al. 2015. Surface hydrologic connectivity between Delmarva Bay Wetlands and Nearby Streams along a gradient of agricultural alteration ［J］. Wetlands, 35 (1): 41 – 53.

McRae B H, Dickson B G, Keitt T H, et al. 2008. Using circuit theory to model connectivity in ecology, evolution, and conservation ［J］. Ecology, 89 (10): 2712 – 2724.

Meerkerk A L, Van Wesemael B, Bellin N. 2009. Application of connectivity theory to model the impact of terrace failure on runoff in semi – arid catchments ［J］. Hydrol Processes, 23 (19): 2792 – 2803.

Murray N J, Phinn S R, DeWitt M, et al. 2019. The global distribution and trajectory of tidal flats ［J］. Nature, 565, 222 – 225.

Orth R J, Marion S R, Granger S, et al. 2009. Evaluation of a Mechanical Seed Planter for Transplanting ZosteraMarina (Eelgrass) Seeds ［J］. Aquatic Botany, 90 (2): 204 – 208.

Ortiz – Prosper A L, Bowden – Kerby A, Ruiz H. 2001. Planting small massive corals on small artificial concrete reefs or dead coral heads ［J］. Bulletin of Marine Science, 69 (2): p. 1047 – 1051.

O'Beirn F X, Luckenbach M W, Nest lerode J A, et al. 2000. Toward design criteria in constructed oyster reefs: Oyster recruitment as a function of substrate type and tidal height [J]. Journal of Shellfish Research, 19 (1): 387 – 395.

Pant H K, Reddy K R, Lemon E, 2001. Phosphorus Retention Capacity of Root Bed Media of Sub – Surface Flow Constructed Wetlands [J]. Ecological Engineering, 17 (4): 345 – 355.

Pauly D, Christensen V, Ofsea I. 1993. Trophic Models of Aquatic Ecosystems [J]. International Center for Living Aquatic Resources Management, International Council for the Exploration of the Sea, Danish International Developmant Agency.

Peter Vogt. Joseph R. Ferrari, Todd R. Lookingbill, Robert H. Gardner, Kurt H. Riitters, Katarzyna Ostapowicz. 2009. Mapping functional connectivity [J]. Ecological Indicators, 9 (1): 64 – 71.

Phillips R, Spence C, Pomeroy J. 2011. Connectivity and runoff dynamics in heterogeneous basins [J]. Hydrol Processes, 25 (19): 3061 – 3075.

Rangel – Buitrago N, Neal W J, Jonge V. 2020. Risk assessment as tool for coastal erosion management [J]. Ocean & Coastal Management, 186: 105099.

Raymundo L J, Maypa A P, Luchavez M M. 1999. Coral seeding as a technology for recovering degraded coral reefs in the Philippines [J]. Phuket Marine Biological Center Special Publication, 20: 81 – 92.

Ren W, Ni J, Chen Y. 2022. Exploring the Marine Ecological Environment Management in China: Evolution, Challenges and Prospects [J]. Sustainability, 14 (2): 912.

Rinkevich B. 1995. Restoration strategies for coral reefs damaged by recreational activities: the use of sexual and asexual recruits [J]. Restoration Ecology, 3 (4): 241 – 251.

Schiemer F, Hein T, Reckendorfer W. 2007. Ecohydrology, key – concept for large river restoration [J]. Ecohydrol Hydrobiol, 7 (2): 101 – 111.

Schoorler J, Veldkamp A. 2001. Linking land use and landscape process modelling: a case study for the Alora region (South Spain) [J]. Agricult Ecosyst Environ, 85 (1): 281 – 292.

Scorth C L, Steven DD, Guntenspergen G R. 2008. Effect of climate fluctuations on long – term vegetation dynamics in Carolina bay wetlands [J]. Wetlands, 28 (1): 17 – 27.

Shafir S, Van R J, Rinkevich B. 2006. Amid – water coral nursery [C] //Proceedings of the 10th International Coral Reef Symposium. 10: 1974 – 1979.

Sillman, B. R. , Zieman J. C. 2001. Top – down control of production by Spartina alterniflora periwinkle grazing in a Virginia marsh [J]. Ecology, 82 (10): 2830 – 2843.

Soong K, Chen T A. 2003. Coral transplantation: regeneration and growth of Acropora fragments in a nursery [J]. Restoration Ecology, 11 (1): 62 – 71.

Thanos Dailianis, Christopher J. Smith, Nadia Papadopoulou, et al. 2018. Human activities and resultant pressures on key European marine habitats: An analysis of mapped resources [J].

Marine Policy, 98: 1 – 10.

Thompson B A. 2011. Planning for Implementation: Landscape - Level Restoration Planning in an Agricultural Setting [J]. Restoration Ecology, 19 (1): 5 – 13.

Unsworth R K F, Nordlund L M, Cullen – Unsworth L C. 2019. Seagrass Meadows Support Global Fisheries Production [J]. Conservation Letters, 12 (1): e12566.

Vandenbruwaene W, Meire P, Temmerman S. 2012. Formation and evolution of a tidal channel network within a constructed tidal marsh [J]. Geomorphology, 151 – 152: 0 – 125.

Walters C, Christensen V, Pauly D. 1997. Structuring dynamic models of exploited ecosystems from trophic mass – balance assessments [J]. Reviews in Fish Biology and Fisheries, 7 (2): 139 – 172.

Wu J G, Hobbs, Richard. 2002. Key issues and research priorities in landscape ecology: An idiosyncratic synthesis [J]. Landscape Ecology. 17 (4): 355 – 365.

Yang W, Li X, Sun T, et al. 2017. Habitat heterogeneity affects the efficacy of ecological restoration by freshwater releases in a recovering freshwater coastal wetland in China's Yellow River Delta [J]. Ecological Engineering, 104: 1 – 12.

Yap H T. 2009. Local changes in community diversity after coral transplantation [J]. Marine Ecology Progress, 374 (1): 33 – 41.

Yu K. 1996. Security patterns and surface model in landscape ecological planning [J]. Landscape & Urban Planning, 36 (1): 1 – 17.

Zhang Y, Huang H, Huang J, et al. 2016. The effects of four transplantation methods on five coral species at theSanya Bay [J]. Acta Oceanologica Sinica, 35 (10): 88 – 95.

第3章 渤海湾生态环境状况及态势解析

3.1 渤海湾概况

3.1.1 地理位置

渤海湾是渤海三大海湾之一，位于渤海西部。北起河北省乐亭县大清河口，南到山东省黄河口，最西端位于天津滨海新区海岸，以大清河口至黄河口的连线为界与渤海相通，面积约为 1.59 万 km²，约占渤海面积的 1/5（另一划分法为滦河口至黄河口连线为界，此种划分法面积约 1.1km²，约占渤海面积的 1/7）。三面环陆，主要与河北省、天津市、山东省的陆岸相邻，被称为京津的海上门户，华北海运枢纽，其北部是著名的旅游和度假区，西部塘沽是重要港口。

3.1.2 地貌特征

渤海湾正处在中生代古老地台活化地区，位于冀中、黄骅、济阳三坳陷边缘，经历了各个地质时期的构造运动和地貌演变，形成湖盆，并在其上覆有 1~7km 巨厚松散沉积层。沿岸几乎全为第三纪沉积物，形成典型的粉砂淤泥质海岸。又因几经海水进退作用，使海湾西岸遗存有沿岸泥炭层和 3 条贝壳堤。海底沉积物均来自河流挟带的大量泥沙，经水动力的分选作用，呈不规则的带状和斑块状分布。一般来说，沿岸粒度较粗，多粉砂和黏土粉砂，东北部沿岸多砂质粉砂；海湾中部粒度较细，多黏土软泥和粉砂质软泥。

渤海湾海底地形平缓，水深由近岸向湾中缓慢加深，等深线基本平行于海岸线，湾内平均水深 12.5m，渤海湾北部曹妃甸浅滩以南有一东西走向的沟槽，最大水深可达 38m。渤海湾南部和西部为典型的淤泥质平原海岸，海岸带宽广低平，形态单一，潮滩处于潮间地带，高潮时被海水淹没，低潮时出露为滩地，是我国海岸带淤泥质潮滩最发育的岸段之一。海湾海底沉积物主要来自河流入海挟带的大量泥沙，经过潮流、波浪等水动力的分选作用后，呈现不规则的斑状和带状分布特征。

渤海湾北部曹妃甸附近海域发育有沙质浅滩，东西长 21km，南北宽 15 ~ 20km。曹妃甸浅滩原为古滦河扇形三角洲，形成于全新世中期（距今约 8 000 ~ 3 000 年），后来由于地面沉降和海水的冲刷侵蚀，形成了现今的障壁岛潟湖体系（尹延鸿，2009）。曹妃甸浅滩主要受潮流控制，还发育有小型潮汐三角洲及潮流沙脊。

3.1.3　入海河流

从渤海湾区域入海的河流众多，自南向北主要有套儿河、大口河、歧河、独流减河、海河、蓟运河等大小十几条河流入海，流入海湾的较大的几条河流有黄河、海河、蓟运河和滦河。这些沿岸河流挟沙入海，提供了大量的泥沙来源。但一部分河流上游建有挡潮闸，且常年处于闭闸状态，其下游实际已成为以潮汐控制为主的潮汐汊道。渤海湾东南部有黄河，东北部有滦河，这两条河流径流量和含沙量较大，也为渤海湾贡献了大量的泥沙。由于沿岸河流含沙量大，所以滩涂广阔，淤积严重。

（1）黄河以水少沙多著称。年均径流量 440 亿 m^3（郑州附近花园口水文站），多年平均输沙量 16 亿 t，约占渤海输沙量的 90% 以上，是渤海湾现代沉积物主要来源。

（2）海河水系年均径流量为 211.6 亿 m^3，年均输沙量 600 万 t。1958 年海河建闸后，径流量锐减，年均径流量仅 7.1 亿 m^3，年输沙量不足 30 万 t，对渤海湾地貌发育的影响已大为减小。

（3）蓟运河为蓄泄河道，1922—1957 年年均径流量 7.4 亿 m^3，年均输沙量 70 万 ~ 100 万 t。1958 年建闸后，年径流量和年输沙量分别为 0.66 亿 m^3 和 1.56 万 t。

（4）滦河年均径流量 47.9 亿 m^3，年输沙量 2 210 万 t。由上可见，黄河大量泥沙的入海和扩散，是渤海湾泥沙的主要来源。滦河入海泥沙向西南运移，虽为数不多，但仍不容忽视，使渤海湾水下不断淤浅，滩面扩增。例如，北堡—涧河的滩面，1958—1984 年年均向海延伸 1.5km，沉积厚度年均增11.5cm，为其他海区所罕见。

3.1.4　水文气候

渤海湾是三面环陆的半封闭式海湾，位于中纬度季风区，一是季风显著；二是四季分明，冬寒夏热，春秋时间较短，年温差较大；三是雨季较短，主要集中在夏季七八月，春季少雨，年降水量变化也较大。

1. 气温

根据渤海湾西部塘沽海洋站 1996—2005 年气象资料，在此期间渤海湾年平均气温为 13.1℃，极端最高气温为 40.9℃，极端最低气温为 -13.5℃。

根据渤海湾南部埕口盐场气象站 2006—2008 年气象资料，在此期间渤海湾年平均气温为 12.36℃，极端最高气温为 36.3℃，极端最低气温为 -10.0℃。月平均气温最高月份为 8 月，次之为 7 月；月平均气温最低月份为 1 月，次之为 12 月。

2. 降水

据塘沽海洋站资料，渤海湾平均年降水量为 363.7mm；年最大降水量为491.1mm；年最小降水量为 196.6mm；在 1975 年 7 月 30 日曾出现一日最大降水量 191.5mm。研究区降水量有显著的季节变化，雨量多集中于每年的 7 月、8 月，这两个月的降水量约占全年降水量的 58%，而每年的 12 月至翌年的 3月降水极少，4 个月的总降水量仅为全年降水量的 3% 左右。

根据埕口盐场气象站资料，渤海湾平均年降水量为 523.4mm；年最大降水量为 698.5mm；年最小降水量为 397.2mm；日最大降水量为 133.5mm，出现于 1975 年 8 月 30 日。雨量多集中于每年的 7 月、8 月，以 8 月份最多，这两个月的降水量约占全年总降水量的 59.4%。降水量最少的月份为 1 月，仅占年总降水量的 0.3%。

3. 风况

根据塘沽海洋站资料，渤海湾常风向为 S 向，次常风向为 E 向，出现频率分别为 9.89%、9.21%；强风向为 E 向，次强风向为 ENE 向，大于 7 级风出现的频率分别为 0.32%、0.11%。

根据埝口盐场气象站资料，渤海湾常风向为 SW 向，频率为 11.37%，次常风向为 E11 和 ENE 向，频率分别为 8.88% 和 6.91%；强风向为 ENE 向，大于 7 级风出现频率为 0.88%，次强风向为 E 和 NNW 向，大于 7 级风出现频率分别为 0.68% 和 0.65%。

4. 水温、盐度分布特征

研究区海域的水温在空间上分布比较均匀，时间变化明显。冬季沿岸海域水温低于湾中，1 月水温最低，略低于 0℃；夏季沿岸海域水温高于湾中，8 月水温最高，约为 28℃，水温年温差在 28℃ 以上。

研究区海域盐度的分布趋势是海湾中部海域高于近岸海域，中部海域盐度为 29 ~ 31，近岸海域盐度为 23 ~ 29。但是在紧邻岸滩的附近海域，由于受沿岸盐田卤水排放的影响，该海域盐度高达 33。

5. 海冰

渤海湾冬季常结冰，冰期始于 12 月，终于翌年 3 月。冰量为 5 ~ 8 级。历史上于 1936 年和 1969 年渤海湾海域曾出现过两次严重的大冰封，海湾内全部被封冻，海冰厚度约为 50 ~ 70cm，最大厚度达 1m。

3.1.5　自然环境

因河流入海携带大量泥沙冲击，加之湖泊、池塘、水库、洼淀、河口星罗棋布，再加上漫长的浅海滩涂，沿岸构成了丰富多样的湿地景观独特的地理位置，良好的湿地环境。

因其独特的湿地环境，渤海湾成为东亚鸟类迁徙路线的一个重要组成部分，每年春秋都有大批水鸟迁徙经过此地并做短暂停歇。银鸥、红嘴鸥、环颈鸻、反嘴鹬、黑翅长脚鹬、红头潜鸭、白秋沙鸭、斑嘴鸭、绿头鸭、罗纹鸭、针尾鸭、豆雁、灰雁、大天鹅等种类常集成大群停歇在水面或岸边。渤海湾湿地还为一些水鸟提供了繁殖场所，常见种类包括须浮鸥、斑嘴鸭、黑翅长脚鹬等，它们在茂密的芦苇丛中营巢，黄河三角洲还是黑嘴鸥的重要繁殖区，每年都有上千只黑嘴鸥在滩涂上产卵育雏。在该地区的野鸟中，有很多珍稀濒危物种，其中属国家Ⅰ级重点保护物种的有9种，如黑鹳、东方白鹳、丹顶鹤、白鹤、白头鹤、大鸨、遗鸥、白尾海雕、中华秋沙鸭等；属国家Ⅱ级保护物种的有20余种，包括海鸬鹚、大天鹅、小天鹅、疣鼻天鹅、白额雁、鸳鸯、灰鹤、白枕鹤、蓑羽鹤等。

此外，渤海湾，尤其在河口附近，浮游生物和底栖生物较多，是鱼虾洄游、索饵、产卵的良好场所，出产多种鱼、虾、蟹、贝。

3.1.6　海洋资源

渤海湾海洋资源丰富多样，其中油气资源、渔业资源、港口资源、海盐资源、滨海芦苇资源、滨海旅游资源优势突出，其中尤以三大池（油池、鱼池、盐池）著称于世。

1. 油气资源

渤海湾水下储有丰富的油气资源，是我国最早进行海洋油气勘探、开发的海区，也是我国重要的石油和天然气基地。天津市海岸带地区地处歧口、板桥、北塘三大生油凹陷中心部位，油气资源丰富，现有渤海和大港两大油田，是国家重点开发的油气田，已探明的石油地质储量40亿t，油田面积超过100km²。地处渤海湾的重要油田有：胜利油田、辽河油田、大港油田、冀东油田。

2. 渔业资源

渤海湾水质肥沃，生物饵料资源丰富，构成多种鱼、虾蟹类产卵、索饵、发育成长的良好场所，发展渔业得天独厚。天津市沿海区域已鉴明的渔业资源有80多种，主要渔获种类有30多种。但是，近年来随着污染物入海量增多、拦河大坝截流、过度捕捞，天津近海渔业资源已明显衰退。沧州沿海及其附近海域主要海洋产品有小黄鱼、鲅鱼等30多种。唐山海域是浮游动物高值区，浮游动物主要有夜光虫、强壮箭虫、水母、毛虾等。底栖类主要品种有文昌鱼、扁玉螺等；海水鱼类中黄鲫鱼占主要地位，次之为日本鳀鱼和棘头梅童鱼。滨州沿海渔业资源种类繁多，资源量丰富，是山东省北部沿海重要的贝类主产区、海水鱼虾养殖区以及经济鱼、虾、蟹类的繁育、索饵、生长区。渔业资源主要有鱼类、虾蟹类、头足类、贝类、棘皮动物类等，其中游泳生物 85 种，较重要的经济鱼类和无脊椎动物近 40 种；浅海的经济贝类资源有 30 余种，主要有文蛤、四角蛤蜊等。东营海域由于黄河等 20 多条河流的径流入海，使东营市近岸海域的有机质丰富，饵料种类数量繁多，为鱼、虾、蟹、贝类生长、繁殖提供了良好的生态环境条件，素有"百鱼之乡"和"东方对虾故乡"之美誉。

渤海湾滩涂广阔，潮间带宽达 3～7.3km，淤泥滩蓄水条件好，利于盐业开发。长芦盐区是中国最大盐场，盐产量占全国的 1/3。

3.1.7　历史演变

渤海湾海岸在历史上的变迁与黄河密切相关。距今 8 000～5 000 年前的冰后期，冰川消融，全球范围内海面上升，渤海湾海岸线约与今 4m 等高线（大沽零点）相当。此后气候转冷，海水消退，海岸线逐渐向东推进。据考古调查，天津附近渤海湾西岸有三条高出地面呈带状的古贝壳堤，自东向西依次为：①蛏头沽—驴胸河—马棚口贝壳堤；②白沙岭—军粮城—泥沽—上古林—歧口贝壳堤；③小王庄—巨葛庄—沙井子贝壳堤。

据 ^{14}C 测定，第三条贝壳堤距今 3 800～3 000 年，约相当殷商时期。第二条贝壳堤的形成年代，据考古资料，其北段发现战国时期遗址，南段发现唐宋时期文物。据 ^{14}C 测定，南段歧口附近，下层距今 2 020±100 年，上层距今 1 080±90 年，北段在白沙岭附近距今 1 460±95 年，说明这条贝壳堤经历了约千年时间塑造而成。而第一条则形成于宋以后。

渤海湾海岸线的伸展与黄河入海地点的变迁最为相关。自新石器时代以来，黄河长期从渤海湾入海。但一方面是西汉以前中上游植被覆盖良好，下游多支津、湖泊，输送到海口的泥沙不多，另一方面是下游又分成多股，在天津、河北黄骅和山东无棣之间游荡。其主流则于黄骅一带入海，故在天津出海的泥沙不多，在波浪作用下，宜于贝壳堤的形成。东汉以后，黄河改由今山东利津、滨州市一带入海。天津附近泥沙显著减少，海岸线由淤泥质海岸转变为沙质海岸，从而形成了第二条贝壳堤。之后黄河在山东入海口的泥沙向北扩散，在堤外堆积了海滨平原。1048 年以后，黄河约有 80 年的时间在天津入海。当时黄河含沙量很高，大量泥沙排入海口，不利于贝壳的生长。1128 年黄河改由泗水和济水入海，从此脱离了河北平原。渤海湾的来沙减少，故又形成了第三条贝壳堤，标志着 19 世纪中叶前的海岸线。渤海湾南部海岸，自公元 70 年黄河改在今滨州市、利津间入海后，三角洲推展迅速。9 世纪河口在今滨州市东 70km。12 世纪黄河夺淮入海后，原先三角洲海岸受波浪的侵蚀，有所后退。1855 年黄河又改由山东利津入海，新三角洲迅速向外扩展，河口沙洲每年以 2～3km 的速度向海中伸展。近百年来，黄河在这一地区造陆面积约 2 300km²。海口的泥沙又由海流向北搬运，在渤海湾西岸第三条贝壳堤外堆积了广阔的淤泥滩。

3.1.8 区域规划

《全国海洋功能区划（2011—2020 年)》第三章第四节指出，渤海油气区主要分布在渤海湾盆地（海上），重点保障油气资源勘探开发的用海需求，严格执行海洋油气勘探、开采中的环境管理要求，防范海上溢油等海洋环境突发污染事件。油气区执行不劣于现状海水水质标准。第四章海区主要功能中指出，渤海海域实施最严格的围填海管理与控制政策，限制大规模围填海活动，降低环渤海区域经济增长对海域资源的过度消耗，节约集约利用海岸线和海域资源。严格控制新建高污染、高能耗、高生态风险和资源消耗型项目用海，加强海上油气勘探、开采的环境管理，防止海上溢油、赤潮等重大海洋环境灾害和突发事件。

《全国海洋功能区划》（2011—2020 年）第四章海区主要功能的第一节渤海中，明确定义了渤海湾海域的主要功能，具体如下："包括唐山滦河口至冀鲁海域分界毗邻海域，主要功能为港口航运、工业与城镇用海、矿产与能源开发。天津港、唐山港、黄骅港及周边海域重点发展港口航运。唐山曹妃甸新区、天津滨海新区、沧州渤海新区等区域集约发展临海工业与生态城镇。区域积极发展滩海油气资源勘探开发。加强临海工业与港口区海洋环境治理，维护天津古海岸湿地、大港滨海湿地、汉沽滨海湿地及浅海生态系统、黄骅古贝壳堤、唐山乐亭石臼坨诸岛等海洋保护区生态环境，积极推进各类海洋保护区规划与建设。稳定提高盐业、渔业等传统海洋资源利用效率。开展滩涂湿地生态系统整治修复，提高海岸景观质量和滨海城镇区生态宜居水平。区域实施污染物排海总量控制制度，改善海洋环境质量。"

3.1.9　经济状况

渤海湾地区是我国人口稠密的一个地区，海湾沿岸的行政区有天津、唐山、沧州、滨州以及东营共五市，其中唐山和沧州属于河北省，滨州及东营属于山东省，五市区面积分别为 11 946km²、13 472km²、13 419km²、9 453km²、7 923km²，合计 56 213 km²。2020 年，五个城市的国内生产总值（GDP）分别为 14 083.73 亿元、7 180.6 亿元、3 699.9 亿元、2 537.8 亿元、2 927.2 亿元、合计 30 429.23 亿元。渤海湾沿岸地区已经具备了雄厚的经济实力，并且海洋产业发达，加之城市化进程的加快，丰富的人力资源和较高的土地利用率，决定了该地区社会经济发展快速崛起。近年来，河北省的"曹妃甸循环经济示范区"和"沧州渤海新区"，"天津滨海新区"和山东省的"山东半岛蓝色经济带"等开发规划极大地带动了渤海湾沿岸地区的经济社会发展，为整个环渤海地区海洋经济的发展做出了巨大贡献。

3.2　渤海湾生态环境状况

3.2.1　海洋环境质量状况

1. 水质状况

2015—2017 年《北海区海洋环境公报》统计数据显示，渤海湾水环境质量不容乐观，其中符合第一、二类海水水质标准的海域面积有所波动，劣四类水质海域面积持续增加，在 8 月不同水质等级面积比例和海水质量状况如表 3.1 和图 3.1 所示。2017 年，渤海湾有 27.91% 的海域符合第一、二类海水水质标准，33.83% 的海域属于污染严重的劣四类水质海域，天津、河北近岸海域均受到较严重的污染，主要污染物为无机氮和活性磷酸盐。

表 3.1　2015—2017 年渤海湾不同水质等级面积比例（8 月）

水质等级	2015 年	2016 年	2017 年
一类水质海域	0.55%	0.06%	8.60%
二类水质海域	13.27%	39.79%	19.31%
三类水质海域	21.56%	16.63%	23.37%
四类水质海域	49.93%	13.99%	14.89%
劣四类水质海域	14.69%	29.53%	33.83%

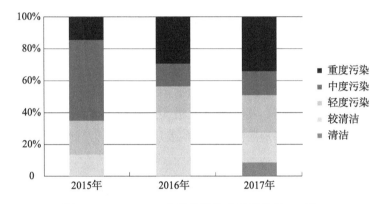

图 3.1　2015—2017 年渤海湾海水质量状况（8 月）

《2019 年中国生态环境状况公报》统计数据显示，2019 年我国海洋生态环境状况整体稳中向好。污染海域主要分布在辽东湾、渤海湾、江苏沿岸等近岸海域，渤海海域未达到一类海水水质标准的海域面积为 12 740km²，同比 2018 年减少 8 820km²；劣四类水质海域面积为 1 010km²，同比 2018 年减少 2 320km²，主要分布在辽东湾、渤海湾南部近岸海域。

历年监测结果表明，北海区近岸海域水环境污染严重，而近岸以外海域海水质量状况良好。污染海域主要分布在渤海湾、辽东湾、莱州湾和辽东半岛近岸海域。北海区海水环境主要超标要素为无机氮和活性磷酸盐。无机氮是严重污染海域的主要污染要素。

2. 沉积物状况

2015—2017 年，在渤海湾沉积物中石油类和硫化物呈明显地升高趋势，其他各监测指标变化均不大（表 3.2 和图 3.2）。据《北海区海洋环境公报》统计数据，在 2017 年渤海湾沉积物中，其中 15% 站位的石油类和 20% 站位的硫化物超一类海洋沉积物质量标准，其他各监测指标均符合一类海洋沉积物质量标准。

表 3.2 2015 年—2017 年渤海湾沉积物中污染物含量（8 月）

年份	石油类/ ×10⁻⁶	有机碳/ %	硫化物/ ×10⁻⁶	汞/ ×10⁻⁶	镉/ ×10⁻⁶	铅/ ×10⁻⁶	铬/ ×10⁻⁶	砷/ ×10⁻⁶	铜/ ×10⁻⁶	锌/ ×10⁻⁶
2015 年	177.08	0.55	176.99	0.03	0.15	20.01	55.66	1.75	28.81	78.49
2016 年	147.11	0.52	126.50	0.02	0.14	23.01	58.80	5.73	27.61	68.71
2017 年	296.99	0.64	214.55	0.02	0.17	17.49	51.66	3.76	27.95	59.32
平均	207.06	0.57	172.68	0.02	0.15	20.17	55.37	3.75	28.12	68.84

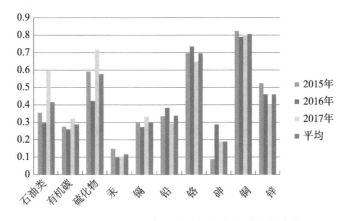

图 3.2 2015—2017 年渤海湾沉积物污染指数变化

根据《2020 年北海区海洋生态状况报告》统计数据显示，北海区表层沉积物包含 6 种沉积物类型，以粉砂（T）为主，约占 42%；其次是砂质粉砂（ST）、砂（S）、粉砂质砂（TS）和黏土质粉砂（YT），合计占 57%；其他类型分布较少，占比为 1%。粉砂多分布于渤海中部及山东半岛近岸海域，颗粒较细的黏土质粉砂主要分布在天津及河北沧州近岸海域，砂、粉砂质砂等较粗颗粒集中分布区域主要为河北滦河口—北戴河沿岸、辽东湾中部及大连长兴岛附近海域。

北海区沉积物 Eh 值处于 −310.9～428.1mV 之间，主要集中在 −199～184.3mV，北海区沉积物基本属于还原性或弱还原性。仅锦州湾、莱州湾东南湾底、渤海海峡局部海域个别站位沉积物 Eh 值大于 200mV，表现为弱氧化性或氧化性。

北海区表层沉积物中的有机碳和硫化物含量总体较低。有机碳含量在 0.049%～0.926% 之间，均符合《海洋沉积物质量标准》（GB 18668—2002）一类标准；硫化物含量在 4～705mg/kg 之间，96% 以上站位含量符合《海洋沉积物质量标准》（GB 18668—2002）一类标准，锦州湾、秦皇岛汤河口及普兰店湾底等海域个别站位出现超标。

3. 主要污染因子

1）水质主要污染因子

根据 2013—2017 年《北海区海洋环境公报》数据显示，整个渤海海域海水水质的主要污染因子为无机氮和活性磷酸盐，沿岸主要河流每年向海水中输入大量的营养盐类污染物，虽然营养盐污染物年入海总量在 2014—2016 年有所降低，但 2017 年营养盐年入海总量成倍增加，增至近 9 万 t（表 3.3），是近五年来营养盐年入海总量最高的一年，这可能是造成调查海域营养盐超标的原因之一。除却河流携带大量营养盐污染物入海，渤海湾近岸海域有大面积的海水养殖，养殖海域投入的饲料及养殖品的排泄物中含有大量磷和氮导致水体营养化，也是造成渤海湾无机氮和活性磷酸盐超标的原因之一。

表 3.3　2013—2017 年渤海沿岸主要河流污染物入海量　　　　　　　　单位：t

营养盐	2013 年	2014 年	2015 年	2016 年	2017 年
氨氮	20 524	13 439	14 728	9 140	9 368
硝酸盐氮	35 086	28 065	24 144	14 707	67 695
亚硝酸盐氮	6 612	5 150	2 841	3 589	6 218
总磷	4 343	3 098	3 000	3 069	6 046
总量	66 565	49 752	44 713	30 505	89 327

2）沉积物主要污染因子

根据《北海区海洋环境公报》数据，渤海湾区域海洋沉积物中的主要污染因子为石油类和硫化物。

石油类不易滞留于水相中，而是易与沉积物结合或者富集于贝类体内。渤海石油类排放入海的来源主要由陆源和海源两部分组成。依据原国家环保总局和原国家海洋局的调查数据（王修林和李克强，2006），21 世纪初渤海海域由陆源（排污口和河流）和海源（渔船、油气平台）排放入渤海的石油类的总量由高到低依次为：河流、排污口、渔船和油气平台。其中，陆源排放量是渤海油污染的主要来源，所占比例为 84%。对于陆源排放而言，河流所占比例高于排污口，可达 67%。对于陆源排放，参照 2013—2017 年《北海区海洋环境公报》可以看出，2013—2017 年渤海沿岸所监测的 18 条江河径流携带入海石油类污染物总量呈下降趋势，2017 年有所回升，如图 3.3 所示。

对于海源排放，由于渤海渔船数量众多，因此渔船排放的石油类的量相对较大；渤海湾海域有诸多油气开采平台，不排除有油气平台开采作业导致石油类流入海洋沉积形成污染的可能。硫化物超标多为工业废水中含硫物质沉降海底，以及在石油处理过程中产生的含硫污染物入海。

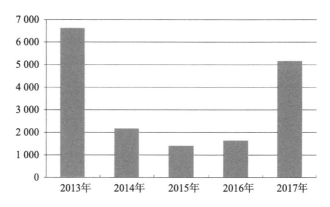

图 3.3　2013—2017 年渤海沿岸河流石油类污染物入海量（t）

3.2.2　海洋水动力状况

海湾是海洋延伸入陆地较深、入口宽度较小的明显水域，该水域的面积大于或等于以其入口为直径画的半圆面积。海湾的动力学特征是与海湾开发建设活动密切相关的。总体来说，渤海湾水交换能力弱，结构复杂，存在明显的季节变化，水交换能力夏季强于冬季，春夏季流入量大于流出量，秋冬季反之；夏季水交换存在显著的垂向结构，上层为北进南出，中层为流出渤海湾，底层为流入渤海湾；冬季表现为南北进中间出，垂向较为一致。

3.2.3　海洋生态状况

1. 海洋生物

《渤海生态系统和水动力状况综合评估报告》显示，渤海浮游植物、浮游动物、底栖生物群落结构总体保持稳定，仅在渤海湾、锦州湾、辽河口个别海域出现浮游动物优势种变化、底栖生物群落遭到破坏等现象。

2014—2018 年，渤海湾海洋生物（浮游植物、浮游动物、底栖生物）的

种类数、密度、生物量均在正常范围内波动，总体来说相差不大（表3.4 ~ 表
3.6）。渤海湾水母类近年种类数逐渐增多，2016 年和2017 年水母密度占总密
度50%以上。在1959 年、1982 年、1984 年和1992 年的历次调查中，渤海均
没有球形侧腕水母的记录，直至1997 年首次在渤海记录到该种，但数量较
低，不能成为优势种。但在2016—2018 年，球形侧腕水母连续三年取代桡足
类成为浮游动物优势种。球型侧腕水母在渤海从无到有，从数量较低到占优
势，表明渤海湾的海洋生物群落结构发生了一定的变化，鱼类的饵料浮游动
物数量降低，水母类的非饵料生物占据优势。

表 3.4　2014—2018 年渤海湾浮游植物群落结构变化（8 月）

年份	浮游植物种类数	浮游植物密度/（个/m³）	多样性指数	浮游植物优势种
2014 年	53	70 435 281	2.06	中肋骨条藻、旋链角毛藻
2015 年	57	3 792 662	2.92	旋链角毛藻、尖刺拟菱形藻
2016 年	74	14 569 833	2.58	旋链角毛藻、中肋骨条藻
2017 年	50	80 847 108	1.92	中肋骨条藻、尖刺伪菱形藻
2018 年	42	8 756 600	1.18	中肋骨条藻、尖刺拟菱形藻
平均	—	35 680 297	2.13	—

表 3.5　2014—2018 年渤海湾浮游动物群落结构变化（8 月）

年份	浮游动物种类数	浮游动物密度/（个/m³）	浮游动物生物量/（mg/m³）	多样性指数	浮游动物优势种
2014 年	30	15 545.4	56.7	2.38	异体住囊虫、强壮箭虫
2015 年	30	31 145.8	100.5	2.26	强壮箭虫、太平洋纺锤水蚤
2016 年	20	35 095.7	215.8	1.44	球形侧腕水母、异体住囊虫
2017 年	70	14 549.5	43.2	1.31	球形侧腕水母、强壮箭虫
2018 年	25	57 906.0	60.9	1.96	强壮箭虫、异体住囊虫
平均	—	30 848.5	95.4	1.87	—

表 3.6　2014—2018 年渤海湾底栖生物群落结构变化（8 月）

年份	底栖生物种类数	底栖生物密度（个/m²）	底栖生物生物量（g/m²）	多样性指数	底栖生物优势种
2014 年	61	648.5	121.3	2.85	凸壳肌蛤、纽虫
2015 年	85	333.0	60.4	2.86	凸壳肌蛤、含糊拟刺虫

年份	底栖生物种类数	底栖生物密度（个/m²）	底栖生物量（g/m²）	多样性指数	底栖生物优势种
2016 年	98	215.5	43.1	3.17	高捻塔螺、绒毛细足蟹
2017 年	29	81.8	18.1	2.44	绒毛细足蟹、含糊拟刺虫
2018 年	64	118.0	30.4	2.46	长岛角螺、边鳃拟刺虫
平均	—	279.4	54.7	2.76	

2018 年 8 月，渤海湾共鉴定浮游植物 42 种，密度为 875.66×10^4 个/m³，优势种为中肋骨条藻和尖刺拟菱形藻；浮游动物 25 种，密度为 57 906.0 个/m³，生物量为 60.9mg/m²，优势种为强壮箭虫和异体住囊虫；底栖生物 64 种，密度为 118.0 个/m²，生物量为 30.4g/m²，优势种为长岛角螺和边鳃拟刺虫。

2. 典型生态系统

渤海湾沿岸海域以渤海湾为主体，行政区域包括唐山市、天津市、沧州市。区域分布有滦南湿地、南大港湿地、黄骅湿地等重要滨海湿地，生境类型包括盐沼芦苇、盐沼碱蓬、滩涂和浅海湿地等，是许多珍稀濒危鸟类的重要栖息地、停歇地和中转地。南大港湿地被纳入东亚—澳大利西亚迁飞区、网络区、亚洲重要鸟区、"黄（渤）海候鸟栖息地（第二期）"申遗名录。渤海湾北部曹妃甸龙岛附近海域分布有超过 4 000hm² 的海草床，生物多样性丰富，是多种海洋生物的产卵和育幼场，如图 3.4 所示。天津滨海新区汉沽大神堂以南海域分布有现代纯天然泥质活体牡蛎礁，如图 3.5 所示。

图 3.4　曹妃甸海草床航拍影像

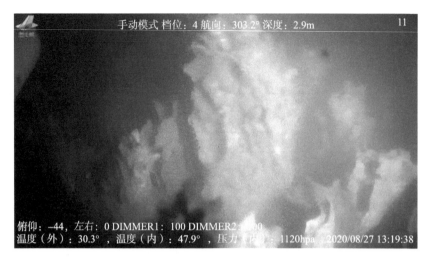

图 3.5　天津大神堂牡蛎礁水下影像

1）海草床生态系统

海草床是遍布世界浅水水域最显著和广泛的群落之一，其主要的结构成分是海草，是生产力最高和生物多样性最丰富的典型海洋生态系统之一。海草床有较高的生物量，最高年生长速率可达 1 800g/（m²·a）（以碳计），甚至高于陆地环境中热带雨林生境，常与珊瑚礁和红树林并称为三大典型海洋生态系统。海草床不仅能为众多海洋生物提供栖息生境、产卵场、育幼场和索饵场（Barbier，2011），还具有防风固沙、稳定近岸生态环境的作用。此外，海草床生态系统具有很高的初级生产力，具有固碳量巨大、固碳效率高、碳存储周期长等特点，是全球碳循环的重要组成部分，在海洋环境中具有重要的生态意义。

目前，我国海草床分布划分为两个大区：中国黄渤海海草分布区和中国南海海草分布区。渤海海草床分布与面积见表 3.7。渤海现存面积最大的海草床分别位于唐山市曹妃甸龙岛以及东营市黄河口附近。

表 3.7　渤海海草床分布与面积

序号	分布区域	面积/hm²	主要种类	文献来源
1	葫芦岛市兴城市	>2	矮大叶藻、大叶藻	张晓梅，2016
2	秦皇岛市北戴河	面积不详	大叶藻、丛生大叶藻、矮大叶藻	den Hartog et al，1990
3	唐山市曹妃甸龙岛	1 000	大叶藻	刘慧等，2016

序号	分布区域	面积/hm²	主要种类	文献来源
4	东营市黄河口	1 000	日本鳗草	周毅等，2015
5	潍坊市寿光市	面积不详	大叶藻、矮大叶藻	den Hartog et al，1990
6	莱州市莱州湾	<1	大叶藻、矮大叶藻	郑凤英等，2013
7	烟台市长岛	面积不详	大叶藻、丛生大叶藻	den Hartog et al，1990
8	烟台市龙口	面积不详	大叶藻、矮大叶藻、丛生大叶藻	den Hartog et al，1990

（1）曹妃甸海草床生态系统。

曹妃甸海草床生态系统位于唐山市曹妃甸龙岛附近，是北海区已知的面积最大的两片海草床之一。根据刘慧等（2016）的研究，2015年10月在曹妃甸龙岛西北侧海域发现10km²的大面积海草床，为中国黄渤海海域已发现的面积最大的海草床之一，主要种类为大叶藻（*Zostera marina*）。

根据走航观测和定点采样结果，初步认定龙岛北侧基准面以上（即0m等深线合围区域内）、油田大堤西侧的浅滩均为大叶藻的分布区。大叶藻种群在整个海草床呈斑块状分布，覆盖度为2.8%±1.1%。海草床内有丰富的游泳动物和底栖生物，尤其是仔稚鱼、稚幼贝、鱼类和蟹类资源十分丰富。海草床的其他生态数据见表3.8。

表3.8 曹妃甸海草床生态学数据

茎枝密度/（个/m²）	叶片数量/枚	株高/cm	根状茎长/cm	根长/cm	生物量/（g/m²）（干重）
28.21±6.35 ~ 101.33±17.99	2.00±0.0 ~ 4.70±0.64	15.20±5.84 ~ 62.10±7.34	2.67±1.70 ~ 22.20±3.92	3.67±2.36 ~ 8.00±1.90	100.48±47.16

曹妃甸海草床海草的覆盖度和茎枝密度相对较低、分枝较少，每棵植株叶片数量较少，说明海草退化现象较严重，这除了季节因素外，还可能与过度的人类活动干扰有关。

2019年9月，自然资源部北海局组织开展了对曹妃甸海草床生态系统的调查。调查发现曹妃甸海草床主要分布在曹妃甸龙岛北侧海域，分布面积约50km²。根据无人机和走航观测的结果，海草呈斑块化分布，盖度整体较高，平均可达43%，自南向北呈降低趋势。

取样调查发现，曹妃甸海草床是由鳗草组成的单一种类海草床，株高

（叶和叶鞘高度之和）36.2~59.8cm，根状茎长3.7~15.8cm，平均密度为277.8株/m²，平均生物量（干重）为647.56g/m²。与2016年相比，海草生物量提高了6倍以上，说明曹妃甸海草床发展趋势向好。

曹妃甸海草床分布区海水pH、溶解氧、营养盐等各项水质指标均符合第一类海水水质标准；底质类型为砂质，主要组成成分为细砂、粉砂质砂和中细砂；沉积物有机碳、硫化物含量均符合第一类海洋沉积物质量标准。海水、沉积物环境温和稳定，适宜海草及栖息生物生活。曹妃甸海草床分布区内渔业资源丰富，渔业作业频繁，是当地渔民主要经济来源之一。

海草床沉积物间隙水中的营养盐含量明显高于底层水，其中无机氮含量高达底层水的23倍。Pearson相关性分析发现海草盖度与沉积物硫化物含量、间隙水pH、间隙水活性磷酸盐含量呈极显著正相关（$0.8 < r < 1$，$P < 0.01$），与间隙水无机氮含量呈极显著负相关（$0.8 < |r| < 1$，$P < 0.01$），表明沉积物环境，尤其沉积物中的无机氮造成的富营养化，是影响曹妃甸海草床生长的主要环境因素。

（2）黄河口海草床。

根据周毅等（2016）的研究，2015年5月，在山东东营黄河河口区发现了超过1 000hm²几乎连续分布的日本鳗草海草床，与互花米草生境相邻，形成独特的生态景观。黄河口日本鳗草连续分布于互花米草生境的向海侧，与互花米草有混生。利用船只初步探测知日本鳗草在黄河口南北两侧的潮间带均有分布，上下绵延5~30km，由岸向海分布宽度200~500m，海草床面积超过1 000hm²，为国内目前发现的面积最大日本鳗草海草床。黄河口日本鳗草生物量、茎枝高度和密度的统计数据见表3.9。该草床分布于人迹罕至的保护区内，生态景观得到了较好的保护。有性繁殖是该草床的主要补充方式。但是诸如港口建设，修筑堤坝以及捕捞等人类活动已经在东营地区影响了海草的分布和生长。

表3.9　2015年5月和8月黄河河口区日本鳗草生长状况

时间	总生物量/（g/m²）	茎枝高度/cm	茎枝密度/（个/m²）	生殖枝比例
2015-05-09	210.19±118.88	7.83±2.90	5 378.79±2 208.49	—
2015-08-17	1 492.00±361.24	34.31±11.17	3 585.19±1 125.54	0.63±0.12

2）牡蛎礁生态系统

（1）天津大神堂牡蛎礁国家级海洋特别保护区。

大神堂牡蛎礁位于渤海湾内的天津滨海新区汉沽大神堂以南海域，是现代纯天然泥质活体牡蛎礁，区域总面积 39.21km²，是以活牡蛎礁为依托的独特生态系统，是渤海非常宝贵的贝类种质资源库。天津大神堂牡蛎礁国家级海洋特别保护区于 2012 年 12 月经国家海洋局批准建立。保护区位于天津市滨海新区大神堂村南部海域，边界距最近海岸线约 5km²，距最近陆地不到 1km²。保护区总面积 34km²，其中，重点保护区 16.3km²、生态与资源恢复区 8.7km²、适度利用区 9km²，保护区区域已全部划入海洋生态红线区，为禁止、限制开发区域。

天津大神堂浅海活牡蛎礁是全国唯一保存下来的现代纯天然泥质活体牡蛎礁。相关资料显示，礁体资源在 20 世纪 70 年代礁群面积约为 35km²，2011 年中国地质调查局天津地质调查中心在该区域进行了调查，调查结果为：牡蛎礁共有两个分散的礁体群组成（礁体群编号为 1 和 2），两个礁群呈东北—西南方向分布，礁群区总面积约为 4.75km²。2013 年 10 月，国家海洋局与农业部技术人员协作，利用侧扫声呐系统、单波束水深测量系统和高精度卫星导航系统对调查区域进行了海底地形地貌和牡蛎礁调查。测量结果表明，1 号和 2 号礁群破坏严重，已被渔民的拖网刮平，并布设了大量的定制网具。仅在 1 号礁群北侧发现两个保存良好的礁体，面积约 60km²。在其他区域，2 号礁群及其西北、东南侧破坏严重。根据现场取样分析，现存的天然牡蛎礁中存在大量死亡的牡蛎贝壳，活体牡蛎礁平均仅占 31.9%。可见，天津大神堂浅海活牡蛎礁生态系统退化程度是非常严重的。

近几年来，通过投放人工鱼礁和增殖放流等生态修复和保护手段，对天津大神堂牡蛎礁进行生态修复和保护。2015—2018 年的调查监测结果表明，保护区内保护对象稳定、生态环境状况得到改善，但牡蛎礁仍面临物种资源退化、湿地水体呈中度富营养化等生态损害问题，受损退化原因主要是过度捕捞、环境污染、海洋工程建设等。针对这些问题目前开展了渤海湾渔业资源人工增殖放流，建立恢复增殖区，积极开展人工渔礁投放和珍稀濒危物种的繁育与养护等生态修复工作。

历史监测资料表明，受渔业作业影响，天津牡蛎礁生态系统在过去十几年时间内遭到严重破坏。20 世纪 80 年代活牡蛎礁体高出海底 2m，面积达 100km²；20 世纪初礁体高度不足 1m，面积仅剩约 30km²，减少了 70%；2013 年监测表明，天然牡蛎礁群破坏严重，1 号礁群面积约 60km²，2 号礁群破坏严重。

2019 年监测结果显示，天津牡蛎礁生态系统的 2 号礁群已经基本消失，其中心位置已经呈现出淤泥质海底的景观外貌，该区域的底栖生物多为寄居蟹、棘刺锚参等生活在淤泥质海底的生物。1号礁群面积进一步缩小，其中心点虽然仍有成片的牡蛎礁，但部分区域已经开始退化，出现了牡蛎礁体孤岛化、泥沙掩埋牡蛎礁的现象；牡蛎个体较小，长度约15cm；在牡蛎礁群上生活有虾、蟹、鱼等生物，与周边淤泥质海底的底栖生物群落存在明显差异（图3.6～图3.7）。

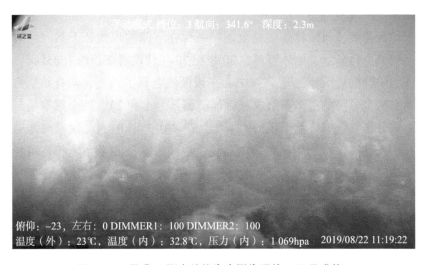

图3.6　1号礁9#调查站位海底影像照片（可见礁体）

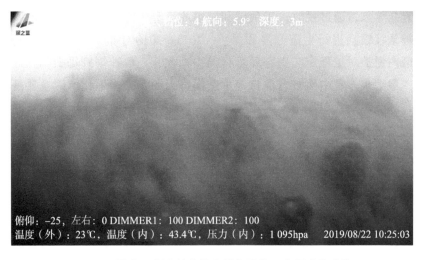

图3.7　2号礁8#调查站位海底影像照片（未见成片礁体）

　　监测发现，牡蛎礁群所在区域出现了疑似渔船拖网作业的痕迹，可见人类渔业活动是造成牡蛎礁退化的重要原因。另外，天津牡蛎礁退化区域的海水流速较高，可能不利于牡蛎生长，同时会带来大量泥沙，对牡蛎产生掩埋作用。

　　（2）山东省滨州牡蛎礁。

　　山东省滨州市马颊河口牡蛎礁位于滨州贝壳堤岛与湿地国家级自然保护区内，保护区主要保护对象为贝壳堤岛和滨海湿地，属海洋自然遗迹类型自然保护区。马颊河口牡蛎礁种类为 2017 年发现的近江牡蛎。山东省滨州市套尔河口牡蛎礁位于滨州市北海经济开发区套尔河河口海域，距马颊河口牡蛎礁约 10km。

　　近年来，对我国近海牡蛎资源的系统调查研究发现，长江口以北海域近江牡蛎已处于功能性灭绝状态，仅在黄渤海几个海域有零星个体分布，牡蛎礁更是几乎消失殆尽。2017 年，中国科学院海洋研究所发现套尔河口和马颊河口黄渤海唯一连片近江牡蛎分布区。我国近年来通过河流入海的污染物每年达数百亿吨，这部分污染物的治理对海洋环境保护意义重大。有专家认为，近江牡蛎及其河口区牡蛎礁生态系统的恢复重建，可能会为我国河口与近海资源环境的生态修复提供一条新途径。

　　2017 年，全国贝类学会理事长、国家贝类产业体系首席科学家张国范在滨州沿海调研近江牡蛎资源状况。在马颊河河口及套尔河口，专家组详细了解了河口地带近江牡蛎贝类资源状况，对这一濒临灭亡的北方河口标志性贝类品种的保护、繁育及开发利用情况进行了深入考察，对滨州港西坝马颊河河口进行考察时，发现陆源污染物输入及海洋工程等现代人类活动，对河口生态造成了极大的破坏，导致河口荒漠化。近江牡蛎作为北方河口区特定生态位物种，是河口荒漠化修复的首选品种。滨州沿海的近江牡蛎是目前我国北方地区仅存资源，期望通过在河口区修建人工渔礁、模拟近江牡蛎生态环境、亲贝南繁北育等措施，利用 5 年左右的时间，逐步形成自繁自衍、规模 $10hm^2$ 左右的生态系，恢复"鱼欢蟹肥、虾跳贝丰"的原生态场景。

　　2018 年，滨州市海洋与渔业研究所联合山东省海洋生物研究院到滨州市北海经济开发区套尔河河口海域开展近江牡蛎科研调查，工作人员使用水文测量仪等工具实时测量水温、流速等数据，并提取近江牡蛎和周边浮游生物样本进行深入研究，查清了近江牡蛎的分布范围、生物量及水质环境，同年启动开展了牡蛎礁恢复与重建工作。

3. 生态修复现状

渤海湾生态修复工作以湿地、海草床以及岸线修复整治为主。截至 2020 年底，曹妃甸区域修复龙岛西北侧海草床 300hm²，形成能够自我维持的健康海草床生态系统，提供了海草床生态修复范例；滦南湿地、黄骅湿地、南大港湿地、天津生态城临海新城西侧湿地、永定新河入海口湿地和天津港保税区临港湿地等区域共恢复滨海湿地 936.94hm²。在滦南湿地冀东油田 1 号岛西侧、天津港保税区（临港区域）和东疆东部沿岸通过岸线整治修复增加生态化岸线 12.02km。

3.2.4 海洋污染状况

1. 陆源排污

2013—2017 年，渤海湾沿岸陆源入海排污口达标排放比率存在一定波动，如图 3.8 所示。其中，2014 年达标排放比率最低，为 32%；2016 年达标排放比率最高，为 50%。

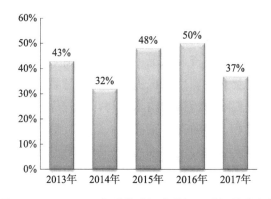

图 3.8 2013—2017 年渤海湾沿岸排污口达标排放比率

2. 主要河流污染物入海

2017 年，渤海湾主要江河径流携带入海污染物总量约 30 万 t，其中各主要污染物入海量分别为：化学需氧量（COD$_{Cr}$）约 27 万 t、石油类约 1 812t、硝酸盐氮约 19 086t、氨氮约 3 915.90t、亚硝酸盐氮约 576t、总磷约 2 124t、重金属类约 339t、砷约 17t，各条河流具体数据见表 3.10 所示。与 2016 年相比，化学需氧量（COD$_{Cr}$）、氨氮入海量变化不大，其他污染物均有不同程度的增加。

表 3.10　2017 年渤海沿岸主要河流污染物入海量　　　　　　　　　　单位：t

河流名称	化学需氧量（COD$_{Cr}$）	氨氮（以氮计）	硝酸盐氮（以氮计）	亚硝酸盐氮（以氮计）	总磷（以磷计）	石油类	重金属	砷
黄河	172 558	2 959.0	17 764.0	361.0	1 806.0	1 748.0	304.0	13.0
滦河	95 288	889.0	949.0	109.0	149.0	<0.1	21.0	1.7
潮河	1 582	26.0	160.0	62.0	85.0	28.0	3.8	0.9
陡河	1 427	16.0	11.0	2.6	11.0	0.6	0.7	0.1
沙头河	924	5.8	111.0	17.0	4.5	20.0	2.7	0.3
小青龙河	306	3.9	4.8	1.4	41.0	2.9	2.2	0.7
挑河	335	7.1	39.0	8.8	18.0	4.7	1.7	0.2
宣惠河	152	4.8	13.0	3.7	6.4	1.2	2.5	0.1
套尔河	148	3.9	23.0	7.4	2.3	5.3	0.6	0.2
漳卫新河	77	0.4	11.0	2.6	0.5	1.6	0.2	<0.1

3. 海洋大气污染物

1）大气气溶胶污染物含量

岸基站监测结果显示，渤海沿岸大气气溶胶中铜含量为 6.5 ~ 94.9ng/m³，最高值出现在葫芦岛站，最低值出现在北隍城站；铅含量为 22.8 ~ 719.8ng/m³，最高值出现在葫芦岛站，最低值出现在北隍城站；锌含量为 50.1 ~ 1 540.8ng/m³，最高值出现在葫芦岛站，最低值出现在蓬莱站；硝酸盐含量为 11.6 ~ 27.8μg/m³，最高值出现在秦皇岛站，最低值出现在北隍城站；铵盐含量为 3.0 ~ 7.8μg/m³，最高值出现在营口站，最低值出现在北隍城站。

总体来看，2017 年葫芦岛站干沉降重金属含量较高，铜、铅、锌含量均为最高值，北隍城站、蓬莱站重金属含量较低；营口站、秦皇岛站、天津站营养盐含量相对较高，北隍城站、大黑石站营养盐含量较低，与 2016 年监测结果一致。除了葫芦岛站干沉降重金属含量过高以外，渤海沿岸其他大气气溶胶重金属含量较 2016 年均有小幅下降。营养盐含量与 2016 年相比变化不大，维持在相对稳定的水平。

2）大气污染物湿沉降

岸基站监测结果显示，湿沉降中铜含量为 1.3～77.6μg/L，最高值出现在葫芦岛站，最低值出现在天津站；铅含量为 0.2～60.2μg/L，最高值出现在葫芦岛站，最低值出现在东营站；硝酸盐含量为 1.8～30.9mg/L，最高值出现在葫芦岛站，最低值出现在蓬莱站；铵盐含量为 0.8～4.2mg/L，最高值出现在葫芦岛站，最低值出现在盘锦站（见图 3.9）。

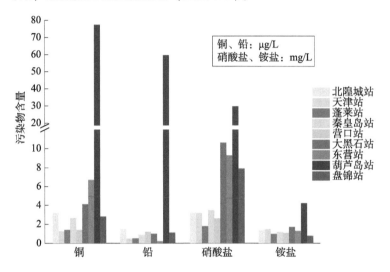

图 3.9　2017 年渤海近岸海域海洋大气湿沉降污染物含量

4. 海洋垃圾

2017 年，对天津滨海旅游度假区、港口、入海河口等 13 处重点监控海域开展了海滩垃圾、漂浮垃圾监测。结果表明，监测海域内以长度小于 10cm 的中小块垃圾为主，长度大于 1m 的特大块垃圾较少，垃圾种类以塑料类为主。

1）海滩垃圾

主要为橡胶类和金属类等，总密度为 46.6kg/km²，其中橡胶类垃圾密度最高，占比 21.6%；其次为金属类，占比 21.5%。

2）漂浮垃圾

主要为塑料和木块等。海面漂浮大块和特大块垃圾平均个数为 4.8 个/km²，塑料类垃圾数量最多，占比 70.6%；其次为木制品类垃圾，占比 11.8%。长度小于 10cm 的中小块垃圾总密度为 9.2kg/km²，其中塑料类垃圾密度最高。

3.2.5 海洋保护区和生态红线建设状况

各省市相继发文，如《河北省海洋功能区划（2011—2020 年)》《山东省海洋功能区划（2011—2020 年)》《天津市海洋功能区划（2011—2020 年)》及《山东省渤海海洋生态红线区划定方案（2013—2020 年)》等。

截至 2018 年，渤海湾已建立涉海国家级海洋自然保护区和国家级海洋特别保护区（含海洋公园）5 个，保护面积约 11 万 hm^2，占全国涉海国家级保护区面积的 8%，保护海洋面积占渤海湾近岸海洋面积的 10%，保护区分布情况如图 3.10 所示。其中，在渤海湾建立的自然保护区有 2 处，特别保护区有 3 处，具体情况见表 3.11。渤海湾海洋保护区网络体系已基本形成，典型脆弱的海洋生态系统、珍稀濒危海洋生物、海洋经济生物、海洋地质遗迹和自然景观得到了有效保护。

图 3.10 渤海国家级海洋保护区分布

131

表 3.11　渤海湾海洋保护区名录

	保护区名称	所属省市	保护对象	建设年份	面积/hm²
海洋自然保护区	滨州贝壳堤岛与湿地国家级自然保护区	滨州市	贝壳堤	1999	43 541.54
	天津古海岸与湿地自然保护区	天津市		1992	35 913.00
国家级海洋特别保护区	东营河口浅海贝类生态国家级海洋特别保护区	东营市	贝类	2008	39 623.00
	东营利津底栖鱼类生态国家级海洋特别保护区	东营市	底栖鱼类	2008	9 404.00
	天津大神堂牡蛎礁国家级海洋特别保护区	天津市	牡蛎礁	2012	3 400.00

3.2.6　海洋工程及环境监管状况

1. 海洋倾倒区

2017 年，渤海废弃物海洋倾倒总量为 1 602.37 万 m³（图 3.11），倾倒物质均为清洁疏浚物，其中通过吹填回填资源化利用量为 895.59 万 m³，疏浚物倾倒总量较 2016 年增加 61.7%。

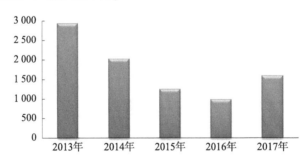

图 3.11　2013—2017 年渤海海洋倾倒区年接纳疏浚物总量（万 m²）

对海洋倾倒区进行了海洋环境影响监测，如表 3.12 所示。监测结果表明，渤海湾海洋倾倒区海水环境质量与周边海域差异不明显；海洋倾倒区及周边海域沉积物质量和底栖生物群落状况较好。海洋倾倒区的水深状况均满足继续倾倒的功能要求，其中天津疏浚物海洋倾倒区、神华黄骅港疏浚物临

时海洋倾倒区、黄骅港港区疏浚物临时性海洋倾倒区受倾倒活动影响，局部
水深变浅。

表 3.12　渤海主要海洋倾倒区海洋环境状况

倾倒区名称	水质	沉积物	生物	水深地形
天津疏浚物海洋倾倒区	良	优	良	一般
秦皇岛港港区维护性疏浚工程临时海洋倾倒区	优	优	良	一般
唐山港京唐港区维护性疏浚物临时性海洋倾倒区	优	优	良	良
神华黄骅港疏浚物临时海洋倾倒区	良	优	一般	一般
黄骅港港区疏浚物临时性海洋倾倒区	一般	优	/	一般

注："/"为未开展监测。

2. 海洋石油勘探开发区

2017 年渤海海洋石油勘探开发生产水、泥浆、钻屑和生活污水排放量分
别约为 760 万 m^3、0.59 万 m^3、2.60 万 m^3 和 37.6 万 m^3，生产水、泥浆和生
活污水的排放量较 2016 年有所增长，钻屑排放量有所减少，如图 3.12 所示。

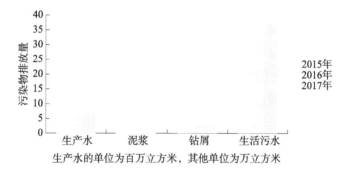

生产水的单位为百万立方米，其他单位为万立方米

图 3.12　2015—2017 年渤海海洋油气区污染物排放量

海洋石油勘探开发区周边海域海水监测结果表明，96% 的油气田周边海
域海水环境质量符合第一类海水水质标准，较上年有所改善，个别近岸油气
田周边海域海水存在化学需氧量超一类海水水质标准的现象。渤海石油勘探
开发区周边海域沉积物环境状况总体良好，均符合第一类海洋沉积物质量标
准。生物群落结构正常，未发现海洋石油勘探开发活动对邻近海域海洋生态
环境造成明显影响。

3.3 渤海湾主要生态问题

近年来，渤海湾海水环境质量状况总体有向好发展趋势，海湾海洋生物群落基本处于稳定状态，湿地植被和鸟类资源较丰富。但是，部分海域和生境仍然存在不同程度的生态问题，主要包括：海水富营养化、自然岸线丧失、渔业资源衰退、珍稀生境退化、外来物种入侵、生态灾害频发、生态系统亚健康等。

3.3.1 海湾面积减少

统计渤海的面积变化特征，如表 3.13 所示。自 20 世纪 40 年代初至 2014 年，渤海总面积持续萎缩，近 70 年来萎缩了 $0.57 \times 10^4 km^2$，萎缩率达 7.06%，萎缩速率达 82.06km^2/a，而 2000 年以来的萎缩速率更高达 141km^2/a；河口三角洲发育和人类的围填海是渤海面积减少的主要原因。渤海中的岛屿也发生了明显的变化，以 1990 年为转折，岛屿面积变化分为两个阶段：第一阶段岛屿面积急剧减少，由 20 世纪 40 年代初期的 461.10km^2 减少为 1990 年的 93.84km^2，主要原因是围填海过程使得陆地面积增长而将某些近岸岛屿吞并；1990 年之后为第二阶段，特征是岛屿区域围填海以及人工岛建设等，岛屿面积开始增长，2014 年岛屿面积已达到 153.04km^2。渤海海域面积（总面积扣除岛屿面积）持续减少，近 70 年共减少 $0.54 \times 10^4 km^2$，减少比例达 6.72%，平均的减少速率达 77.66km^2/a（侯西勇等，2018）。

表 3.13 20 世纪 40 年代以来渤海面积变化特征 单位：km^2

年代	总面积	岛屿面积	海域面积
1940s	81 312.93	461.10	80 851.83
1960s	79 505.54	98.61	79 406.93
1970s	78 998.78	95.07	78 903.71
1990	77 656.58	93.84	77 562.74
2000	77 541.19	107.75	77 433.44
2010	76 611.45	111.16	76 500.29
2014	75 569.01	153.04	75 415.97

　　渤海海岸带变化的热点区域主要有：唐山市岸段，以滩涂开发和围填海发展港口和临港产业等为主要特征；天津市岸段，以河口改造、滩涂开发和围填海发展港口和临港产业以及为城市发展提供空间等为主要特征；黄河三角洲，是河口三角洲发育、围填海、海岸侵蚀等共同作用的结果，呈现出较复杂的格局和过程特征。在这些变化热点区域中，黄河三角洲和辽河口区域早期是以河口水文等自然过程为主导，但近年来人类活动因素的影响逐渐增强并已上升为主导因素，其他区域则一直主要是受人类活动的影响和驱动。在变化幅度方面，分布在渤海西部和西南部的热点区域（渤海湾、黄河三角洲、莱州湾）的变化幅度最为显著，尤其是最近几十年来，海岸线变化幅度剧烈，海陆变迁迅速，在整个渤海的形态变化中居于主导地位。

3.3.2　岸线结构变化

　　海岸线可分为港口码头岸线、围垦中岸线、养殖围堤、盐田围堤、交通围堤、防潮堤和自然岸线，统计不同年代不同类型岸线的长度，如图 3.13 所示。考虑岸线分形特征对不同时相岸线提取结果可比性的影响，主要对 1990年以来基于 30m 分辨率 Landsat TM/ETM＋/OLI 卫星影像所提取的结果进行分析，可以发现：1990 年以来渤海岸线总长度处于稳定增长的过程中，已由1990 年的 2 545km 增长至 2014 年的 3 467km，原因主要在于黄河三角洲增长

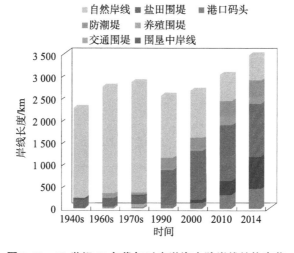

图 3.13　20 世纪 40 年代初以来渤海大陆岸线结构变化

和围填海方式的改变。但是，随着岸线总长度的递增，自然岸线的长度在持续降低，由 1990 年的 1 397km 变为 2014 年的 561km，减少了 59.84%；自然岸线的占比下降更迅速，由 1990 年的 54.89% 依次降低为 2000 年的 39.99%、2010 年的 19.49% 和 2014 年的 16.18%。不同类型岸线的长度比例变化很好地体现了围填海的阶段性特征：在 20 世纪 60 年代以前，以自然岸线为主，人工岸线占比小，且多以盐田围堤为主，其次是防潮堤，体现了人类活动对海岸带的影响尚处于较为简单的资源获取和灾害防御阶段；但是，20 世纪 90 年代人工岸线的比例已经接近 50%，而且其类型结构开始趋于多样化，养殖围堤、盐田围堤和防护堤的长度及比例均显著提升，但以养殖围堤的提升最为显著，这体现了经济社会发展和生活水平改善使得城乡居民对膳食结构有了更高的需求；进入 21 世纪以来，港口码头岸线、交通围堤、养殖围堤以及围垦中岸线的长度和比例急剧攀升，而近年来盐田围堤比例的下降也是一个非常显著的特征，这种结构变化体现了工业化和城市化过程中产业结构转型对海岸带区域资源环境的显著影响（侯西勇等，2018）。

根据《北海区海洋生态损害状况核查专题报告（合集）》卫星遥感解译结果，2012—2015 年，渤海湾人工岸线增加了 90.9%，自然岸线减少了 69.9%。2015—2017 年，由于开展了各种修复整治行动，渤海湾人工岸线长度降低，自然岸线明显增加。但与 2012 年相比，2017 年渤海湾自然岸线仍然减少了 54.3%（表 3.14）。

表 3.14　渤海湾岸线变化统计
单位：km

岸线类型		2012 年	2015 年	2017 年
人工岸线		435 131.2	830 628.3	774 762.4
自然岸线	砂质岸线	—	24 305.0	253 508.4
	淤泥质岸线	554 522.5	142 832.5	
	基岩岸线	—	—	
	河口岸线	—	—	
	生态岸线	—	—	
合计		989 653.7	997 765.8	1 028 270.8

3.3.3　水交换能力减弱

近十年来，渤海湾环湾海岸带城市化进程不断推进，沿岸生产和生活对土地的需求量大增，随着围海造陆的热度持续高涨，渤海湾的自然海岸形态发生了剧烈变化。应用 MIKE 3 水动力模型耦合粒子追踪模块分别研究近十年岸线条件下的渤海湾各区块的水交换能力和海湾平均水存留时间，结果表明，人类活动导致岸线变化剧烈，十年来渤海湾的欧拉余流场分布发生了明显变化，在海湾西部和中部产生了多个涡旋，湾内南部的流速辐聚区被减弱。

　　由于渤海湾的余流场结构是影响渤海湾水交换能力的重要动力学分量，因此渤海湾内各区域的水交换能力和平均水存留时间变化显著：2010 年渤海湾的平均水存留时间延长至 169 天，较 2000 年增加了约 19 天，在渤海湾中部海域形成了两个明显条状分布的平均水存留时间高值区，对渤海湾区域水质的改善十分不利。2010 年，区块 A、区块 B 和区块 D 的开始交换时间均较 2000 年有所延长，其中区块 B 的开始交换时间延长了近一倍，虽然它们达到稳定态所需时间较 2000 年均有不同程度的减少，但最终达到稳定态的水交换率却有不同程度的下降，区块 B 尤为显著，下降了近 40%。另外，从水质点的运动规律来看，2000 年区块 A 和区块 B 中大量水质点停滞在渤海湾顶沿岸，2010 年区块 A 和区块 B 的水质点则少有停滞在上述海域，而在曹妃甸海域停留时间较长。可见渤海湾多年来的围填海工程，造成了决定湾内水交换的环流结构的一定改变，不仅导致近岸海域的交换能力下降（天津近岸海域的水交换能力下降最为显著），而且也减弱了渤海湾中部的水交换能力。天津滨海新区的入海排污口分布于渤海湾顶的八条大型河流上，按照排污口规模及污染影响程度，主要入海排污口大部分位于滨海新区，两个重点入海排污口北塘口及大沽排污口也分布在天津海域的北部。近十年来，随着天津滨海新区的快速城市化，石化、港口、钢铁等产业大量临海建设，有超标污水经由北塘和大沽排污口向海排放。研究表明，虽然排污口的水质点能较快离开排污口附近，但多停留在渤海湾北部湾顶区域，并需要较长的时间才能扩散出渤海湾外（王勇智等，2015）。

3.3.4　海水富营养化

　　富营养化和赤潮是海洋出现的生态异常现象，它多发生在有机污染物严重、水交换不良的内海和港湾或排污河口近岸水域。由于其发生和发展对海洋生态平衡，水产资源危害很大，因而引起了海洋环境界的关注，并在这方面进行了广泛研究，取得了突破性进展。但迄今，国内有关这方面的研究甚少。综合 2015—2017 年《北海区海洋环境公报》数据，整个渤海区域夏季均出现面积超过 5 000km² 的富营养化海域，监测调查数据显示，渤海湾海域水体整体呈现富营养化，部分海域水质超过国家水质标准四类水质。

参照 2008—2017 年《北海区海洋环境公报》可以看出：近十年间，渤海湾夏季水质均存在超一类水质标准海域，部分海域出现劣四类，主要污染物为无机氮、活性磷酸盐，渤海海域海水富营养化严重。

总体来看，整个渤海沿岸主要河流每年均向海水中输入大量的营养盐类污染物，虽然营养盐污染物年入海总量在 2014—2016 年有所降低，但 2017 年营养盐年入海总量成倍增加，增至近 9 万 t，是近五年来营养盐年入海总量最高的一年，这可能是造成渤海湾富营养化的原因之一。

除渤海湾近岸海域外，北海区主要河口海湾的近岸海域均受到不同程度的氮、磷污染。将劣四类水质海域面积界定为水质受损海域面积，可以看出，辽河—双台子河口受污染情况最为严重，受损海域面积占比 53.8%；其次为锦州湾和渤海湾，受损海域面积分别占比 32.8% 和 26.0%。

3.3.5 滨海湿地丧失

根据渤海湾近年来围填海现状，工业、交通运输、城镇建设是近几年填海造地用海的主要用途，围填海项目的实施占用了渤海湾沿岸绝大部分的自然滩涂及浅水区域，使得重要的渔业资源育幼产卵场所基本消失。

根据《2004 年中国海洋环境质量公报》结果，至 2004 年，渤海湾滨海湿地减少幅度超过 50%。根据卫星遥感解译结果，2010—2018 年，渤海湾湿地总面积减少约 2.0%，其中自然湿地面积减少了约 23.8%，水产养殖、盐田、围填海等人工湿地面积增加了约 24 倍（表 3.15）。

表 3.15　2010 年和 2018 年渤海湾湿地类型和面积

类型	2010 年面积/hm²	类型	2018 年面积/hm²
浅海水域	490 860.78	浅海水域	360 374.23
碱蓬地	4 340.84	岩石海滩	27.15
芦苇地	999.55	砂石海滩	61 461.62
河流水面	5 617.82	芦苇地	2 322.34
水库与坑塘	94 675.76	碱蓬地	2 021.85
海涂	40 857.08	柽柳地	4 027.73
滩地	2 079.45	互花米草地	7.91

续表

类型	2010 年面积/hm²	类型	2018 年面积/hm²
其他	5 861.50	潮间盐水沼泽—其他	7 183.06
		河口水域	9 441.54
		沙洲/沙岛	634.40
		海岸性咸水湖	271.22
		海岸性淡水湖	520.86
		库塘	39 094.39
		水产养殖场	65 279.60
		盐田	14 459.25
		其他	65 548.92
总计	645 292.78	总计	632 676.07

整体来看，2012—2018 年，渤海滨海湿地总面积基本保持稳定，但自然滨海湿地面积减少约 8 428hm²，人工滨海湿地面积增加约 8 342hm²。其中渤海湾自然湿地面积丧失最多，其次为莱州湾，辽河口、锦州湾、滦河口—北戴河和黄河口自然湿地面积近年来维持稳定（表 3.16）。填海工程、围海养殖、盐田用海是渤海湿地缩减的最主要原因，加剧了自然湿地面积减少和湿地功能退化。

表 3.16　渤海典型河口海湾自然湿地变化状况（2012—2018 年）

区域	自然湿地减少面积/hm²
渤海滨海	8 428
辽河口	0
锦州湾	0
滦河口—北戴河	44
渤海湾	4 279
黄河口	0
莱州湾	3 951

3.3.6　渔业资源衰退

渤海湾是渤海三大渔场之一，是渤海产卵场主要水域。历史上，渤海湾的水生生物有 150 多种，有经济价值的渔业资源多达 70 种，在过去几十年中,渤海湾渔业资源衰退严重、生物多样性下降,渔业资源结构发生明显变化,优势种由大型经济鱼类变为小型的非经济鱼类或甲壳类,重要渔业资源已不能形成渔汛。渤海湾渔业资源由过去的 95 种减少到目前的 75 种;其中,有重要经济价值的渔业资源从过去的 70 种减少到目前的 10 种左右。现在渤海湾可捕捞达产的捕捞种类只有皮皮虾、对虾等极少数品种,传统渔业特产带鱼、鳓鱼、真鲷、野生牙鲆、野生河豚等已经几乎绝迹。

渤海湾渔业资源"三场一通道"也呈退化趋势,主要表现为产卵群体小型化、低龄化、繁殖力下降;渔业资源产卵密集区范围缩小;受精卵成活率降低、底层经济鱼类数量减少;渔业资源营养级下降、食物网结构简单化等。渔业资源衰退原因有:自 20 世纪 80 年代后期至 2012 年,渤海捕捞渔船功率不断增加,渔获量迅速上升,造成严重的捕捞过度;围填海导致的滨海湿地减少引起产卵场、育幼场碎片化或功能消失等,使得近海渔业资源的补充和可持续性严重受损。

根据文献记录,与过去几十年相比,辽东湾、渤海湾、黄河口、莱州湾、胶州湾的渔业资源均发生了不同程度的衰退,主要表现在捕获量降低、游泳动物优势种由大型经济鱼类变为小型的非经济鱼类或甲壳类、鱼卵仔鱼数量减少等。过度捕捞加剧了渔业资源衰退。

3.3.7 珍稀生境退化

受人类活动、自然气候变化等影响,渤海海草床自 20 世纪 80 年代以来退化现象严重。历史上渤海海草床主要分布于山东省、河北省和辽宁省近岸,现存较大面积的海草床仅有两处,分别位于唐山市曹妃甸龙岛以及东营市黄河口附近。曹妃甸为斑块状分布的大叶藻海草床,面积约 10km²,海草退化现象较严重,处于低等水平(刘慧等,2016);黄河口海草床是几乎连续分布的日本鳗草,分布面积超过 10km²,生物量处于中等水平(周毅等,2016)。

天津大神堂浅海活牡蛎礁在 20 世纪 70 年代礁群面积约为 35km²,2011年约为 4.75km²,2013 年仅约 0.6km²。现存的天然牡蛎礁中存在大量的死亡牡蛎壳,活体牡蛎礁平均仅占比 31.9%。可见天津大神堂浅海活牡蛎礁生态系统退化程度非常严重。

3.3.8 生态灾害频发

渤海湾最主要生态灾害为赤潮灾害。根据历年公报数据,2008—2017 年,该海域共发生赤潮 25 次，累计赤潮面积达 7 165.55km² （表 3.17 和图 3.14）。滦河口—北戴河邻近海域和渤海湾两处海域是渤海的赤潮高发区，近十年来累计发生赤潮次数分别为 49 次和 27 次，累计赤潮面积分别为 12 545km² 和 7 200km²，且近年来呈现赤潮面积大、持续时间长、种类多、新型藻种和有毒藻种频现等现象。

表 3.17　渤海湾历年来赤潮情况统计

年份	赤潮次数	赤潮面积/km²	主要种类
2008 年	1	30.00	叉状角藻
2009 年	2	4 760.00	赤潮异湾藻、中肋骨条藻
2010 年	3	184.00	夜光藻
2012 年	2	416.20	丹麦细柱藻、柔弱拟菱形藻、中肋骨条藻
2013 年	4	304.00	夜光藻、红色中缢虫、中肋骨条藻、诺氏海链藻、窄面角毛藻、柔弱拟菱形藻、尖刺拟菱形藻
2014 年	1	300.00	离心列海链藻、多环旋沟藻、叉状角藻
2015 年	1	264.00	多环旋沟藻
2016 年	4	636.35	伊姆裸甲藻、锥状斯克里普藻、链状裸甲藻、多环旋沟藻、叉角藻、太平洋海链藻、浮动弯角藻、链状亚历山大藻、红色赤潮藻、圆海链藻
2017 年	7	271.00	伊姆裸甲藻、太平洋海链藻、柔弱根管藻、中肋骨条藻、刚毛根管藻、长角弯角藻、红色中缢虫、圆海链藻、叉角藻、丹麦细柱藻、尖刺菱形藻、环纹劳德藻
累计	25	7 165.55	伊姆裸甲藻、太平洋海链藻、夜光藻、赤潮异湾藻、叉状角藻、丹麦细柱藻、多环旋沟藻等 24 种

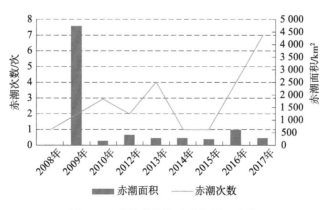

图 3.14　渤海湾历年来赤潮情况变化

渤海湾及其邻近海域近年来发生的赤潮呈现以下几个特点：

① 持续性强，有时跨度可达一至两个月；

② 常常暴发大面积赤潮；

③ 赤潮种类多，常常多种赤潮同时或者相继爆发；

④ 新型赤潮藻种出现，2016 年和 2017 年在渤海湾引发赤潮的伊姆裸甲藻，为渤海新纪录种。

2020 年，北海区共发现赤潮 6 次，赤潮面积共计 75.014 4km²。其中，渤海发现赤潮 3 次，面积共计 75.013km²（表 3.18），黄海中北部海域发现赤潮 3 次，面积共计 0.001 4km²。天津中心渔港至南港工业区近岸海域赤潮是 2020 年面积最大、持续时间最长的赤潮，其余赤潮均为小面积短时间赤潮。

表 3.18　2020 年渤海湾赤潮发生情况

海域	发生时间	地点	面积/km²	优势藻种
渤海	3 月 16 日—3 月 23 日	天津永定新河入海口附近海域	0.002	夜光藻
	3 月 20 日—3 月 23 日	天津港保税区临港区域北港池附近海域	0.011	夜光藻
	8 月 21 日—11 月 12 日	天津中心渔港至南港工业区近岸海域	75.000	锥形斯克里普藻、多环旋沟藻、中肋骨条藻、血红哈卡藻、叉角藻、柔弱伪菱形藻

2020 年渤海湾赤潮生物种包括夜光藻、多环旋沟藻、锥形斯克里普藻、中肋骨条藻、叉角藻、血红哈卡藻和柔弱伪菱形藻，如图 3.15 所示。

2020 年 8 月 21 日—11 月 12 日，天津市近岸海域发生长时间赤潮，持续时间长达 83 天，赤潮生物种类多达 6 种。期间，赤潮藻种多次变换更替，赤潮面积和赤潮藻种见表 3.19。

表 3.19　2020 年 8 月 21 日—11 月 12 日天津近岸海域赤潮面积及赤潮藻种

时间	面积/km²	赤潮藻种
8 月末	75.00	多环旋沟藻
9 月初	5.29	锥形斯克里普藻、多环旋沟藻、中肋骨条藻
9 月末 10 月初	23.36	血红哈卡藻、柔弱伪菱形藻
10 月中旬	1.19	柔弱伪菱形藻
10 月末	<1	血红哈卡藻

持续时间长、赤潮藻种多、有毒种类频现已经成为天津、秦皇岛海域赤潮的常见现象，应当引起重视并开展深入的研究。

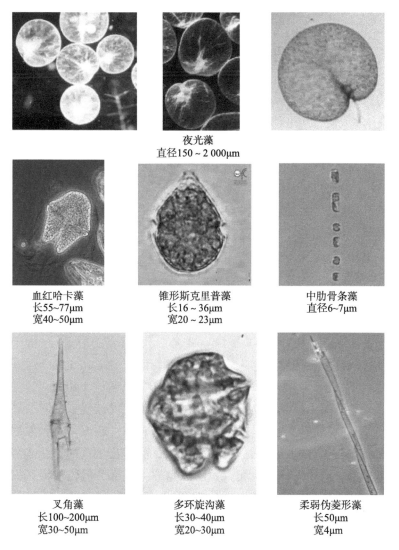

夜光藻
直径150～2 000μm

血红哈卡藻
长55~77μm
宽40~50μm

锥形斯克里普藻
长16～36μm
宽20～23μm

中肋骨条藻
直径6~7μm

叉角藻
长100~200μm
宽30~50μm

多环旋沟藻
长30~40μm
宽20~30μm

柔弱伪菱形藻
长50μm
宽4μm

图 3.15　渤海湾赤潮主要藻种

北海区 19 个典型河口海湾中，滦河口—北戴河邻近海域和渤海湾是赤潮高发区，近十年来累计发生赤潮次数分别为 47 次和 25 次，累计赤潮面积分别为 12 533.82km² 和 7 165.55km²，且近年来呈现赤潮面积大、持续时间长、种类多、新型藻种和有毒藻种频现等现象。

除赤潮外，部分海湾海洋生物群落也发生了变化：渤海湾近三年来，球形侧腕水母取代了桡足类，成为浮游动物的优势种；双台子河口和锦州湾由于生境丧失，底栖生物群落遭到破坏。

3.3.9 外来物种入侵

渤海湾存在明显的外来物种入侵现象。渤海湾中的永定新河口、独流减河口受到互花米草入侵，互花米草大面积扩张，本地的盐碱植物已很少见或绝迹。经过现场核查，独流减河口可见大量互花米草成片分布，植株生长茂盛，密度很大，未见其他种类的植物；永定新河口互花米草呈点状分布，可见少量该区域常见的耐盐碱植物；黄河口和莱州湾的互花米草 2018 年扩散面积已超过 44km²。渤海湾南部海域还有大量泥螺入侵，到 2008 年其分布岸段扩散了 100km 左右。

1. 互花米草

1) 山东省

山东省互花米草主要分布区域为潍坊市主要河口、东营市各主要河口及黄河三角洲区域和山东半岛南部部分海湾。图 3.16 所示为潮河至套尔河河道互花米草分布情况。互花米草自 1990 年被引入黄河三角洲五号桩附近，至 2007 年在黄河三角洲低潮带，互花米草种群面积已达 614.59hm²，2012 年之后开始在自然保护区内爆发式蔓延，截至 2018 年已超过 4 400hm²。互花米草强大的无性繁殖能力逐渐使得盐地碱蓬、海草床生境被侵占，滩涂底栖动物密度降低了 60%，鸟类觅食、栖息生境减少或丧失，造成鸟类种数减少、多样性降低，群落组成和结构发生变化。按照目前互花米草的扩张趋势，如不采取有效措施，未来五年将会覆盖黄河三角洲绝大部分低位潮滩区域，对黄河三角洲生物多样性造成不可估量的损失。

图 3.16　潮河至套尔河河道互花米草分布情况

2）天津市

天津市互花米草主要分布区域为海河、独流减河等河流的入海口处，如图 3.17 和图 3.18 所示。天津市海岸属于典型的淤泥质海岸，部分岸段受潮水侵蚀后退，潮间带被淤平、变宽，增长至 3 ~ 5km。尤其是 20 世纪 80 年代后，沿海地区开辟大面积盐田，修筑虾池，使部分岸线向海大幅推进，这些人为的由淤泥堆积形成的海岸极易被风暴潮摧毁，也鲜有适应滩涂恶劣条件的土著植被。互花米草于 1998 年被引入天津滨海滩涂，目前已成功定居并形成单种优势植被。

图 3.17　独流减河口互花米草分布情况

图 3.18　子牙新河口互花米草分布情况

3）河北省

河北省互花米草主要分布区域为与天津交界处的南、北排河河口及滦南南堡湿地。图 3.19 和图 3.20 所示分别为北排河口和南排河口互花米草分布情况。河北省互花米草与天津市属同一分布区块，存在一定的连续性。

图 3.19　北排河口互花米草分布情况

图 3.20　南排河口互花米草分布情况

2. 泥螺

1）山东省

山东省泥螺主要分布区域为黄河口区域、莱州湾西南部和渤海湾南部。2001 年，垦利县（现称垦利区）从江苏引种 18t 泥螺，采用底播增养殖的方式，撒播于黄河口南大汶流附近约 1km 宽的滩涂上。由于东营海区滩涂面积大，自然条件适于泥螺生长，泥螺分布面积急速扩大，附近滩涂无需播苗，靠自然繁殖泥螺分布密度即可达到 150ind./m² 以上。到 2004 年，在三年的时间里，距初期的投苗点约 50km 的滩涂面上已出现了泥螺。泥螺在黄河以南约 40m² 的岸线范围内，成为中低潮带的优势种，平均生物密度为 52ind./m²，生物量为 34.6g/m²，最高栖息密度达 310ind./m²。由于继续引种和扩散等原因，2005 年泥螺分布面积进一步扩大，莱州湾南部潍坊港附近滩面也成为泥螺分布区，泥螺已成为该岸段潮间带生物优势种。引进泥螺之前，该区域优势种为托氏昌螺。因泥螺与其居相同的生态位，在泥螺成为优势种的区域，其分布密度显著下降。目前泥螺采集方法落后，收获量远远小于资源量，预计泥螺在莱州湾西岸的分布密度和范围将进一步增大。

2）天津市

天津市泥螺主要分布区域为滨海新区大港电厂滩涂。据相关文献记载，20 世纪 80 年代初，天津海域潮间带调查未发现泥螺。21 世纪初，由于天津海域开发没有足够重视可持续发展，入海污染加重，造成海域环境条件恶化，生物资源急剧减少。国家和政府进行了多项修复治理工作，如"渤海碧海行动"和"渤海典型海岸带生境修复技术"等。开展修复一年后，天津海域出现大量泥螺。在实施修复工程时，并未进行泥螺的移植工作。天津海洋相关部门于 2011 年起对天津市滨海新区大港电厂附近滩涂开展相关调查工作。根据上交的核查资料，2011 年，泥螺在该海域高潮带和中潮带分布，数量分别为 16ind./m² 和 23ind./m²；2012 年，在该海域低潮带发现一定数量的泥螺；2015 年，该海域泥螺数量达到最高值，高潮带、中潮带和低潮带的数量分别为 90～110ind./m²、50～70ind./m² 和 2～6ind/m²；近年来，该海域泥螺数量呈现逐渐下降的趋势。

3.3.10　生态系统亚健康

根据 2013—2017 年《北海区海洋环境公报》显示，综合水质、沉积物、海洋生物、栖息地、生物质量等多项指标进行生态系统健康状况评价，渤海湾多年来始终处于亚健康状态。其中最主要的问题在于生物群落多年来处于不健康或亚健康状态（表3.20）。由此表明，渤海湾生态系统基本维持其自然属性，生物多样性及生态系统结构发生了一定程度的变化，但生态系统主要服务功能尚能发挥作用。环境污染、人为破坏、资源的不合理开发等是影响渤海湾生态系统健康的主要因素。

表 3.20　2013—2017 年渤海湾生态系统健康状况

年份	水环境	沉积物环境	生物群落	栖息地	生物质量	总健康指数	总健康状况
2013	健康	健康	不健康	亚健康	健康	60.00	亚健康
2014	健康	健康	不健康	亚健康	健康	52.20	亚健康
2015	健康	健康	不健康	健康	健康	55.80	亚健康
2016	健康	健康	亚健康	健康	健康	63.75	亚健康
2017	健康	健康	亚健康	亚健康	健康	64.90	亚健康

3.4　渤海湾生态环境系统胁迫因子

环境胁迫指环境因素的量接近或超过有机体、种群或群落的一个或多个忍耐极限时造成的胁迫作用。成为胁迫的因素有些是由自然灾害产生的，如地震、火山爆发、飓风、紫外线辐射、干旱、洪水、寒潮、火灾和其他物种等；有些由人类活动引起，如战争、放射性散落物、交通运输影响、工业污染、农业开垦等。

本节从自然灾害和人类活动两方面分析渤海湾海域生态环境系统存在的胁迫因子，并对渤海湾生态系统进行风险分析和脆弱性分析。

3.4.1　自然灾害对渤海湾生态系统的胁迫

1. 赤潮多发导致海洋经济物种死亡

近年来，渤海赤潮又呈现新种类新特点，渤海湾底部海域多次发生热带种类球形棕囊藻赤潮，秦皇岛海域于 2009 年发生我国海域首次发现的微微型浮游生物赤潮，并连年持续发生。尤其秦皇岛附近海域是微微型赤潮多发区，其赤潮覆盖范围大、持续时间长，造成养殖扇贝滞长、威胁海水浴场正常开放等严重危害，引起社会各界广泛关注。渤海湾近岸海域富营养化面积居高不下，2010 年，渤海富营养化海域面积为 15 230km²，占渤海总面积的 19%，增大了赤潮灾害发生的风险。渤海成为我国近海赤潮重灾区，每年赤潮累积总面积一般在数千平方千米以上。

2. 外来物种入侵破坏生物多样性

渤海外来物种入侵案例已发生数起。2001 年开始的在黄河口附近滩涂引种养殖泥螺，其后在莱州湾、渤海湾沿岸滩涂挤占了托氏昌螺等土著生物的生活空间，改变了滩涂生物种类结构，形成生物入侵种；生物入侵种互花米草在局部岸线滩涂仍为难以清除的优势种；近年来渤海湾底部发生球形棕囊藻赤潮，球形棕囊藻是典型的热带物种，在北方海域形成赤潮。

外来物种入侵势必影响海洋生态环境。外来物种取代本土植物和动物的生态位，成为单一优势群落，破坏生物多样性；米草群落生境的空间层次性较为简单，无法为越冬水鸟提供适宜的栖息和觅食场所，破坏鸟类生态系统；米草扩张挤占大量优质滩涂资源，给滩涂养殖造成严重影响。

3. 海岸侵蚀加剧海岸带生态恶化

海岸侵蚀是一种缓发型的海岸带地质灾害。在环渤海地区，80% 以上的沙质海岸都处于侵蚀状态，如秦皇岛和龙口一带的沙质海岸，其侵蚀速率大多大于 2.5m/a；黄河三角洲和莱州湾一带的粉砂淤泥质海岸，侵蚀较为严重，部分区域的海岸侵蚀速率达 3m/a。严重的海岸侵蚀给环渤海的旅游业、油气业等带来了严重的威胁，如自 2003 年起，秦皇岛每年投入数千万元进行海岸侵蚀的治理；自 2000 年起，黄河三角洲的飞雁滩油田投入的海岸侵蚀治理费用高达 5 000 万元。虽然海岸侵蚀是一种缓发型的海岸带地质灾害，但其影响的范围广、持续时间长、造成的损失大，是渤海海岸带生态环境脆弱性表现的重要指标。

4. 海水入侵和盐渍化破坏生态环境

1）海水入侵
环渤海地区是我国海水入侵灾害最为严重和典型的地区，渤海湾沿岸河北唐山和黄骅、山东滨州和潍坊滨海平原地区，海水入侵距离一般距岸 20～30km，并且上述大部分地区海水入侵范围逐年增加。海水入侵已严重破坏当地的生态环境，影响了工农业发展和居民生活。海水入侵灾害具有较强的后效作用，一旦形成灾害，很难在短期内恢复。

2）土壤盐渍化

环渤海地区由于受地质条件与气候因素的影响，地下水位高，地下水矿化度大，且蒸降比较高，是土壤盐渍化灾害的易发区。渤海沿岸辽宁、河北和山东滨海平原地区是我国盐渍化最为严重的地区，主要盐渍化类型为硫酸盐型—氯化物型盐土、重盐渍化土。其中，河北秦皇岛和唐山、山东滨州和烟台莱州等区域盐渍化范围呈逐年扩大趋势。土壤盐渍化对农业生产和生态环境均有较大影响，主要表现在使农作物减产或绝收，破坏植被生长恶化生态环境。

3.4.2　人类活动对渤海湾生态系统的胁迫

1. 大规模围填海

从获取的 2018 年渤海湾围填海数据，完成对渤海湾围填海情况统计来看，自 2008 年以来，渤海湾各省市围填海总面积为 50.48 万 hm^2，其中已填成陆的面积为 42.6 万 hm^2，围而未填的面积为 7.5 万 hm^2，批而未填的 0.4 万 hm^2。

大规模围填海造陆是在工业化和城市化过程中土地资源紧缺矛盾日益加剧背景下向海洋拓展空间的基本途径，短期内提供了大量新增土地资源和发展空间，但是，大量事实和研究证明围填海对海岸带环境和生态的负面影响是长期的和难以估量的；渤海是半封闭型内海，渤海湾作为其三大湾之一，大规模围填海造成的危害将更为突出。总结渤海湾围填海的环境与生态效应，主要如下：

（1）导致海洋潮汐、波浪和水动力条件的变化。

大规模围填海直接改变海岸结构和潮流运动，影响潮差、水流和波浪等水动力条件。就河口而言，河口围垦后河槽束窄，潮波变形加剧，落潮最大流速和落潮断面潮量减少。大规模围填海活动直接改变港湾的水动力条件，使得水体挟沙能力降低、海湾淤积加速，进而导致岸滩的变迁。

（2）造成近岸和近海沉积环境与水下地形变化。

围填海直接改变邻近海域的沉积物类型和沉积特征，原来以潮流作用为主细颗粒沉积区单一的细颗粒沉积物变为粗细混合沉积物，沉积物分选变差、频率曲线呈现无规律的多峰形，有的甚至将细颗粒沉积物全部覆盖，变成局部粗颗粒沉积物。吹填区域严重改变了海底地貌，破坏海底环境，引起新的海底、海岸侵蚀或淤积。

（3）导致或加剧近岸的水环境与底泥环境污染。

对渤海湾围填海造成的重金属污染的研究表明，2011 年沉积物中 Cu、Cd、Pb 的含量均比 2003 年偏高，重金属污染形势趋于严峻，Cu、Zn、Cd 高值区集中在渤海湾的中部海域，Pb 高值区主要集中在近岸河口和渤海湾中部及南部（侯西勇等，2018）。

（4）导致潮滩湿地的面积减损与生态功能下降。

围填海工程占用大量沿海滩涂湿地，彻底改变了湿地的自然属性，导致其生态服务功能基本消失。沿海滩涂和河口是各种鱼类产卵洄游、迁徙鸟类栖息觅食、珍稀动植物生长的关键栖息地，围填海导致湿地生物种群数量大量减少甚至濒临灭绝，完全改变生态系统的结构，生态服务功能严重下降。

（5）导致近岸底栖生物栖息地减损与群落破坏。

围填海工程海洋取土、吹填、掩埋等过程带来近海底质条件和海域底栖生存条件剧变，导致底栖栖息地损失和破碎化，底栖环境恶化，底栖生物数量减少，群落结构改变，生物多样性降低。岸线、滩涂、近岸浅海等栖息要素变化对渤海湾近岸海域大型底栖动物群落结构具有显著的影响，围填海工程引起的环境变化不利于软体和甲壳动物生存，导致物种数量减少和多样性的降低。围填海工程对底栖生物、浮游生物、鱼卵和仔稚鱼、游泳动物等海洋生物资源均有突出的影响。例如，毛蚶、四角蛤蜊被掩埋后表现出垂直迁移行为，随着掩埋深度增加，死亡率逐渐增加；随着悬浮物暴露时间的延长，幼鱼对悬浮物的敏感性逐渐增强。

（6）严重侵占和破坏海洋渔业资源"三场一通道"。

海洋渔业资源是我国海洋经济持续发展的重要基础，但是，大规模围填海占用和破坏"三场一通道"，与水环境污染、过度捕捞、气候变化等并列为渔业资源退化的主要原因。规模化围填海对海洋渔业资源的影响非常严重，主要表现在：工程建设引起海洋属性永久性改变，导致水质下降、底栖生境丧失、生物多样性和生物量下降，影响整个食物链，导致海岸生态系统退化；

导致纳潮量减小，水交换能力变差，海岸带水动力、泥沙和盐分等物理场条件的显著变化，进而造成渔业资源产卵场、索饵场、越冬场和洄游通道（即"三场一通道"）等基本条件萎缩甚至完全消失，高浓度悬浮颗粒扩散场对鱼卵、仔稚鱼造成伤害，对鱼类资源造成毁灭性的破坏；水动力和沉积环境变化导致物质循环过程改变，间接导致周边海域环境质量恶化、生态退化和生物资源损害。

（7）加剧海岸带自然灾害风险和诱发经济社会系统风险。

围填海导致海岸带和海洋自然灾害风险加剧以及生态环境脆弱性增强，资源环境承载力下降，经济社会系统与自然环境系统之间矛盾加剧等。围填海改变海洋水动力条件，造成泥沙淤积，近海浅水区消波能力减弱，加剧风暴潮等海洋灾害的破坏作用，并直接对近海防护工程造成较大的影响；水中悬浮物和富营养化物质浓度升高，周边海域水环境变差，赤潮、水母等生态灾害频发，海洋生物多样性和生态系统健康遭受巨大威胁。围填海打破了海陆依存关系的平衡，给海陆之间的协调发展带来阻碍，曲折的自然岸线变为平直的人工岸线，海湾及河口海域面积缩小，阻塞入海河道，影响洪水下泄，改变地表—地下间的水循环特征。围填海侵占和破坏沿海的自然湿地，破坏动物的觅食地，导致许多珍稀物种濒临灭绝，很多有价值的滨海旅游资源被破坏；高污染、高重金属含量等有毒物质富集于贝类、鱼类当中，通过食物链富集，对人类的身体健康有很大的威胁。围填海导致海洋资源价值流失、不同利益相关方的矛盾加剧，容易造成社会不稳定因素，填海造地造成沙滩、滩涂等资源消失。

2. 海洋开发活动加剧

近年来，环渤海区域围填海尤其是大规模围填海活动不断增多。据统计，2000—2010 年渤海围填海超过 400km²，围填海速度呈上升趋势。2011 年，环渤海热点开发区域辽宁沿海经济带（长兴岛临海工业区）、天津滨海新区和山东半岛蓝色经济区的围填海活动继续保持高速开发态势，河北曹妃甸循环经济区、沧州渤海新区和辽宁沿海经济带（营口沿海产业基地和锦州湾沿海经济区）围填海活动开发态势放缓。初步估算，仅环渤海区域热点开发区规划开发面积累计超过 900km²，其中填海面积达到 630km² 以上，发展重化工产业的园区约占规划区域数量的 76.5%，重点以港口建设、临海工业、重化工产业为主导，大力发展海洋装备制造业、港口、石油化工、物流等（侯西勇等，

2018）。

重化工产业密集布局，加大了渤海的环境压力。在环渤海产业布局上，河北、山东、辽宁、天津等省市热点开发区均将发展重化工业作为重点，环渤海重化工产业布局雷同现象较为严重，河北曹妃甸工业区在国家政策的鼓励下，已经成为京津冀乃至中国北方的重化工业发展基地；山东黄河三角洲高效生态经济区将规划建设以化工、装备制造等为主体的四大临港产业，形成一批以重化工业为特色的工业园区；辽宁沿海经济带也正朝向重化工业布局的方向发展。目前，环渤海区已成为我国重要的石油生产加工、钢铁生产、重型装备制造基地及盐化工、碱化工、新兴海洋化工产业基地，产业结构重工业化发展特色明显。天津滨海新区、盘锦、锦州、葫芦岛、东营等沿海城市的重工业比重超过 80%。即使在转方式、调结构的关键时期，以钢铁、石化、装备制造等大进大出的重工业为特征的临港工业仍然加速向沿海地区布局。大量重化工、临港工业在环渤海地区聚集和布局，环渤海几千千米的海岸线将逐步成为大型能源重化工项目集中建设、"圈海抢滩"的阵地。可以预测未来钢铁、石油、化工、装备制造等传统重工业仍将是环渤海地区的支柱产业，这将为环渤海地区带来巨大环境压力。

根据《中国海洋经济统计公报》，2004—2017 年，环渤海地区的海洋产业总产值均占全国海洋产业总产值的 1/3，且始终保持高速增长。2017 年，环渤海地区海洋生产总值由 2004 年的 4 116 亿元增长至 24 638 亿元，占全国海洋生产总值的比重为 31.7%，海洋渔业、海洋交通运输业、滨海旅游业、海洋油气业、海洋船舶工业等海洋支柱产业发展迅速。渤海是我国海上石油勘探开发的核心区域，共有石油开采公司 7 家（涉外公司 2 家）。

3. 陆源污染物入海总量居高不下

在渤海生态环境治理前，渤海陆源污染物入海量居高不下，沿岸江河及直排排污口携带大量有机污染物、悬浮颗粒物、营养盐、重金属入海，海洋生态环境压力不断加大。其中，2011 年环渤海江河全年入海污染物总量约为 98.4 万 t。主要入海污染物为有机污染物，约 95.3 万 t，占入海污染物总量的 96.8%；营养盐（氨氮 12 656t、总磷 5 771t）约 1.8 万 t，占 1.9%；石油类入海量为 4 910t，占 0.5%。陆源排污口污染物入海量约 56 万 t，主要污染物为有机污染物、悬浮物和生化需氧量，入海量分别约为 37 万 t、18 万 t 和 5 万 t。

根据 2013—2017 年《北海区海洋环境公报》，渤海湾陆源污染主要来源于江河入海排污，近三年平均值为 84 204. 39t。2013—2017 年渤海湾沿岸陆源入海排污口达标排放比率存在一定波动，其中 2014 年达标排放比率最低（32%），2016 年达标排放比率最高（50%）。

4. 溢油风险不断加大

渤海油气资源丰富，海洋石油勘探开发作业活动密集。

渤海海域沿岸分布有京唐港、秦皇岛港、天津港、大连港、营口港、烟台港等众多港口，是我国北方重要的通航海域，海上船舶运输繁忙。密集的海上石油勘探开发规模、繁忙的海上通航环境、规模较大的石油储备基地使得油污染环境压力不断加大。

5. 近岸海水养殖导致局部环境恶化

环渤海区域大型海水养殖区近 200 个，总面积约 2 300km²。随着海水养殖业的迅速发展，盲目扩大规模和不当的养殖方式，饵料、化学药物的投放，导致养殖环境不断恶化，负面效应日益严重。养殖过程产生的残饵和排泄物进入水体后，将导致海水中氮、磷含量升高，造成海域生态系统中的营养盐过剩，而营养盐过多带来的水体理化环境变化又反过来影响养殖生态系统的物质能量流动，从而造成恶性循环。

3.4.3　渤海湾生态系统风险和脆弱性分析

1. 风险分析

目前，虽然在整个渤海海域执行严格的生态环境保护和修复，但环渤海区域巨大的人口经济压力、密集的产业布局、频繁的开发活动，也无法避免地对渤海生态系统的带来了不可预估的风险，综合分析，渤海湾地区有如下生态风险。

1）危化品

近年来，随着我国经济高速发展和工业生产需求的不断扩大，石化、钢铁、核电等涉及重化工的产业向滨海区域逐步聚集。总体来看，整个渤海 1 377 个企业风险源的主体分布在渤海中南部沿海的天津市和山东省，数量占渤海危化品风险源总数的 83.6%，渤海北部风险源数量相对较少。三个湾区中以莱州湾为最，沿岸风险源数量约占渤海危化品风险源总数的 50%，其次为渤海湾。

渤海沿海危化品生产、使用、储存和运输等活动日益频繁，危化品泄漏入海事故时有发生。仅 2015 年，就发生了天津港"8.12"瑞海公司危险品仓库特别重大火灾爆炸事故和山东东营化工厂爆炸等严重事故，给海洋生态环境安全带来了巨大威胁。渤海是半封闭内海，作为海湾之一的渤海湾海水交换能力较差，沿岸人口与工业企业密集分布、经济发达，危化品泄漏入海风险高，一旦发生事故危害极大。

2）溢油

渤海是我国海上石油勘探开发的核心区域。2010 年以来，渤海海上石油和天然气产量整体上呈逐年上升态势。2016 年渤海海上石油产量占我国全海域产油总量的 56.17%；天然气产量占我国全海域天然气产量的 22.23%。渤海密集的油气开发和繁忙的港口航运都给渤海生态系统带来了巨大的溢油风险压力，一旦发生事故也将对渤海生态系统造成影响。

2006 年，长岛、垾岛溢油，造成长岛岸滩和渤海西部海域严重污染。2008—2017 年，渤海共发生小型溢油事故 50 次。2011 年蓬莱 19-3 油田溢油事故，造成油田周边及其西北部面积约 6 200km^2 的海域海水污染（超一类海水水质标准），其中 870km^2 海水受到严重污染（超四类海水水质标准）。受污染海域的海洋浮游生物种类和多样性明显降低，生物群落结构受到影响。浮游幼虫幼体密度在溢油后一个月内下降了 69%，对浮游幼虫幼体的发育、成活与生长造成了严重损害。此次溢油造成污染海域鱼卵和仔（稚）鱼的种类及密度均较背景值大幅度下降，2011 年 6 月、7 月鱼卵平均密度较背景值分别下降了 83%、45%，7 月份鱼卵畸形率达到 92%；6 月、7 月仔（稚）鱼平均密度较背景值分别减少 84%、90%。沉积物污染面积为 1 600km^2，其中严重污染面积 20km^2。污染范围内底栖生物体内石油烃含量明显升高，其中口虾蛄体内石油烃平均含量超背景值 4.4 倍，最高值超 15.5 倍。2011 年 7 月所采集的 30% 底栖生物样品体内石油烃含量超过背景值，至 8 月 95% 底栖生物样品体内石油烃含量超过背景值。此次溢油事故的生态损害索赔高达 16.83 亿元。这些溢油危害对渤海湾亦存在较大风险。

3）核电

目前，环渤海沿岸有 3 个核电厂在建，其中河北省沧州市的海兴核电站位于渤海湾西南岸。放射性核素不同于一般的污染物，一旦泄漏，高剂量可直接杀死生物，低剂量也会引起生物甚至人类致癌、致畸、致突变，微量的放射性元素会在生物体内富集并污染食物链。而且放射性核素半衰期长，尤其是核泄漏事故释放的铯 137、锶 90 和钚 239，半衰期长达 30 年、30 年和24 100年。目前放射性污水没有有效的处理方法，核素将通过食物链的富集、传递作用对海洋生物和生态环境产生长期、远距离影响和威胁（唐峰华等，2017；杨振姣等，2011）。渤海封闭的自然地理条件和脆弱的生态环境决定了一旦发生大规模的放射性泄漏污染，将会对渤海海洋资源和生态系统造成巨大的影响。

综上所述，渤海不仅自然地理条件封闭、生态系统脆弱，还面临着各种突发事故带来的风险，一旦发生事故，将对渤海生态系统造成不同程度的损害。

2. 脆弱性分析

生态脆弱性是指在特定时空尺度下的生态系统相对于外界干扰来说所具有的敏感反应和恢复能力，是生态系统的固有属性在干扰作用下的表现，是自然属性和人类活动行为共同作用的结果（张笑楠等，2009）。《全国生态脆弱区保护规划纲要》指出，生态脆弱区是指两种不同类型生态系统交界的过渡区域，其基本特征包括：抗干扰能力弱、对全球气候变化敏感、时空波动性强、边缘效应显著和环境异质性高。生态敏感区是指那些对人类活动具有特殊敏感性或具有潜在自然灾害影响，极易受到人为的不当开发活动影响而产生生态负面效应的地区。

沿海水陆交替带生态脆弱区是我国八大生态脆弱区之一。因此，海洋生态脆弱性概念是陆域生态脆弱性概念在海洋中的延伸，其含义是指在自然作用与人类活动双重干扰下，海洋生态环境发生紊乱、由一种状态转变为另一种状态，并且很难恢复的一种特性。因此，海洋生态脆弱性的内涵也应当从自然属性和人类活动压力两个方面进行解读（张继民等，2009）。

综合渤海的生态问题、压力和风险来分析（图 3.21），从生态系统的角度来看，渤海生态系统脆弱性和敏感性排序从高到低依次为：珍稀生物生境、典型河口海湾生态系统、岸线湿地、海洋生物。珍稀生物生境的脆弱性和敏感性最高，其中河北昌黎文昌鱼生态系统、河北曹妃甸海草床生态系统和天津大神堂牡蛎礁生态系统具有高度的脆弱性和敏感性，对栖息环境的人为破坏是主要影响因素。除渤海湾外，渤海岸线湿地生态系统和典型河口海湾生态系统均处于比较脆弱和敏感的状态，其主要环境压力来源于围填海和近岸污染。由于捕捞压力过大，海洋渔业生物也处于比较敏感和脆弱的状态，其他非经济海洋生物敏感性和脆弱性较低（表 3.21）。

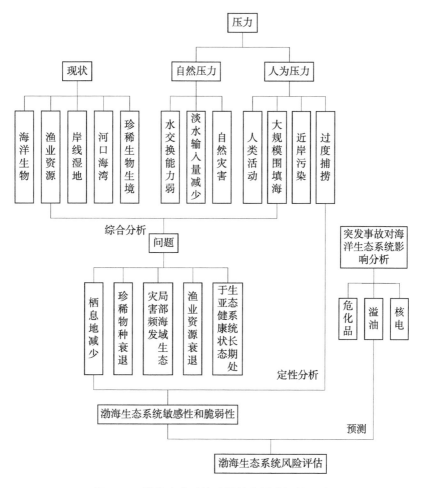

图 3.21　渤海生态系统脆弱性和风险评估思路

表 3.21　渤海典型生态系统脆弱性和敏感性分析

生态系统		主要环境压力		主要生态问题	
		自然压力	人为压力	中长期变化状况	短期（近 5 年）变化
河口生态系统	滦河口	径流输沙减少	近岸污染	无严重破坏	赤潮频发、水母增多
	黄河口	入海径流减少	近岸污染	渔业资源衰退	变化不大

生态系统		主要环境压力		主要生态问题	
		自然压力	人为压力	中长期变化状况	短期（近5年）变化
海湾生态系统	渤海湾	水交换能力弱	围填海、污染	湿地丧失、渔业资源衰退	赤潮频发、水母增多、湿地丧失
珍稀生物生境	文昌鱼	径流输沙减少	养殖、栖息地破坏	衰退	衰退
	海草床	—	围填海、渔业捕捞破坏	退化	退化
	牡蛎礁	—	围填海、渔业捕捞破坏	严重衰退	衰退
海洋生物	浮游生物、底栖生物	气候变化	污染	无明显破坏	变化不大
	渔业资源	气候变化	过度捕捞、围填海、污染	衰退	变化不大
岸线湿地	岸线湿地	—	大规模围填海	自然岸线湿地缩减	变化不大

从地域角度来看，渤海湾的脆弱性和敏感性最高，主要表现为赤潮频发、水母增多、湿地丧失等，另外具有高度脆弱性的文昌鱼、海草床、牡蛎礁生态系统也都位于渤海湾内，这跟渤海湾沿岸巨大的人口经济压力、高强度围填海、陆源排污，以及较弱的水交换能力息息相关。渤海其他近岸海域处于比较脆弱和敏感的状态，围填海、陆源污染和过度捕捞是主要影响因素。渤海中部海域由于受人为干扰较少，其生物生态系统脆弱性和敏感性较低。

3.5 渤海湾生态安全态势

渤海湾海水环境质量不容乐观，主要污染因子为活性磷酸盐和无机氮，沉积物主要污染因子为硫化物。

3.5.1　渤海湾生态安全的重要性

（1）渤海湾生态系统类型复杂、生物物种丰富、地质地貌类型多样。

渤海湾沿岸有十余条河流注入，生态系统类型复杂、生物物种丰富、地质地貌类型多样。渤海是斑海豹在我国唯一的繁殖区和越冬场，是国际候鸟重要的迁徙中转地，在黄渤海渔业生产中占有极其重要的地位，国家级保护地面积占全国涉海国家级保护地面积的 27%，渤海湾生态系统极其重要，关系到我国渤海内海乃至东北亚地区的生态安全。湾顶处形成黄河口三角洲湿地已被列入《国际重要湿地名录》。

渤海湾生态系统类型复杂，生物物种丰富：有湿地、河口、海草床、海岸沙丘等典型生态系统；生物物种丰富，有文昌鱼等珍稀濒危水生野生动物、沙蚕、文蛤、半滑舌鳎、小刀蛏、大竹蛏、缢蛏等海洋经济生物。地质地貌类型多样，有贝壳堤、牡蛎礁、海蚀崖、连岛沙洲等海洋地质遗迹。

渤海湾在渔业生产中占有极其重要的地位，沿岸河口浅水区营养盐丰富，饵料生物繁多，是经济鱼、虾、蟹类的产卵场、育幼场和索饵场。2017 年整个渤海捕捞产量占全国总量的 6.27%。

渤海湾是国际候鸟重要的迁徙中转地，全球候鸟迁徙路线中有三条在中国境内，其中两条途经渤海。渤海湾滨海湿地为各种鸟类提供了良好的栖息环境，是鸟类在东亚—澳大利西亚迁徙通道上的主要停歇和觅食地，也是大量水鸟的越冬地。据不完全统计，属于国家一级和二级保护动物的珍稀鸟类有 60 余种在渤海湾出现，其中白鹤、东方白鹳、黑鹳、中华秋沙鸭、黑脸琵鹭、丹顶鹤等被列入《世界自然保护联盟濒危物种红色名录》。

渤海已建立涉海国家级海洋自然保护区和国家级海洋特别保护区（含海洋公园）30 个，保护面积约 41 万 hm^2，占全国涉海国家级保护地面积的 27%。

（2）生态服务功能支撑着环渤海地区海洋经济迅速发展。

渤海湾复杂的生态类型、丰富的生物物种、多样的地质地貌为我国提供了丰富的自然资源。经过近几十年的高强度开发，渤海湾生态系统虽然遭到了破坏性使用，但仍然提供着巨大的生态服务功能，支撑着环渤海地区海洋经济迅速发展。伴随着京津冀一体化推进和雄安新区的建设，环渤海已经成为我国最具综合优势和发展潜力的经济发展增长极之一，将发展为新一个大湾区。2004—2017 年，环渤海地区的海洋产业总产值占全国海洋产业总产值的 1/3，且始终保持高速增长，海洋渔业、海洋交通运输业、滨海旅游业、海洋油气业、海洋船舶工业等海洋支柱产业基础雄厚、发展迅速。

（3）环渤海地区对渤海湾海洋生态环境和生态安全提出了更高的要求。

环渤海地区承载着全国重要的经济社会发展空间和人居环境，对海洋生态环境和生态安全提出了更高的要求。《2018 年国民经济和社会发展统计公报》显示，2018 年环渤海地区（辽宁、河北、山东、北京、天津三省两市）年末总人口为 25 676.64 万人，占全国总人口的 18.4%。2014 年，在渤海完成了"三省一市"海洋生态红线划定工作，海洋生态红线区 15 330km^2，其中禁止开发利用区面积 4 994km^2。2018 年，国务院批复《渤海综合治理攻坚战行动计划》，把渤海环境治理和生态修复放在首位，确保渤海生态不再恶化。

3.5.2　渤海湾抵御污染和突发事件的能力

渤海的地形地貌特征决定了渤海水交换能力极其弱，自净能力差，对环境压力敏感。如发生突发污染事件，污染物将长期留存在渤海。渤海海域水体更新时间因区域而异，根据数值模拟结果渤海海峡和渤海中部更新周期为 1～4 年；渤海湾更新周期为 6～10 年。海湾水体更新时间由湾口至湾顶逐渐增加，在近岸港湾，水体交换时间更为漫长。2018 年约有 130 万 t 污染物通过河流进入渤海，污染物在湾顶留存时间和造成的持续危害将大大超过湾口和渤海海峡，这也是造成湾顶污染较其他海域严重的主要原因。

地形地貌特征和水动力环境，决定渤海湾对环境压力敏感，抵御污染和突发事件的能力很弱。

3.5.3　渤海湾生态系统脆弱性

受人类开发活动的影响，渤海生态系统长期处于低水平脆弱状态，主要表现在：

（1）栖息地丧失、生物资源降低、环境压力大，导致海湾生态系统长期处于亚健康状态。

根据近十年监测结果，渤海的辽河口、锦州湾、滦河口—北戴河、渤海湾、黄河口、莱州湾 6 个典型河口海湾生态系统常年处于亚健康或不健康状态。栖息地丧失或破碎化、生物资源降低、环境压力仍然处于较高强度是影响渤海生态系统健康状况的主要原因。

（2）滨海自然湿地大幅减少，许多具有重要生态功能的栖息地彻底丧失。

1980—2017 年 40 年间，环渤海自然滨海湿地面积大幅度减少，其中1995—2005 年变化幅度最大，2005 年以后破碎程度有所缓解。2012—2018年，渤海自然湿地面积减少约 8 428hm²，很多减少的自然湿地是不可逆的围填海工程。填海工程、围海养殖、盐田用海等导致了许多具有重要生态功能的鸟类、植被、珍稀物种的栖息地丧失，甚至列入《国际重要湿地名录》的湿地也大面积减少。

（3）受过度捕捞和围填海影响，渤海渔业资源"三场一通道"呈退化趋势，渔业资源衰退严重。

自 20 世纪 50 年代起，受过度捕捞的影响，渔业资源衰退严重、生物多样性下降，渔业资源结构发生明显变化，优势种由大型经济鱼类变为小型的非经济鱼类或甲壳类，重要渔业资源已不能形成渔汛，对渤海渔业的支持功能日益衰退。

过度捕捞致使洄游鱼类不能顺利抵达产卵场、育幼场成鱼减少；黄河等河流淡水输入造成适宜繁殖的海域减少；大规模的围填海和围海养殖在很大程度上侵占了"三场一通道"。上述原因导致渤海渔业资源产卵场、索饵场、育幼场和洄游通道也呈退化趋势，主要表现为产卵群体小型化、低龄化、繁殖力下降的趋势，渔业资源产卵密集区范围缩小，受精卵成活率降低、底层经济鱼类数量减少，渔业资源营养级下降、食物网结构简单化等。

（4）由于径流减少、养殖、捕捞、围填海等原因，渤海文昌鱼、海草床、牡蛎礁等珍稀生物生境退化严重。

受人类活动、自然气候变化等影响，渤海海草床自 20 世纪 80 年代以来退化现象严重。历史上渤海海草床主要分布于山东、河北、辽宁近岸，现存较大面积的海草床仅有曹妃甸和黄河口两处，面积各为 10km² 左右，海草生物量处于低等或中等水平。

天津大神堂浅海活牡蛎礁生态系统退化严重，2013 年礁体面积仅为 20 世纪 70 年代的 1/60，活体牡蛎礁平均仅占比 31.9%。渔业底拖网是其主要破坏原因。

由于长期高强度开发利用，渤海湾生态系统处于低水平脆弱状态。

3.5.4 渤海湾生态环境转变

（1）海洋资源利用强度减缓。

岸线湿地：2000—2017 年渤海自然岸线减少了 340km，2012—2018 年渤海自然滨海湿地面积减少约 8 428hm²，近年来湿地和岸线的减少速度开始变缓，岸线湿地状况趋于稳定。2017 年渤海停止围填海，利用自然岸线得到有效控制。

（2）海洋环境恶化趋势缓解。

海水环境：渤海中部海域营养盐浓度低、营养盐高值区和富营养化海域主要位于辽东湾、渤海湾和莱州湾底部。近十年来，渤海夏季富营养化状况有所缓解，富营养化面积从 2008 年的 14 700km² 降低到 2018 年的 4 386km²。

沉积物环境：渤海底质以黏土质粉砂为主，其次为细砂、砂质粉砂和粉砂质砂。近十年监测结果表明，渤海沉积物粒级组分及其空间分布均变化不大；渤海沉积物质量状况总体良好。锦州湾受到了较为严重的重金属污染，主要污染物包括镉、锌、汞、铜等。

3.5.5 渤海湾生态系统失衡状况

过度捕捞和高强度开发利用必然影响到整个生态系统的结构，再加以近岸污染等影响，导致渤海生态系统处于一定程度的失衡状态，渤海湾球形侧腕水母成为浮游动物优势种，辽河口和锦州湾由于生境丧失，底栖生物群落遭到破坏，赤潮、水母等生态灾害频发。

渤海湾非饵料生物球形侧腕水母成为浮游动物优势种。1997 年首次在渤海记录到该种，但数量较低，不成为优势种。但在 2016—2017 年，球形侧腕水母连续两年取代桡足类成为浮游动物优势种，表明渤海湾的海洋生物群落结构发生了一定的变化，鱼类的饵料浮游动物数量降低，水母类的非饵料生物占据优势。

（1）赤潮灾害频发。

2008—2018 年，渤海共发现赤潮 91 起，累计赤潮发生面积约 21 579km²，1 000km² 以上大规模赤潮 4 起。滦河口—北戴河邻近海域和渤海湾两处海域是渤海的赤潮高发区，近十年来累计发生赤潮次数分别为 49 次和 27 次，累积赤潮面积分别为 12 545km² 和 7 200km²，且近年来呈现赤潮面积大、持续时间长、种类多、新型藻种和有毒藻种频现等现象。渤海中绿潮也有小规模发生。

（2）水母数量增多。

近年来大连、秦皇岛海域水母数量增多，水母暴发严重影响了红沿河核电站的冷源取水安全，也给秦皇岛的电厂和海水浴场带来安全隐患。

（3）外来物种入侵。

由于人工引种互花米草，渤海湾、黄河口和莱州湾目前均存在互花米草入侵现象，入侵面积超过 4 400hm²。互花米草的扩张破坏生物多样性，破坏了鸟类的栖息和觅食场所，挤占了大量的优质滩涂资源。

3.5.6 渤海湾沿岸生态风险

（1）频发的各类灾害，对渤海湾生态系统造成一定程度的损害。

通过自然资源部北海局核查，渤海河口、海湾、岸线、岸滩、海岛、海草床、珍稀物种已受到不同程度的损害。渤海风暴潮（含近岸浪）、海浪、海冰自然灾害频发，渤海湾灾害风险等级为一级；生态灾害多发，2008—2018年渤海共发现赤潮 91 次，滦河口—北戴河邻近海域和渤海湾两处海域是渤海的赤潮高发区。水母灾害频繁对核电站、电厂、海水浴场造成影响。互花米草等外来物种入侵呈加剧趋势，6 年间黄河口互花米草面积增加了 1 361hm²。

（2）各类开发活动集中布局，加大了沿岸生态风险。

渤海石化、装备制造、钢铁行业集中布局，生产企业达 883 家，危化品种类达 5 400 余种。渤海沿岸规划建设 3 个核电站，生态环境风险加剧。海上开发活动密集，年均进出渤海船舶约 60 万艘次；溢油风险高，2006 年至今共发现 132 起不同规模的溢油事件。上述的开发建设活动加大了渤海沿岸生态风险。

综上所述，渤海湾承载着环渤海"三省一市"经济社会发展和人民生产生活，承载着重要的生态、经济和社会功能，渤海湾作为渤海三大湾之一，生态系统极其重要，关系到我国乃至东北亚地区生态安全。

渤海湾地形地貌特征和水动力环境，决定了渤海湾对环境压力敏感，抵御污染和突发事件的能力很弱，容易造成局部海域环境污染较重。

由于长时间高强度开发利用，渤海湾生态系统仍处于低水平脆弱状态。

河口海湾生态系统长期处于亚健康状态；许多具有重要生态功能栖息地彻底
丧失；渔业资源"三场一通道"呈退化趋势，渔业资源衰退严重；海草床、
牡蛎礁等珍稀生物生境退化严重。渤海湾生态系统处于一定程度的失衡状态，
生物群落发生改变，生态灾害频发，而且渤海沿岸产业聚集，海上生产活动
密集，渤海生态风险高，进一步加剧渤海生态系统的脆弱性。

　　随着环渤海地区经济社会的飞速发展，渤海生态环境也付出了巨大代价。
20 世纪末，环渤海开发速度明显加快，陆源污染排放加大，天津滨海新区、
河北曹妃甸新区等大规模围填海相继实施，海洋石油勘探开发密集。港口数
量和规模不断增加，重化工产业不断聚集，渤海生态环境退化明显，存在自
然湿地丧失、近岸局部海域污染严重、局部海域生物群落发生变化、海洋灾
害频发、渔业资源衰退严重和生态系统亚健康等问题。

　　虽然由于渤海湾生态保护日渐加强，渤海湾资源利用强度减缓，海洋环
境出现稳中趋好的势头，生态系统状况近五年来较为稳定，但是仍处于低水
平、脆弱的失衡状态，且渤海水动力交换能力弱，一旦发生大规模海洋生态
突发事故，影响将长期存在，并对渤海湾生态系统造成毁灭性打击。

参考文献

耿立校，赵彤彤. 2017. 渤海湾沿海城市环境承载力评价指标体系研究［J］. 物流科技，
　　40（10）：118－122.

侯西勇，张华，李东，等. 2018. 渤海围填海发展趋势、环境与生态影响及政策建议
　　［J］. 生态学报，38（9）：3311－3319.

刘慧，黄小平，王元磊，等. 2016. 渤海曹妃甸新发现的海草床及其生态特征［J］. 生态
　　学杂志，35（7）：1677－1683.

唐峰华，张胜茂，崔雪森，等. 2017. 2013 年北太平洋公海渔场柔鱼体内典型放射性核素
　　分析及风险评估［J］. 应用生态学报，28（9）：3071－3077.

王修林，李克强. 2006. 渤海主要化学污染物海洋环境容量［M］. 北京：科学出版社.

王勇智，吴頔，石洪华，等. 2015. 近十年来渤海湾围填海工程对渤海湾水交换的影响
　　［J］. 海洋与湖沼，（3）：471－480.

杨振姣，姜自福，罗玲云. 2011. 海洋生态安全研究综述［J］. 海洋环境科学，30（2）：
　　287－291.

尹延鸿. 2009. 曹妃甸浅滩潮道保护意义及曹妃甸新老填海规划对比分析［J］. 现代地
　　质，23（2）：200－209.

张继民，刘霜，马文斋. 2009. 浅析我国区域建设用海亟需实施战略环评［J］. 海洋开发

与管理，（1）：9－13．

张晓梅．2016．矮大叶藻种群补充机制与种群遗传学研究［D］．中国科学院大学（中国科学院海洋研究所）．

张笑楠，王克林，张伟，等．2009．桂西北喀斯特区域生态环境脆弱性［J］．生态学报，29（2）：749－757．

郑凤英，邱广龙，范航清，等．2013．中国海草的多样性、分布及保护［J］．生物多样性，21（5）：517－526．

周毅，张晓梅，徐少春，等．2016．中国温带海域新发现较大面积（大于50ha）的海草床：Ⅰ黄河河口区罕见大面积日本鳗草海草床［J］．海洋科学，40（9）：95－97．

Barbier E B，Hacker S D，Kennedy C，et al. 2011. The value of estuarine and coastal ecosystem services［J］. Ecological Monographs，81（2）：169－193.

den Hartog C，Yang Z. 1990. A catalogue of the Seagrass of China［J］. Chinese Journal of Oceanology and Limnology，8，74－91.

第4章　渤海湾生态安全屏障系统评估

4.1　渤海湾生态安全屏障区概况

将渤海湾海岸线向陆40km以内涉及的全部区县界定为渤海湾生态安全屏障区，得到的研究区域如图4.1所示。渤海湾生态安全屏障区包括环渤海湾的15个区县，即河北省的丰南区、曹妃甸区、滦南县、乐亭县，天津市的东丽区、津南区、滨海新区、宁河区以及山东省的海兴县、黄骅市、河口区、

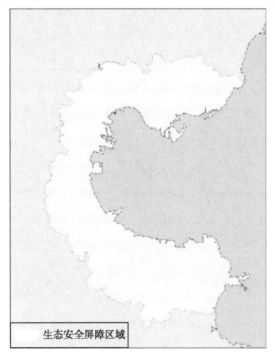

图4.1　渤海湾生态安全屏障区

垦利区、利津县、沾化区、无棣县，总面积为 21 631.87km²。

渤海湾生态安全屏障区气候类型属于温带半湿润季风性气候，日照时间长，夏季降水充沛，春季气候温和，平均年降水量 600~900mm，年平均气温为 11~13℃（赵宁等，2020；Zhu et al.，2016）。研究区森林覆盖率低，自然植被包括草本植物和灌木，生物群落以盐碱草甸为主。典型的湿地植被包括碱蓬、芦苇、白茅和柽柳，典型的森林植被是白桦梨和白蜡树。主要土壤类型为冲积土和盐渍土、沼泽土和褐土。

渤海湾生态安全屏障区水资源丰富，区域内分布着大量池塘、水库，黄河、海河、滦河等众多河流从此入海，河流带来的大量泥沙堆积，构成了独特的滨海滩涂湿地景观，每年吸引大量迁徙鸟类停留觅食。因此，渤海湾区域是东亚—澳大利西亚候鸟迁飞路线上的重要栖息地（肖洋等，2018），生物多样性丰富。

渤海湾及其滨海地区是环渤海地区社会经济发展的核心地带之一，但受人类活动和气候变化的影响，渤海湾地区生态环境问题日益严峻。有研究表明，近 50 年来渤海湾入海水量呈持续下降趋势（Lin et al.，2001；Ning et al.，2010）；根据《中国海洋生态环境状况公报》，2015—2017 年渤海湾劣四类水质海域面积持续增加，海草、牡蛎礁等生境严重退化。渤海湾的生态环境问题，严重威胁着环渤海湾地区生态环境与社会经济的协调发展。

4.2　生态安全屏障功能评价体系构建

渤海湾滨海地区为屏障区，而渤海湾作为被屏障区，屏障区和被屏障区之间存在着一定的空间位置关系，渤海湾滨海地区的屏障作用呈现出明显的方向性。此时生态安全屏障功能涉及屏障区与被屏障区之间的生态系统服务流动，需结合生态系统服务供给和需求两方面进行分析。因此，生态安全屏障功能评估体系的构建应从被屏障区的生态问题出发，明晰其服务需求后对生态安全屏障区的对应服务供给进行评估，筛选对应的评价指标，渤海湾滨海地区生态安全屏障功能评估体系，如图 4.2 所示。由于评估指标众多，从中筛选出截污净化、产水量、生境质量三项指标分别表示水质净化、水资源供给、生境维持三类屏障功能。其中，鉴于渤海湾的主要污染因子为无机氮和活性磷酸盐，故选择氮、磷截污净化作用作为水质净化功能的评价指标；

渤海湾滨海地区的产水能力决定其对渤海湾的补给水量,直接反映了水资源供给屏障功能;而陆地生态系统与海洋生态系统联系复杂,假设生境越佳的陆地生态系统,可供给的生境维持屏障功能也越优质,故选取生境质量为评价指标。分别选择 InVEST 模型的产水量模块、营养物迁移模块和生境质量模块对三项指标进行评价,同时对生态安全屏障功能指数进行了定义,以描述生态安全屏障功能的综合强弱。

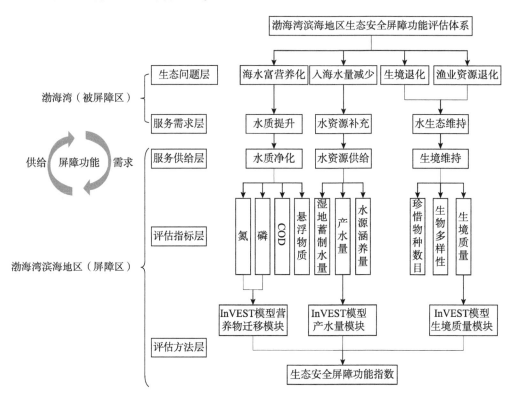

图 4.2 渤海湾滨海地区生态安全屏障功能评估体系

4.2.1 水质净化屏障功能评估方法

氮、磷元素在水体中的富集直接影响水生环境及水生生物生存,也会间接对人类健康造成威胁(Bonnie et al.,2012)。渤海湾滨海地区通过对氮、磷的截留作用,控制氮、磷向海洋的输入,从而实现对渤海湾海洋水质的净化,因此水质净化屏障功能的主要评估目标为渤海湾滨海地区对氮、磷营养物质的截留作用。

基于此,采用 InVEST 模型营养物迁移(NDR)模块评估研究区域的水质净化屏障功能(Sharp et al.,2012)。相比其他面源污染预测模型,InVEST 模型具有结构简单、参数获取便捷等优点,可为生态服务评估结果与空间分布提供定量和可视化的参考,在国内外已经得到广泛应用(马良等,2015;吴瑞等,2017;Berg et al.,2016)。营养物截留模块基于质量守恒法,可以对氮、磷等营养物的空间迁移过程进行模拟,通过估算迁移路径中各土地利用类型对氮、磷营养物的截留效率,可得出最终氮、磷输出量、截留量和截留率(Redhead et al.,2017)。区域的氮、磷的截留率越高,说明其水质净化服务越好,水质净化屏障功能也越强。模型计算公式见公式 2.12~2.25。

以氮、磷截污净化率作为评估指标,区域的氮、磷截污净化率越高,说明其供给的水质净化服务越好,水质净化功能也越强。计算公式为:

$$r_{ext_i} = \left(1 - \frac{x_{exp_i}}{load_i}\right) \times 100\% \tag{4.1}$$

式中,r_{exti} 为各栅格单元 i 的截污净化率;x_{expi} 为营养物输出量,kg;$load_i$ 为营养物负荷量,kg。

4.2.2　水资源供给屏障功能评估方法

产水量(Water yield)是指降水流经地面最终到达河海的径流量,包括地面和地下径流。产水量的变化不仅直接影响流域内自然要素状况与生态系统过程,也会对下游地区的生态系统和水资源产生影响(Mla et al.,2021)。渤海湾滨海地区的产水能力直接影响其对渤海湾的补给水量,反映了水资源供给屏障功能。

采用 InVEST 模型软件的产水量模块评估渤海湾滨海地区的水资源供给屏障功能。产水量模块是基于 Budyko 理论,将实际蒸发与降水间的比率与潜在蒸发与降水间的比率建立联系,将不同土地利用类型的生物物理属性输入到模型当中,从而模拟出不同生态系统的产水深度。而产水量为某区域产水深度与评估单元面积的乘积(肖寒等,2000;张彪等,2008),计算公式为:

$$WY = \sum_{i=1}^{n} Y \times A_i \times 10^{-3} \tag{4.2}$$

式中,WY 为产水量,m³;Y 为产水深度,mm;R 为地表径流量,mm;

A_i 为评估单元面积，m^2。对每一栅格单元 x 上的年均产水深度 $Y(x)$ 计算如下：

$$Y(x) = \left[1 - \frac{AET(x)}{P(x)} \right] \cdot P(x) \qquad (4.3)$$

式中，$AET(x)$ 是每一栅格上的年均实际蒸发量；$P(x)$ 是每一栅格的年均降水量。对于有植被的土地类型，蒸发与降水的比例是基于 Budyko 曲线：

$$\frac{AET(x)}{P(x)} = 1 + \frac{PET(x)}{P(x)} - \left[1 + \left(\frac{PET(x)}{P(x)} \right)^\omega \right]^{\frac{1}{\omega}} \qquad (4.4)$$

式中，$PET(x)$ 是潜在蒸发量；ω 是表征自然土壤特征的非物理参数。潜在蒸发 $PET(x)$ 由式（4.19）界定：

$$PET(x) = K_c(l_x) \cdot ET_0(x) \qquad (4.5)$$

式中，$ET_0(x)$ 是每一栅格单元 x 的参考蒸发；$K_c(l_x)$ 是每一土地利用类型的每一栅格单元上的蒸发系数。$w(x)$ 是实证参数，由式（4.6）计算得出：

$$\omega(x) = Z \frac{AWC(x)}{P(x)} + 1.25 \qquad (4.6)$$

式中，Z 表征当地降水特征和水文生态特征的实证变量，表征降水的季节分布，它与降水天数正相关。根据模型校验结果，其值介于 $1 \sim 30$ 之间。$AWC(x)$ 是植物可用水含量，单位为 mm，其计算方法为植物可用水容量与根限制层深度和植被生根深度的最小值的乘积：

$$AWC(x) = Min(Rest. layer. depth, root. depth) \cdot PAWC \qquad (4.7)$$

式中，$Rest. layer. depth$ 是根系限制层深度，指由于物理或化学特性而抑制根系穿透的土壤深度；$root. depth$ 是植被生根深度，通常表示为 95% 的植被类型的根生物量出现的深度；$PAWC$ 是植物可用水容量，即田间容量与枯萎点之间的差值。

4.2.3　生境维护屏障功能评估方法

生境质量是指生境为个体和种群的持续生存提供适当条件的能力（Kowarik，2011）。人类活动引发的土地利用变化会改变生境的结构和组成，进而对生境质量造成严重影响（Xu et al.，2019）。采用 InVEST 模型生境质量（Habitat Quality）模块评估渤海湾滨海地区的生境质量，该模块将土地利用数据与生境威胁因子、生境敏感性等数据相结合，通过对生境自身敏感度以及不同威胁和土地使用类型对生境的影响程度进行评估，得到区域内生境

质量的空间分布信息。模块最终输出结果为生境质量指数，生境质量指数越
大，表明区域生境质量越好。计算公式如下：

$$Q_{xj} = H_j \left[1 - \left(\frac{D_{xj}^z}{D_{xj}^z + k^z} \right) \right] \tag{4.8}$$

式中，Q_{xj} 为土地利用类型 j 中栅格 x 的生境质量；D_{xj} 为土地利用类型 j 对
栅格 x 的总胁迫水平；k 为半饱和常数；H_j 为土地利用类型 j 的生境适合度；
z 为归一化常量。

$$D_{xj} = \sum_{r=1}^{R} \sum_{y=1}^{Y_r} \left(\frac{w_r}{\sum_{r=1}^{R} w_r} \right) r_y i_{rxy} \beta_x S_{jr} \tag{4.9}$$

式中，R 表示威胁因子的栅格总数；Y_r 表示 r 威胁因子图上的一组栅格；
w_r 表示威胁因子的权重；r_y 表示威胁因子 r 对生境 y 的影响程度，在 $0 \sim 1$ 之
间取值；i_{rxy} 表示威胁因子 r 在栅格 x 的生境对栅格 y 的影响；β_x 表示栅格 x 可
接近的水平；S_{jr} 表示土地利用类型 j 对威胁因子 r 的敏感程度。

$$i_{rxy} = \exp\left(-\left(\frac{2.99}{d_{max}} \right) d_{xy} \right) \tag{4.10}$$

$$i_{rxy} = 1 - \left(\frac{d_{xy}}{dr_{max}} \right) \tag{4.11}$$

式中，d_{xy} 表示栅格单元 x 与 y 之间的线性距离；d_{rmax} 表示威胁因子 r 的最
大影响距离。

4.2.4　生态安全屏障功能指数构建

基于水质、水量、水生态三类屏障功能，定义了生态安全屏障功能指数，
以反映渤海湾滨海区域的综合屏障作用强弱，该功能指数的取值范围为 $0 \sim 1$，
数值越接近 1，表明区域综合屏障功能越强。该屏障功能指数的计算如下：

$$SFI = \sum_{i=1}^{n} ES_i \times \omega_i \tag{4.12}$$

式中，SFI 为生态安全屏障功能指数；ES_i 为第 i 类屏障功能指标的标准
化值；ω_i 为第 i 类屏障功能指标的权重；n 为参与计算的屏障功能指标总数。

将各类生态安全屏障功能的结果进行标准化，以保证不同屏障功能可以
参与叠加，标准化的计算如下（Pollesch & Dale，2016）：

$$SF_{std} = \frac{SF_{pixal} - SF_{min}}{SF_{max} - SF_{min}} \tag{4.13}$$

式中，SF_{std}为各屏障功能指标的标准化值（介于 0 ~ 1）；SF_{pixal}、SF_{max}、SF_{min}分别为某类型屏障功能指标的任意栅格值、最大值和最小值。

在评估了各类生态安全屏障功能在相对重要性后，对这些指标分配了如下权重：生境质量（0.2）、产水量（0.3）、氮截污净化（0.25）、磷截污净化（0.25）。

4.3 数据收集与分析

4.3.1 基础数据来源与处理

（1）土地利用数据。

来源于中国土地覆盖数据集（China Land Cover Dataset，CLCD，https：//zenodo. org/record/4417810#. YXrZ58iBvJ）。该数据集结合从中国土地利用/覆盖数据集中提取的训练样本和来自卫星时间序列数据、谷歌地球和谷歌地图的视觉解释样本，通过谷歌地球引擎（Google Earth Engine）上的 335 709 张 Landsat 图像构建了数个时间指标，采用随机森林分类器以获得分类结果。构建了中国第一个 1985—2020 年 Landsat 衍生的年度土地覆盖产品。选取了研究区域 2000 年、2005 年、2010 年、2015 年、2020 年五期土地利用空间分布数据，空间分辨率为 30m，各期土地利用类型分为六大类：耕地、林地、草地、湿地、未利用地、建设用地。

（2）逐日降雨数据。

来源于中国地面气候资料数据集（http：//data. cma. cn），选取研究区内 17 个气象站 2000 年、2005 年、2010 年、2015 年、2020 年的逐日降雨数据，通过反距离加权插值法和空间叠加得到年降雨栅格图。

（3）数字高程模型（Digital Elevation Model，DEM）。

来源于美国国家航空航天局发布的 STRM1 产品（www. usgs. gov），空间分辨率为 30m。

（4）蒸散数据。

采用美国航空航天局发表的 MOD16A3GF 产品，来源于陆地过程分布式数据档案中心（https：//lpdaac. usgs. gov/products/mod16a3 gfv006/），空间分辨率为 500m。获取研究区 2000 年、2005 年、2010 年、2015 年、2020 年的年蒸散栅格图。

（5）土壤数据。

采用基于中国土壤数据库和世界土壤数据库（HWSD）的中国土壤数据集（V1.1），空间分辨率为 1km。本研究获取了研究区域土壤质地、土壤厚度、土壤类型与有机物含量等土壤数据空间分布图。

4.3.2 InVEST 模型数据来源与处理

1. 营养物迁移模块

营养物迁移模块运行输入数据包括土地利用数据、DEM 数据、生物物理属性表、流量累计阈值和 Borselli K 参数。其中，土地利用数据、DEM 数据的获取方法详见 4.3.1 节。其余输入数据的获取和处理将分别介绍。

1）生物物理属性表

生物物理属性表中数据包括不同土地利用类型的氮、磷负荷系数，氮、磷截留效率和氮、磷最大截留距离。其中，氮、磷负荷系数是各类土地利用类型的氮、磷污染负荷，单位为 $kg/(hm^2 \cdot a)$。氮、磷截留效率是指每类土地利用类型对氮、磷的最大截留效率，范围在 $0 \sim 1$ 之间。氮、磷最大截留距离是指每种土地利用类型维持氮、磷截留效率的最大距离。在参考国内外相关研究和 InVEST 模型用户手册后（Sharp et al., 2012；李素晓，2019；王磊等，2017；程先等，2016；张婷等，2021），对各项参数进行赋值，最终结果见表 4.1。

表 4.1 营养物迁移模块生物物理属性

土地利用类型	氮负荷/ $[kg/(hm^2 \cdot a)]$	氮截留效率	磷负荷/ $[kg/(hm^2 \cdot a)]$	磷截留效率	氮截留长度/m	磷截留长度/m
耕地	11.00	0.25	3.000	0.25	30	30
林地	1.80	0.75	0.018	0.75	30	30
草地	2.50	0.40	0.220	0.40	30	30
湿地	1.50	0.50	0.200	0.50	30	30
未利用地	1.12	0.05	0.024	0.05	30	30
建设用地	1.12	0.05	0.800	0.05	30	30

2）流量累计阈值

流量累计阈值通常结合 DEM 数据生成的水流路径以确定区域的流域范围。上游栅格水流通过路径流入下游，当某一下游栅格累计通过的流量大于阈值时，则视该栅格为流域范围。参考 InVEST 用户手册设置默认值为 1 000。

3）Borselli K 参数

Borselli K 是确定水文连通性和养分输送比率之间比率的校准参数，参考 InVEST 用户手册，设置默认值为 2。

2. 产水量模块

产水量模块运行输入数据包括年降雨栅格数据、年蒸散栅格图、土地利用数据、生物物理属性表。其中，年降雨栅格数据、年蒸散栅格图、土地利用数据的获取方法详见 4.3.1 节。

生物物理属性表包括不同土地利用类型的根系深度和蒸散潜力系数。参考联合国粮食及农业组织（FAO）第 56 号指南文件及国内外相关研究（Allen et al.，1998；Redhead et al.，2016；Li et al.，2018），对各项参数进行赋值，最终结果见表 4.2。Z 参数可以反映研究当地降水模式、水文地理和土壤特征（Rjd et al.，2012；Xu et al.，2013），在 1~30 之间取值，参考相关文献，将 Z 参数取值为 5。

表 4.2　不同土地利用类型根系深度及蒸发系数

土地利用类型	根系深度/mm	蒸散潜力系数
耕地	500	0.650
林地	4 750	0.398
草地	1 700	0.650
湿地	0	1.200
未利用地	0	0.300
建设用地	0	0.300

3. 生境质量模块

生境质量模块运行输入数据包括土地利用数据、威胁因子栅格数据、生物物理参数表。土地利用数据的获取方法详见 4.3.1 节。其余输入数据的获取和处理将分别介绍。

1）生物物理参数表

生物物理参数表包括生态威胁因子属性表、不同土地利用类型生境适宜度及其对不同威胁因子的敏感程度表。其中，生态威胁因子是指将导致周边区域生境退化的土地利用类型，生态威胁因子的相关参数包括最大威胁距离、权重和衰减线性相关性。生境适宜度是指各类土地利用类型作为生境的适宜程度，范围在 0~1 之间，其中 1 表示完全适宜，0 表示不适宜。不同土地利用类型生态威胁因子的敏感程度范围在 0~1 之间，其中 1 表示高敏感度，0 表示不受影响。在参考国内外相关研究和 InVEST 模型用户手册后（吴健生等，2015；王耕和王佳雯，2021；Chu et al.，2018），将建设用地、耕地和未利用地设置为威胁因子，并对各个参数进行赋值，最终结果见表 4.3 和表 4.4。

表 4.3　生态威胁因子属性表

生态威胁因子	最大威胁距离/km	权重	衰减线性相关性
建设用地	5	0.8	指数
耕地	3	0.5	线性
未利用地	2	0.3	线性

表 4.4　不同土地利用类型生境适宜度及其对不同生态威胁因子的敏感程度

土地利用类型	生境适宜度	对威胁因子的敏感程度		
		建设用地	耕地	未利用地
耕地	0.3	0.5	0.3	0.1
林地	0.7	0.6	0.4	0.1
草地	0.6	0.6	0.5	0.1
湿地	0.9	0.8	0.4	0.1
未利用地	0	0	0	0
建设用地	0	0	0	0

2）威胁因子栅格数据

使用 ArcGIS 软件中重分类功能将土地利用数据中威胁因子栅格赋值为 1，其余非威胁因子栅格赋值为 0，从而得到威胁因子的栅格数据。

4.4 渤海湾生态屏障区土地利用格局变化特征

4.4.1 土地利用空间格局时间演变

2000—2020 年渤海湾滨海区域各类土地利用面积见表 4.5。结果表明，各年份中渤海湾滨海区域各类土地利用面积大小顺序依次均为：耕地、建设用地、湿地、未利用地、草地、林地。其中，耕地为渤海湾滨海地区的主要土地利用类型，2000—2020 年耕地占比分别约为 69.42%、67.24%、64.82%、62.29% 和 59.18%，呈现逐渐下降趋势；而林地和草地面积较小，占比均小于 1%。

表 4.5　2000—2020 年渤海湾滨海区域各类土地利用面积　　　　单位：km²

年份	耕地	林地	草地	湿地	未利用地	建设用地
2000	14 925.83	3.74	69.44	2 137.19	1 134.70	3 229.33
2005	14 457.10	1.81	50.06	2 491.76	987.13	3 512.40
2010	13 937.37	1.76	67.20	2 630.55	811.86	4 672.09
2015	13 393.04	1.45	40.25	2 905.99	558.65	5 221.14
2020	12 723.73	2.02	8.59	2 877.27	231.13	6 276.90

2000—2020 年，渤海湾滨海区域建设用地与湿地面积均有不同程度的增加。其中，建设用地面积增幅最大，从 3 229.33km² 增加到 6 276.90km²，增幅约94.4%；湿地面积增加了740.08km²，增幅约为34.6%。2000—2020 年，渤海湾滨海区域耕地、林地、草地与未利用地面积有不同程度的减少。其中耕地面积减少最多，面积由 14 925.83km² 减少至 12 723.73km²，降幅约14.8%；而未利用地、林地和草地分别减少约79.6%、46.1%和87.6%。

2000—2020 年渤海湾沿岸土地利用类型转移矩阵表见表 4.6，该表可以反映在 20 年间渤海湾滨海地区各土地利用类型的相互转化情况。从转出方面来看，2000—2020 年渤海湾滨海区域各类土地转出面积大小顺序依次为：耕地、湿地、未利用地、耕地、草地、林地。耕地面积中共有 2 474.1km² 转为其他土地利用类型，其中 724.03km² 转为湿地，1 719.74km² 转为建设用地。湿地面积共转出 792.54km²，其中 618.14km² 转化为建设用地，152.87km² 转为耕地，21.44km² 转为未利用地；未利用地面积转出了 796.87km²，主要转为湿地和建设用地，转出面积分别为 554.98km² 和 377.34km²；建设用地面积转出 302.46km²，主要转为湿地，转入面积为 248.82km²。从转入方面来看，2000—2020 年渤海湾滨海区域各类土地转入面积大小顺序依次为：建设用地、湿地、耕地、未利用地、草地、林地。其中，建设用地和湿地共计转入面积分别为 2734.44km² 和 1539.86km²，主要来源均为耕地和湿地；而耕地和未利用地的转入总面积分别为 275.13km² 和 60.29km²，但远小于其总转出面积，故 2000—2020 年耕地和未利用地面积减少。

表 4.6　2000—2020 年渤海湾滨海区域土地利用类型转移矩阵　　单位：km²

	耕地	林地	草地	湿地	未利用地	建设用地	2000 年合计
耕地	12 543.84	1.01	4.01	724.03	25.32	1 719.74	15 017.98
林地	1.99	0.85	0.00	0.21	0.00	0.83	3.88
草地	35.47	0.00	3.94	11.72	2.82	16.39	70.33
湿地	152.87	0.04	0.05	1 356.41	21.44	618.14	2 149.08
未利用地	41.84	0.00	0.35	554.98	167.33	377.34	1 142.01
建设用地	42.94	0.00	0.01	248.82	10.69	2 953.43	3 255.94
2020 年合计	12 818.97	1.90	8.36	2 896.27	227.62	5 687.87	21 716.55

4.4.2　土地利用空间格局空间演变

2000—2020 年，渤海湾滨海区域土地利用空间分布如图 4.3 所示，研究区域中耕地作为主要土地利用类型呈大斑块状分布，建设用地主要分布于中部天津滨海新区，南部和北部的建设用地镶嵌分布于耕地之中，但随着该地区城市化进程，大量耕地转化为建设用地，导致 20 年来建设用地范围呈持续扩张趋势，中部天津滨海新区建设用地面积增加明显。

2000 年，渤海湾海岸内 10km 范围内主要土地利用类型为湿地和未利用地，港口、盐田等建设用地分布较少，但 2005 年以来天津滨海新区、唐山市曹妃甸区等地开展的围海造陆工程，导致大量新增建设用地出现，也使得大量湿地和未利用地被侵占为建设用地，均导致渤海湾海岸内 10km 范围建设用地面积大幅增加；此外，在滨州市沾化区、无棣县和东营市河口区北部持续出现未利用地转化为湿地，湿地滨海湿地面积有所增加。

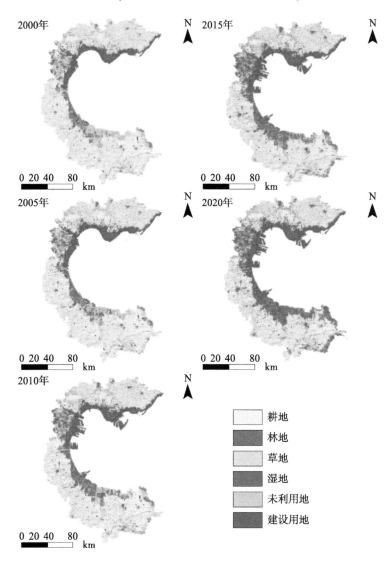

图 4.3   2000—2020 年渤海湾滨海区域土地利用空间分布

　　土地利用格局会对生态系统能量交换、物质循环等生态进程和生态系统服务供给产生影响。已有研究表明，土地利用程度较高的建设用地和耕地对生态系统服务贡献低，而土地利用程度较低的林地和湿地等大多提供较高的生态系统服务（雷金睿等，2019）。草地、林地和湿地变为耕地或建设用地可以对食物供给或经济收益有促进作用，但却会以牺牲生态系统的其他服务为代价（Lawler et al.，2014）。稳定的土地利用格局对区域生态安全和可持续发展具有重要意义。因此，应在明晰土地利用变化对生态系统服务影响的基础上，合理开展土地利用规划，平衡开发建设与生态保护的关系，探索环境友好的发展模式。

4.5　渤海湾生态安全屏障功能评估

4.5.1　渤海湾生态屏障区水质净化功能评估

渤海湾生态屏障区通过植被和土壤对地表径流中氮、磷污染物质的截留净化作用，控制氮、磷向渤海湾的输入，从而实现对海洋水质的净化。因此本研究以氮、磷的净化截污率作为水质净化屏障功能的评估指标。氮、磷的净化截污率越高，说明水质净化屏障功能越强。InVEST 模型营养迁移模块结果提供年际氮、磷输出总量、截留总量、净化截污率的年际变化与空间分布栅格，据此分析渤海湾滨海地区水质净化屏障功能的时空演变。

1. 水质净化屏障功能时间变化特征

2000—2020 年渤海湾滨海区域氮、磷的输出、净化截污总量和净化截污率的结果如图 4.4 和图 4.5 所示。2000—2020 年研究区域氮、磷输出量和净化截污量均呈下降趋势，研究区 2000 年、2005 年、2010 年、2015 年、2020 年的氮输出总量分别为 4 002.58t、3 946.73t、3 830.78t、3 641.65t、3 470.02t，多年平均氮输出总量为 3 778.35t；各年份氮截留总量分别为 13 366.44t、12 968.76t、12 648.32t、12 302.24t、11 785.26t，多年平均氮截留总量为 12 614.20t。研究区 2000 年、2005 年、2010 年、2015 年、2020 年的磷输出总量分别为 1 078.81t、1 064.55t、1 048.14t、1 002.44t、973.82t，多年平均磷输出总量为 1 033.55t；2000—2020 年磷截留总量分别为 3 737.86t、3 640.18t、3 596.20t、3 525.85t、3 430.39t，多年平均磷截留总量为 3 586.09t。从以上数据分析可以发现，研究区域氮和磷输出、净化截污总量呈现出相似的时间变化趋势，氮输出量约为磷的 3.67 倍，氮截留量约为磷的 3.52 倍。

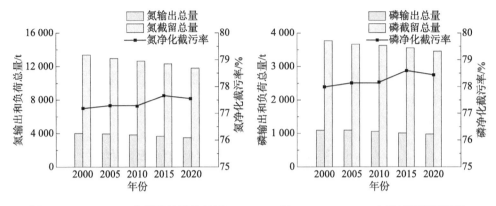

图 4.4　2000—2020 年渤海湾滨海地区　　图 4.5　2000—2020 年渤海湾滨海地区
　　　 氮输出、截留总量和净化截污率　　　　　　磷输出、截留总量和净化截污率

从净化截污率的角度分析，研究区 2000 年、2005 年、2010 年、2015 年、2020 年的氮净化截污率分别为 77.18%、77.28%、77.27%、77.66%、77.55%，多年平均氮净化截污率分别为 77.39%。2000 年、2005 年、2010 年、2015 年、2020 年的磷净化截污率分别为 77.98%、78.11%、78.13%、78.56%、78.41%，多年平均磷净化截污率为 78.24%。2000—2020 年区域氮、磷净化截污率数值上几乎无变化，总体呈小幅上升趋势。

2. 水质净化屏障功能空间变化特征

2000—2020 年渤海湾滨海区域栅格氮、磷净化截污率空间分布如图 4.6 和图 4.7 所示。氮、磷净化截污率表现出相似的空间分布，研究区域内超过 60% 区域氮、磷净化截污率大于 80%，表现出较强的氮、磷的净化截污能力，而氮、磷净化截污率低值区呈现出破碎化分布。

从年际空间分布上看，各年氮、磷净化截污空间分布存在一定差异，2000 年氮、磷净化截污率低值区主要分布于研究区中部的黄骅市与北部的滦南县、乐亭县。在 2005 年后，氮、磷净化截污率低值区分布呈现出向南的趋势，主要分布在滨州市无棣县、沾化区和东营市利津县。

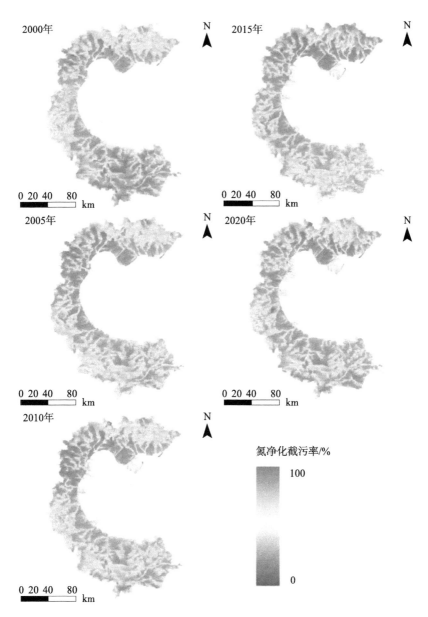

图 4. 6　2000—2020 年渤海湾滨海地区氮净化截污率空间分布

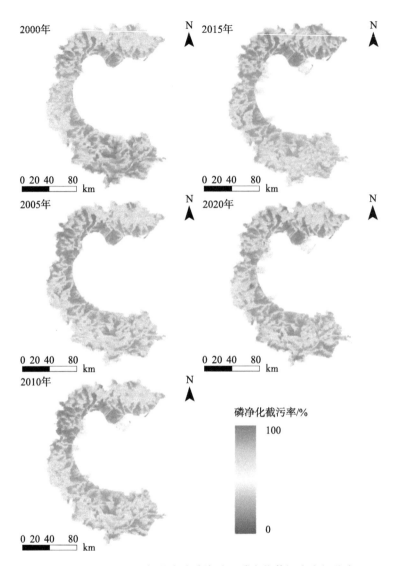

图 4.7　2000—2020 年渤海湾滨海地区磷净化截污率空间分布

4.5.2　渤海湾生态屏障区水资源供给功能评估

渤海湾滨海地区的产水能力直接影响对渤海湾的补给水量，反映了水资源供给屏障功能，故以渤海湾滨海地区的产水总量作为水资源供给屏障功能的评估指标，产水总量越高，表明水资源供给屏障功能越强。InVEST 模型产水量模块结果提供产水量年际变化与空间分布栅格，据此分析渤海湾滨海地区水资源供给屏障功能时空演变。

1. 水资源供给屏障功能时间变化特征

2000—2020 年渤海湾滨海地区年均降雨量、年均蒸散量和产水总量如图 4.8 所示。2000 年、2005 年、2010 年、2015 年、2020 年，研究区域产水总量分别为 $6.30 \times 10^9 m^3$、$7.91 \times 10^9 m^3$、$10.13 \times 10^9 m^3$、$8.99 \times 10^9 m^3$、$9.59 \times 10^9 m^3$，多年平均产水量为 $8.6 \times 10^9 m^3$，20 年间产水总量呈不断上升趋势，整幅为 52.2%。

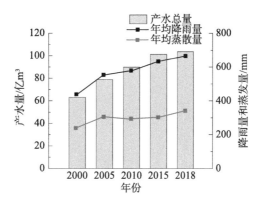

图 4.8 2000—2020 年渤海湾滨海地区年降雨量、蒸散量和产水总量

2000 年、2005 年、2010 年、2015 年、2020 年，研究区域年均降雨量分别为 438.58mm、552.57mm、579.19mm、633.47mm、613.78mm，增长速率为 8.63mm/a。2000 年、2005 年、2010 年、2015 年、2020 年，研究区域年均蒸散量分别为 238.55mm、304.66mm、294.08mm、301.49mm、311.28mm，增长速率为 2.85mm/a。

2. 水资源供给屏障功能空间变化特征

2000—2020 年渤海湾滨海地区产水量空间分布如图 4.9 所示。研究区域产水量具有显著的年内空间差异性和年际差异性，从年内空间差异性看，产水量呈随海岸线向陆地呈递减趋势，产水量高值区主要分布于海岸线向陆地 10km 范围内。

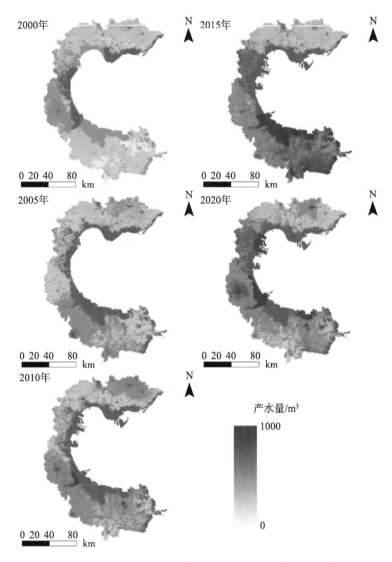

图 4.9 2000—2020 年渤海湾滨海地区产水量空间分布

产水量的大小与降雨量、蒸散量以及植被、土壤特征有关，由于各年气象状况存在差异，故产水量也具有明显的年际差异性。空间分布特征显示 2015 年产水量最大，其平均栅格产水量约为 290m³，栅格产水量大于 300m³ 的区域主要位于研究区中部、南部以及海岸线向陆地 10km 范围内；2000 年产水量最小，平均栅格产水量不足 210m³，仅在海岸线向陆地 10km 范围内的部分区域，栅格产水量为 250m³ 以上。

4.5.3　渤海湾生态屏障区生境维护功能评估

渤海湾滨海地区位于海陆交错带，陆地生态系统与海洋生态系统联系复杂，假设生境越佳的陆地生态系统，可供给的生境维持屏障功能也越优质，故选取生境质量为生境维持屏障功能的评估指标。InVEST 模型生境质量模块结果提供生境质量指数年际变化与空间分布栅格，据此分析渤海湾滨海地区生境维护屏障功能时空演变。

1. 生境维护屏障功能时间变化特征

2000—2020 年渤海湾滨海地区平均生境质量结果如图 4.10 所示，平均生境质量指数分别为 0.29、0.30、0.29、0.29、0.28，多年平均生境质量指数为 0.29，生境质量总体较差。生境质量指数总体上呈下降趋势，20 年间生境质量下降 4.3%。

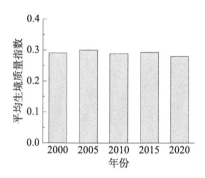

图 4.10　2000—2020 年渤海湾滨海地区年平均生境质量指数

2. 生境维护屏障功能空间变化特征

2000—2020 年渤海湾滨海地区生境质量空间分布如图 4.11 所示，研究区域生境质量的年内分布呈现明显空间差异，大部分生境质量指数低于 0.4，生境质量较差，而生境质量良好（生境指数为 0.6~1）区域主要分布于海岸线向陆 10km 范围内。

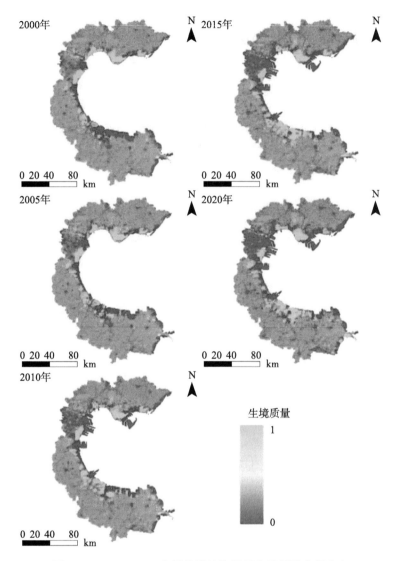

图 4.11 2000—2020 年渤海湾滨海地区生境质量空间分布

生境质量年际时空分布差异较小，但 20 年来中部地区生境质量低值区面积出现明显的增长，这可能由于区域城市化进程下建设用地的快速扩张；在研究区域南部出现生境质量良好（生境指数为 0.6 ~ 1）区域面积持续增加，主要分布于滨州市沾化区、无棣县和东营市河口区。

4.5.4 渤海湾生态屏障区生态安全功能指数评估

本研究对生态安全屏障功能指数进行了定义，以反映渤海湾滨海区域的综合屏障功能强弱。该功能指数的取值范围为 0~1，数值越接近 1，表明区域综合屏障功能越强。基于 GIS 空间分析法，将三类生态安全屏障功能结果归一化后进行空间叠加，结果获得研究区域生态安全屏障功能指数的年际变化与空间分布栅格，据此分析渤海湾滨海地区生态安全屏障功能时空演变。

2000—2020 年，渤海湾滨海地区每 5 年平均屏障功能指数分别为 0.59、0.6、0.62、0.62、0.61，如图 4.12 所示，多年平均屏障功能指数为 0.61，表明区域综合屏障作用良好。20 年来生态安全屏障功能指数呈现先升后降的趋势，增加幅度为 3.7%。

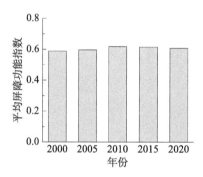

图 4.12 2000—2020 年渤海湾滨海地区每 5 年平均屏障功能指数

2000—2020 年，渤海湾滨海地区生态安全屏障功能指数空间分布如图 4.13 所示，生态安全屏障功能指数年际时空分布差异较小，但年内空间分布呈现明显差异，生态安全屏障功能指数最高的区域主要分布于海岸线向陆 10km 范围内，土地利用类型以湿地为主，这些地区的生态安全屏障功能指数均高于 0.8，表明综合生态安全屏障功能得到较好发挥，这也与上文中研究区域产水量和生境质量高值区的空间分布一致。然而研究区其他区域生态安全屏障功能指数较低，数值均不足 0.6，仍需一定措施改善生态安全屏障功能供给。

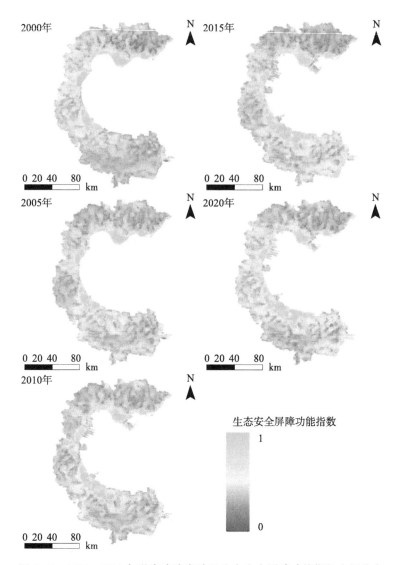

图 4.13　2000—2020 年渤海湾滨海地区生态安全屏障功能指数空间分布

4.6　渤海湾生态安全屏障功能变化的驱动因素分析

随着海岸带滨海区域经济发展和人口增加，人地矛盾不断加大，城镇化建设、围海造地等一系列开发利用的问题进一步突出（高志强等，2014）。对于渤海湾滨海区域来讲，人类活动引起的土地利用类型变化和气候变化共同影响了综合生态安全屏障功能，具体表现为屏障功能指数的逐年下降。然而，人类活动和气候变化等因素对各项屏障功能的影响不尽相同。因此，评价渤海湾滨海地区各项屏障功能的综合强弱，明晰各类屏障功能时空演变的驱动因素，对区域发展和规划具有重要意义。

生态系统通过植被和土壤对径流中氮、磷污染物质的净化截污作用，减少了入海污染物的输出，实现水质净化屏障功能。渤海湾滨海地区的平均氮、磷的截留净化率达到 77% 以上，高于其他滨海地区的研究结果（燕怡云，2018），具有良好的水质净化屏障功能。对比土地利用分布发现，部分耕地区域存在较低的净化截污率，尽管耕地土壤对氮、磷具有一定的截留作用，但农业施肥中产生的大量面源污染负荷（Wu et al.，2018），增加了污染物的输出。其他地区的研究也发现，工业和农业生产的扩大是水质恶化的主要因素（Su et al.，2013）。Sun 等（2018）和 Wu 等（2019）分别利用 InVEST 模型计算了北京市和昆山市 30 年来氮和磷的输出量，结果均表明，在城市扩张期间，由于建设用地对耕地的替代，导致了氮、磷输出量的减少。这与本研究的结果一致，渤海湾滨海地区在 2000—2020 年间有 1 265.05km² 的耕地转换为建设用地，使得氮、磷输出分别减少 7.76% 和 5.78%。

降水和土地利用变化是渤海湾滨海地区产水量变化的关键驱动因素（Wu et al.，2020；Hartanto et al.，2003）。在 InVEST 模型中，产水量计算为年降雨量减去实际蒸散量得出，而实际蒸散量由蒸散量和土地利用类型的植被、土壤特征确定（Bangash et al.，2013）。Yang 等（2019）对湘江流域 2005—2015 年产水量进行评估，结果显示降水是影响产水量的主要影响因素，10 年间该区域降雨量增加量增加了 46%，导致产水量增加约 138%。本研究中，2000—2020 年渤海湾滨海地区年均降水量以 11.68mm/a 的速率升高，而实际蒸散量增长速率仅为 2.18mm/a，故 18 年间产水总量增加了 64.5%。同时，土地利用的变化可以改变蒸散发、入渗和蓄水等水文状况，也可以改变河流和地下水资源的可用水量（Sánchez-Canales et al.，2012）。在相同气象条件下，由于植物和土壤根系对降雨吸收和保持作用，耕地和林地会生成较少的产水量（Arunyawat et al.，2012；Jujnovsky et al.，2017）；而建设用地的不透水表面可以减少水分入渗从而产生更多的水量（Liu et al.，2013）。Li 等（2018）针对京津冀地区不同土地利用情景下产水量进行预测，结果表明，在相同的气候条件下，如果将耕地改为建设用地，产水量将增加两倍以上。而本研究中产水量的逐年提升，也得益于城市化进程带来的建设用地提升。

尽管城市化进程中建设用地对耕地的替代，在一定程度上将减少了氮、磷污染并促进了水资源供给。但城市化造成的景观破碎和土地利用格局改变，将成为区域生境质量和生物多样性的主要威胁（Vimal et al.，2012；Seto et al.，2012）。渤海湾滨海地区地势平坦又有较为发达的河网，工农业生产活动频繁，区域内耕地和建设用地面积占比超过80%，高强度的人类活动导致了生境退化，这也是该地区生境质量较差的主要原因。王耕和王佳雯（2021）及李胜鹏等（2020）分别利用InVEST模型对丹东市和福建省沿海地区生境质量进行了评估，两地区平均生境质量结果均大于0.6，而渤海湾平均生境质量仅为0.29，整体生境质量较差，难以维持生境屏障功能的供给。较差的陆地生境在一定程度上影响了渤海湾海洋生态系统和生物多样性，近年来关于渤海湾水生态退化的问题多有报道（肖洋等，2018；Suo et al.，2012）。此外，渤海湾海岸线向陆10km范围内人工湿地（水库坑塘）和自然湿地（滩涂、沼泽地）分布密集，生态系统质量较高且受到人类干扰程度较小，是鸟类迁徙的主要栖息地，而本研究中生境质量良好区也分布于此。但2000年以来，由于以城市和港口建设为主的大规模围海造地活动（温馨燃等，2020），渤海湾滨海区域在20年间有512.02km² 的湿地被侵占为建设用地，导致区域平均生境质量指数下降6.5%，生境退化和生物多样性降低的问题愈发严重。

本章通过渤海湾滨海地区土地利用空间分布和转移矩阵分析了该地区土地利用格局时空演变情况。基于InVEST模型营养物迁移模块、产水量模块、生境质量模块和GIS空间分析法，分析了2000—2020年渤海湾滨海地区氮、磷截污净化、产水量、生境质量和屏障功能指数空间分布特征与演变规律，探究了生态安全屏障功能的驱动因素。

从土地利用变化看，2000—2020年渤海湾滨海地区土地利用变化剧烈，各土地利用类型间转移频繁。渤海湾滨海地区耕地的面积占比大于60%，是该区域主要土地利用类型，而草地和林地面积极小。2000—2020年各土地利用类型转移以耕地、湿地之间的相互转换及耕地、未利用地向建设用地、湿地的转换为主。研究区域20年间土地利用变化趋势为耕地、草地、林地和未利用面积持续减少，建设用地和湿地面积增加；建设用地面积在20年间增加94.4%，主要发生于中部天津滨海新区和渤海湾海岸内10km范围，这主要是由于城市化进程和以港口建设为主的高强度围海造陆工程，导致大量耕地、沿海湿地和未利用地被侵占为建设用地。

从生态安全屏障功能上看，2000—2020年，渤海湾滨海地区多年平均氮截留率、磷截留率、产水量、生境质量和生态安全屏障功能指数分别为77.4%、78.2%、$8.6 \times 10^9 \mathrm{m}^3$、0.29和0.61。与其他区域的评估结果相比，渤海湾滨海地区屏障功能总体供给良好，但生境维持屏障功能相对较弱。从时间变化上看，2000—2020年平均氮、磷截污净化率在数值上几乎无变化；产水总量出现显著增加，增幅为52.2%；平均生境质量呈下降趋势，数值上下降了4.3%；生态安全屏障功能指数呈现小幅上升趋势，增幅为3.7%。这表明2000—2020年综合屏障功能和水资源供给屏障功能得到提升，生境维持屏障功能下降，水质净化屏障功能几乎无变化。从空间分布上看，氮、磷净化截污率呈现出相似的空间分布特征，研究区域内绝大区域为氮、磷截污净化高值区，而氮、磷净化截污率低值区的年际空间分布存在差异，2005年后呈现出由中部向南部变化的趋势。而产水量空间分布也不规律，具有显著的年内空间差异性和年际差异性：各研究年份内栅格产水量差异极大，但均呈随海岸线向陆地呈递减趋势。此外，研究区域产水总量、生境质量和生态安全屏障功能指数具有相似的高值区分布，几类评价指标的高值区均分布于渤海湾海岸线向陆10 km范围的湿地生态系统，表明相较于其他土地利用类型，滨海湿地的生态安全屏障功能供给最强。

从驱动因素上看，2000—2020年渤海湾滨海地区生态安全屏障功能主要受土地利用变化和气候变化的影响。一方面，水质净化屏障功能和生境维持屏障功能均受到人类活动引起的土地利用变化影响，城市化进程中建设用地对耕地的替代，对水质净化屏障功能有促进作用；另一方面，在围海造陆过程中建设用地对湿地的侵占，严重阻碍生境维持屏障功能的供给。水资源供给屏障功能受到土地利用变化和气候因素的共同影响，20年间建设用地面积增加和降雨量的增加，均对水资源供给屏障功能具有促进作用。

参考文献

程先，孙然好，孔佩儒，等. 2016. 海河流域水体沉积物碳、氮、磷分布与污染评价 [J]. 应用生态学报，27 (8)：2679 – 2686.

高志强，刘向阳，宁吉才，等. 2014. 基于遥感的近30a中国海岸线和围填海面积变化及成因分析 [J]. 农业工程学报，30 (12)：140 – 147.

雷金睿，陈宗铸，吴庭天，等. 2019. 海南岛东北部土地利用与生态系统服务价值空间自相关格局分析 [J]. 生态学报，39 (7)：2366 – 2377.

李胜鹏，柳建玲，林津，等. 2020. 基于 1980—2018 年土地利用变化的福建省生境质量时空演变 ［J］. 应用生态学报，31（12）：4080 – 4090.

李素晓. 2019. 京津冀生态系统服务演变规律与驱动因素研究 ［D］. 北京：北京林业大学.

马良，金陶陶，文一惠，等. 2015. InVEST 模型研究进展 ［J］. 生态经济，31（10）：126 – 131，179.

王耕，王佳雯. 2021. 丹东沿海地区土地利用变化对生境质量的影响研究 ［J］. 生态环境学报，30（3）：621 – 630.

王磊，香宝，苏本营，等. 2017. 京津冀地区农业面源污染风险时空差异研究 ［J］. 农业环境科学学报，36（7）：1254 – 1265.

温馨燃，王建国，王雨婷，等. 2020. 1985—2017 年环渤海地区围填海演化及驱动力分析 ［J］. 水土保持通报，40（2）：85 – 91，99.

吴健生，曹祺文，石淑芹，等. 2015. 基于土地利用变化的京津冀生境质量时空演变 ［J］. 应用生态学报，26（11）：3457 – 3466.

吴瑞，刘桂环，文一惠. 2017. 基于 InVEST 模型的官厅水库流域产水和水质净化服务时空变化 ［J］. 环境科学研究，30（3）：406 – 414.

肖寒，欧阳志云，赵景柱，等. 2000. 森林生态系统服务功能及其生态经济价值评估初探——以海南岛尖峰岭热带森林为例 ［J］. 应用生态学报，（4）：481 – 484.

肖洋，张路，张丽云，肖燚，等. 2018. 渤海沿岸湿地生物多样性变化特征 ［J］. 生态学报，38（3）：909 – 916.

燕怡云. 2018. 土地利用和气候变化情景下的九龙江流域非点源氮输出模拟 ［D］. 厦门：厦门大学.

张彪，李文华，谢高地，等. 2008. 北京市森林生态系统的水源涵养功能 ［J］. 生态学报，（11）：5619 – 5624.

张婷，高雅，李建柱，等. 2021. 流域非点源氮磷污染负荷分布模拟 ［J］. 河海大学学报：自然科学版，49（1）：42 – 49.

赵宁，夏少霞，于秀波，等. 2020. 基于 MaxEnt 模型的渤海湾沿岸鸻鹬类栖息地适宜性评价 ［J］. 生态学杂志，39（1）：194 – 205.

Allen R G, Pereira L S, Raes D, et al. 1998. Crop Evapotranspiration：Guidelines for Computing Crop Water Requirements ［J］. CFAO.

Arunyawat, Sunsanee, Shrestha, et al. 2016. Assessing Land Use Change and Its Impact on Ecosystem Services in Northern Thailand ［J］. Sustainability, 8（8）：768.

Bangash R F, Passuello A, Sanchez – Canales M, et al. 2013. Ecosystem Services in Mediterranean River Basin：Climate Change Impact on Water Provisioning and Erosion Control ［J］. Science of The Total Environment, 458 – 460：246 – 255.

Berg C E, Mineau M M, Rogers S H. 2016. Examining the ecosystem service of nutrient removal in a coastal watershed [J]. Ecosystem Services, 20: 104 – 112.

Bonnie L K, Stephen P, Kate A B, et al. 2012. Linking Water Quality and Well – Being for Improved Assessment and Valuation of Ecosystem Services [J]. Proceedings of the National Academy of Sciences of the United States of America, 109 (45): 18619 – 18624.

Chu L, Sun T, Wang T, et al. 2018. Evolution and Prediction of Landscape Pattern and Habitat Quality Based on CA – Markov andInVEST Model in Hubei Section of Three Gorges Reservoir Area (TGRA) [J]. Sustainability, 10 (11).

Hartanto H, Prabhu R, Widayat A S, et al. 2013. Factors Affecting Runoff and Soil Erosion: Plot – Level Soil Loss Monitoring for Assessing Sustainability of Forest Management [J]. *Forest Ecology and Management*, 180 (1 – 3): 361 – 374.

Jujnovsky J, Ramos A, Caro – Borrero Á, et al. 2017. Water Assessment in a Peri – Urban Watershed in Mexico City: A Focus on an Ecosystem Services Approach [J]. Ecosystem Services, 24: 91 – 100.

Kowarik I. 2011. Novel Urban Ecosystems, Biodiversity, and Conservation [J]. Environmental Pollution, 159 (8 – 9): 1974 – 1983.

Lawler J J, Lewis D J, Nelson, et al. 2014. Projected Land – Use Change Impacts on Ecosystem Services in the United States [J]. Proceedings of the National Academy of Sciences, 111 (20): 7492 – 7497.

Li S, Yang H, Lacayo M, Liu J, Lei G. 2018. Impacts of Land – Use and Land – Cover Changes on Water Yield: A Case Study in Jing – Jin – Ji, China [J]. Sustainability, 10 (4): 960.

Li S, Yang H, Martin L, et al. 2018. Impacts of Land – Use and Land – Cover Changes on Water Yield: A Case Study in Jing – Jin – Ji, China [J]. Sustainability, 10 (4): 960.

Lin C, Su J, Xu B, et al. 2001. Long – Term Variations of Temperature and Salinity of the Bohai Sea and Their Influence on Its Ecosystem [J]. Progress in Oceanography, 49 (1 – 4): 7 – 19.

Liu Y, Zhang X, Xia D, et al. 2013. Impacts of Land – Use and Climate Changes on Hydrologic Processes in theQingyi River Watershed, China [J]. Journal of Hydrologic Engineering, 18 (11): 1495 – 1512.

Mla B, Dong L, Jxac D, et al. 2021. Evaluation of Water Conservation Function of Danjiang River Basin in Qinling Mountains, China Based on InVEST Model [J]. Journal of Environmental Management, 286: 112212.

Ning X, Lin C, Su J, et al. 2010. Long – Term Environmental Changes and the Responses of the Ecosystems in the Bohai Sea during 1960—1996 [J]. Deep Sea Research Part II: Topical Studies in Oceanography, 57 (11 – 12): 1079 – 1091.

Pollesch N L, Dale V H. 2016. Normalization in sustainability assessment: Methods and implications [J]. *Ecological Economics*, 130: 195 – 208.

Redhead J W, May L, Oliver T H, et al. 2017. National scale evaluation of theInVEST nutrient re-
tention model in the United Kingdom [J]. Science of the Total Environment, 610 – 611, 666.

Redhead J W, Stratford C, Sharps K, Jones L, Ziv G, Clarke D, Oliver T H, Bullock J
M. 2016. Empirical Validation of theInVEST Water Yield Ecosystem Service Model at a National
Scale [J]. Science of the Total Environment, 569 – 570 (nov. 1): 1418 – 1426.

Rjd A, Mlr B, Mv A. 2012. Roots, storms and soil pores: Incorporating key ecohydrological
processes into Budyko's hydrological model [J]. Journal of Hydrology.

Seto K C, Guneralp B, Hutyra L. 2012. Global Forecasts of Urban Expansion to 2030 and Direct
Impacts on Biodiversity and Carbon Pools [J]. Proceedings of the National Academy of Sci-
ences, 109 (40): 16083 – 16088.

Sharp R, Tallis H T, Ricketts T, et al. 2012. InVEST + VERSION + User's Guide [J].

Su S, Rui X, Mi X, et al. 2013. Spatial Determinants of Hazardous Chemicals in Surface Water
of Qiantang River, China [J]. Ecological Indicators, 24: 375 – 381.

Sun X, Lu Z, Li F, Crittenden J C. 2018. AnalyzingSpatio – Temporal Changes and Trade – Offs
to Support the Supply of Multiple Ecosystem Services in Beijing, China [J]. Ecological Indica-
tors, 94: 117 – 129.

Suo A, Cao K, Zhao J, et al. 2015. Study on Impacts of Sea Reclamation on Fish Community in
Adjacent Waters: A Case inCaofeidian, North China [J]. Journal of Coastal Research, 73:
183 – 187.

Sánchez – Canales M, López Benito A, Passuello A, et al. 2012. Sensitivity Analysis of Ecosys-
tem Service Valuation in a Mediterranean Watershed [J]. Science of The Total Environment,
440: 140 – 153.

Vimal R, Geniaux G, Pluvinet P, et al. 2012. Detecting Threatened Biodiversity by Urbanization at
Regional and Local Scales Using an Urban Sprawl Simulation Approach: Application on the
French Mediterranean Region [J]. Landscape and Urban Planning, 104 (3 – 4): 343 – 355.

Wu X, Shi W, Guo B, et al. 2020. Large Spatial Variations in the Distributions of and Factors
Affecting Forest Water Retention Capacity in China [J]. Ecological Indicators, 113: 106152.

Wu Y, Tao Y, Yang G, et al. 2019. Impact of Land Use Change on Multiple Ecosystem Services
in the Rapidly Urbanizing Kunshan City of China: Past Trajectories and Future Projections [J].
85: 419 – 427.

Wu Y, Xi X, Tang X, et al. 2018. Policy Distortions, Farm Size, and the Overuse of Agricul-
tural Chemicals in China [J]. Proceedings of the National Academy of Sciences, 115 (27):
7010 – 7015.

Xu L, Chen S, Xu Y, et al. 2019. Impacts of Land – Use Change on Habitat Quality during 1985 –

2015 in the Taihu Lake Basin［J］. Sustainability，11（13）：3513.

Xu X，Liu W，Scanlon B R，Zhang L，Pan M. 2013. Local and Global Factors Controlling Wa-
ter – energy Balances within the Budyko Framework［J］. Geophysical Research Letters，40
（23）：6123 – 6129.

Yang D，Liu W，Tang L，et al. 2019. Estimation of Water Provision Service for Monsoon Catch-
ments of South China：Applicability of the InVEST Model［J］. Landscape and Urban Plan-
ning，182：133 – 143.

Zhu G，Xie Z，Xu X，et al. 2016. The Landscape Change and Theory of Orderly Reclamation Sea
Based on Coastal Management in Rapid Industrialization Area in Bohai Bay，China［J］. Ocean
& Coastal Management，133：128 – 137.

第5章 渤海湾生态安全屏障空间规划

5.1 规划思路与研究内容

5.1.1 规划思路

本章利用前文提出的相关理论方法构建与优化渤海湾海陆一体化生态网络，并在此基础上开展渤海湾生态安全屏障空间规划。基本思路是以渤海湾土地利用现状为基础，基于电路理论、最小阻力模型、InVEST模型等生态学理论与方法，利用地理信息系统和遥感技术为手段，首先对渤海湾土地利用与景观格局现状进行分析评价，随后构建渤海湾海陆一体化生态网络并进行评价，从不同角度对生态网络进行优化，最后开展渤海湾生态安全屏障空间规划研究。

5.1.2 主要研究内容

根据以上分析，拟开展的主要研究内容包括：

（1）渤海湾土地利用现状及景观格局分析。

（2）海陆统筹格局下渤海湾生态网络构建与评价，包括：

① 生态源识别；

② 阻力面构建；

③ 生态廊道识别；

④ 生态节点识别；

⑤ 生态网络空间评价。

（3）渤海湾海陆一体化生态网络优化，包括：

① 生态源地优化；

② 生态节点优化;

③ 生态廊道优化;

④ 整体生态网络优化;

⑤ 生态系统服务空间分异;

⑥ 生态脆弱区空间分布。

(4) 渤海湾生态安全屏障空间布局规划,包括:

① 规划范围;

② 规划原则;

③ 规划目标与指标;

④ 规划分区;

⑤ 空间结构。

5.1.3　研究技术路线

拟采取的技术路线见图 5.1。

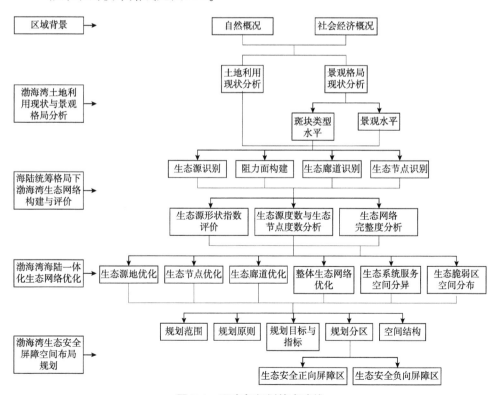

图 5.1　研究与规划技术路线

5.2　研究区域背景

5.2.1　自然概况

渤海湾位于我国东北部,包括河北省、山东省、天津市三个省市。本研究集中在河北省唐山市路南区、乐亭县、曹妃甸区、滦南县、丰南区,河北省沧州市黄骅市、海兴县,天津市滨海新区、东丽区、津南区、宁河区,山东省滨州市无棣县、沾化区,山东省东营市河口区、利津县、垦利区,沿海岸带生态红线限制区、生态红线禁止区。土地利用总面积 13 863.73km² (未包含沿海岸带生态红线限制区、禁止区)。

渤海湾沿岸气候类型属于温带大陆季风性气候,特点为日照充足,雨量充沛,四季分明,冬季寒冷干燥,夏季高温多雨,年均降水量为 550 ~ 650mm,降水主要集中在 7 月和 8 月,年均日照时数为 2 114h,年平均温度为 13.1℃,最高气温为 40.9℃,最低气温为 – 13.5℃。常发生风暴潮现象。

渤海湾沿岸主要是由于河海的交互作用,每年携带大量泥沙堆积形成平原海岸,岸线平直、岸坡平缓、潮间带宽阔,容易被开发成盐田、养殖区等,沉积物主要以粉砂淤泥和黏土质淤泥为主。近年来,沿海湿地退化。

5.2.2　社会经济概况

渤海湾沿岸江河纵横,有海河、滦河、蓟运河等十几条河流注入。优越的地理位置、特殊的地质地貌以及良好的气候条件决定了渤海湾拥有丰富的资源。渤海湾沿岸属于资源经济型地区,自然资源比较丰富,其中,能源储量位居中国前列,石油在我国也有很重要的地位,约占全国总产量的 40%,煤炭储量在全国总储量中占了一半左右。渤海湾沿岸的海洋资源和渔业资源也较为丰富,渤海湾沿岸海洋资源主要有渔业资源、港口资源、海盐资源。渤海盐度较低、水质优良、饵料充足,是鱼、虾、蟹等的主要产卵场、索饵场、越冬场,沿海地区渔业资源较丰富;渤海湾沿岸港口众多,如黄骅港、天津港、曹妃甸港等港口是我国重要的经济支撑;沿岸滩涂平坦广阔、气候干燥是海盐的优良产地，也是我国海盐重要产地之一。同时，由于丰富多样的湿地环境，使得渤海湾沿岸成为东亚—澳大利西亚候鸟迁飞路线上的重要栖息地。

渤海湾沿岸是我国较发达的地区之一，根据文献资料（赵宁，2020），渤海湾拥有大中小企业约 3.8 万家，从业人数约 103.14 万人，年产值约 4 100 亿美元，创造附加价值约 1 400 亿美元。由于其经济相对发达，企业较多，提供的工作机会较多，因而外来人口较多，2017 年人口流入约 684 万人，流入速度非常快。

5.3 渤海湾周边地区土地利用现状及景观格局分析

5.3.1 土地利用现状

以 30m 全球地表覆盖数据 GlobeLand 30 为基础数据，GlobeLand 30 V2020

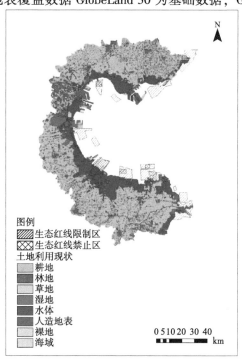

图 5.2 渤海湾周边地区土地利用现状

数据的总体精度为 85.72%，Kappa 系数 0.82。根据确定研究范围在 ArcGIS 平台中通过裁剪、计算等得到渤海湾周边区域土地利用现状（图 5.2）。渤海湾周边区域土地利用类型分为耕地、林地、草地、湿地、水体、人造地表、裸地、海域八类，其中面积最大的为耕地约 8 221.8km^2，其他类型依次为水体 2 709.57km^2，人造地表 2 077.38km^2，湿地 634.22km^2，草地 118.57km^2，海域 91.56km^2，林地 7.77km^2，裸地 2.85km^2。各土地利用类型分类说明表 5.1。

表5.1　各土地利用类型分类说明

类型	内　容	代码
耕地	用于种植农作物的土地，包括水田、灌溉旱地、雨养旱地菜地、牧草种植地、大棚用地、以种植农作物为主有果树及其他经济乔木的土地，以及茶园、咖啡园等灌木类经济作物种植地	10
林地	乔木覆盖且树冠盖度超过30%的土地，包括落叶阔叶林、常绿阔叶林、落叶针叶林、常绿针叶林、混交林，以及树冠盖度为10%~30%的疏林地	20
草地	天然草本植被覆盖，且盖度大于10%的土地，包括草原、草甸、稀树草原、荒漠草原，以及城市人工草地等	30
湿地	位于陆地和水域的交界带，有浅层积水或土壤过湿的土地，多生长沼生或湿生植物。包括内陆沼泽、湖泊沼泽、河流洪泛湿地、森林/灌木湿地、泥炭沼泽、红树林、盐沼等	50
水体	陆地范围液态水覆盖的区域，包括江河、湖泊、水库、坑塘等	60
人造地表	由人工建造活动形成的地表，包括城镇等各类居民地、工矿、交通设施等，不包括建设用地内部连片绿地和水体	80
裸地	植被覆盖度低于10%的自然覆盖土地，包括荒漠、沙地、砾石地、裸岩、盐碱地等	90

5.3.2　景观格局现状分析

1. 斑块类型水平景观格局分析

使用 Fragstats 软件计算研究区域不同土地利用类型斑块水平上的景观格局特征（万峻等，2009；魏帆等，2019；黄勇等，2015；马振刚等，2019；丁智，2014）（表 5.2）。

表 5.2　渤海湾周边地区不同土地类型斑块水平景观指数计算结果

类型	CA/hm²	PLAND/%	NP/个	PD	LPI/%	TE/m	ED	AREA_MN/hm²	AREA_SD/hm²	COHESIOM/%	IJI/%	AI/%
耕地	1 281 492.36	54.210 5	1 654	0.070 0	19.939 5	24 599 730	10.406 3	285 415.324 7	14 850.416 6	99.955 2	36.940 7	98.529 7
人造地表	321 336.36	13.593 4	4 523	0.191 3	0.822 0	20 594 580	8.712 0	3 904.886 4	521.895 7	98.801 3	29.971 4	95.157 2
水体	381 959.91	16.157 9	3 897	0.164 9	3.807 9	11 259 420	4.763 0	44 601.075 3	2 088.520 0	99.659 5	58.155 5	97.764
草地	16 250.49	0.687 4	264	0.011 2	0.097 4	1 136 610	0.480 8	982.777 8	238.129 7	98.556 8	62.171 6	94.916 1
林地	1 207.71	0.051 1	57	0.002 4	0.013 0	107 370	0.045 4	165.131 7	55.225 6	96.569 8	54.872 2	93.388 7
裸地	313.65	0.013 3	50	0.002 1	0.002 9	66 750	0.028 2	29.007 2	11.942 0	92.769 5	54.728 2	84.732 2
湿地	90 046.53	3.809 2	1 393	0.058 9	0.890 4	3 994 440	1.689 8	7 334.478 5	685.520 2	99.204 2	57.440 0	96.547
生态红线限制区	257 766.48	10.904 2	14	0.000 6	1.616 3	359 400	0.152 0	26 497.552 7	12 201.324 4	99.822 3	53.084 6	99.726 1
海域	13 546.80	0.573 1	486	0.020 6	0.102 7	354 180	0.149 8	1 314.615 0	189.385 1	98.174 5	71.441 5	96.698 6

　　由各土地利用类型斑块面积（图5.3）、斑块密度（图5.4）分析得到，渤海湾各土地类型中面积占比最大的是耕地，约占55%，说明渤海湾地区具有以耕地为基质的景观格局特征。草地、林地、裸地占比较小，而人造地表占比较大，说明该地区当前已开发程度较大，后期开发潜力较小。人造地表景观斑块密度最大，说明与人类活动密切相关，景观破碎化程度也较高；水体景观斑块密度也较大，水体包括河渠、水库，坑塘等，相对分布较为分散，因此破碎化程度较高。同时，由表5.2分析得出，景观斑块面积标准方差值最大的是耕地，其次是生态红线限制区；景观斑块面积标准方差值最小的是裸地，耕地的边缘异质景观类型最多，其次为人造地表和水体。通过数据说明，耕地景观被边缘割据的程度最高，分布相对不集中。

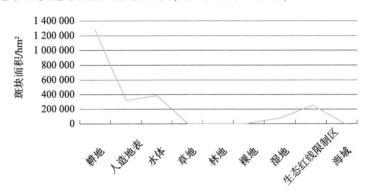

图 5.3　渤海湾周边地区各土地利用类型斑块面积

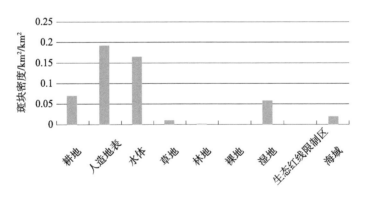

图 5.4　渤海湾周边地区各土地利用类型斑块密度

　　由景观优势度（图 5.5）、景观连接度（图 5.6）、景观分离度与聚集度特征指数（图 5.7）分析可知，在景观面积结构特征中，耕地的优势度最大，远超其他景观类型，说明该地区具有良好的农业种植条件，农业开发程度较高。区域内草地、林地、裸地景观斑块相对而言较少，开发性程度不高。LPI反映了景观中的优势类型，并在一定程度上反映了人为活动的强弱和方向，由图 5.3 分析可知，耕地、水体 LPI 值比较高，说明这两类用地是受到人为影响比较大的景观类型。

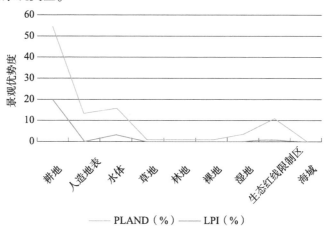

图 5.5　渤海湾周边地区各土地利用类型景观优势度

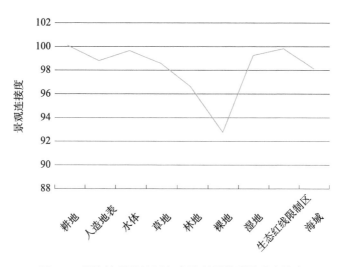

图 5.6　渤海湾周边地区各土地利用类型景观连接度

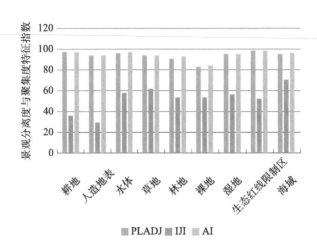

图 5.7　渤海湾周边地区各土地利用类型景观分离度与聚集度特征指数

综上，渤海湾周边地区总体开发性较高，景观类型以农业为主，显示出在人为影响下的农业发展潜力巨大。耕地、生态红线限制区拥有最高的斑块结合度，说明景观类型拥有较好的连接性，而且在景观中占有较大的比重；裸地最低，说明用地分布比较分散，空间连接性较差，这与裸地的分散而相对孤立的特性是相符合的。景观级别上的连接度达到99.8767，说明各斑块总体的连接度比较好。各景观类型的聚集度（AI）指数、相似邻接百分比（PLADJ）指数都较高，尤其是耕地、生态红线限制区。渤海湾周边地区是较典型的农业景观，形成以居民点为中心，不规则形状的耕地环绕分布的总体格局，而生态红线限制区多数为受保护区域，聚集度也较大。裸地分布不均匀，比较零散，聚集度最低。从结果上看，散布与并列指数（IJI）最低的是人造地表，说明该用地类型分散布置，而且仅与少数其他类型邻近，这与实际中城镇建设用地、农村居民点空间布局相符。

2. 景观水平的景观格局分析

由景观指数结果分析可知，渤海湾景观香农多样性指数（SHDI）为1.3327，说明渤海湾景观类型具有一定的丰富度，异质性较高；香农均度指数（SHEI）为0.6065，数值不高，说明景观中有优势景观类型，同时也具有一定程度的多样性，这一结果证明了优势度分析中农用地优势明显的分析结果（表5.3）。

表 5.3　渤海湾景观水平景观格局分析结果

景观指数	SHDI	SIDI	MSIDI	SHEI	SIEI	MSIEI
计算结果	1.3327	0.6481	1.0445	0.6065	0.7291	0.4754

5.4　海陆统筹格局下的渤海湾周边地区生态网络构建

5.4.1　生态源地识别

通过斑块形状指数评价、斑块数量评价、斑块边界指数开展生境复杂性评价（图 5.8）、利用 InVEST 模型（表 5.4 和表 5.5）开展生境质量评价（图 5.9），提取对整体景观具有重要意义的生境斑块（薛敏，2017；王晓琦和吴承照，2020；张文静等，2019；孟林，2012）。其中，生态红线禁止区位于生态红线限制区内，为避免重复，只选择生态红线限制区进行分析，最终确定生态源斑块 33 个（图 5.10）。由生境复杂性评价分析可知，复杂性较高的区域主要位于海岸带开发建设区，这部分受人为活动影响大，随着人为建设强度不断增加，生境丧失和破碎化程度加剧，生物多样性持续降低。

表 5.4　生态威胁因子属性

威胁因子	最大威胁距离/km	权重	衰减线性相关性
裸地	1	0.3	线性
人造地表	5.0	1.0	指数
养殖用地	0.5	0.2	线性
耕地	0.5	0.5	线性

表 5.5　不同生境适宜度及其对不同威胁因子的敏感程度

土地利用类型	生态适宜度	人造地表	耕地	养殖	裸地
耕地	0.00	0.0	0.0	0.00	0.0
林地	0.00	0.0	0.0	0.00	0.0
草地	0.29	0.6	0.5	0.10	0.0

土地利用类型	生态适宜度	人造地表	耕地	养殖	裸地
湿地	1.00	0.8	0.7	0.98	0.1
水体	0.21	0.4	0.7	0.01	0.1
建设用地	0.00	0.0	0.00	0	0.0
裸地	0.00	0.0	0	0.00	0.0
海域	1.00	0.8	0.7	0.98	0.1

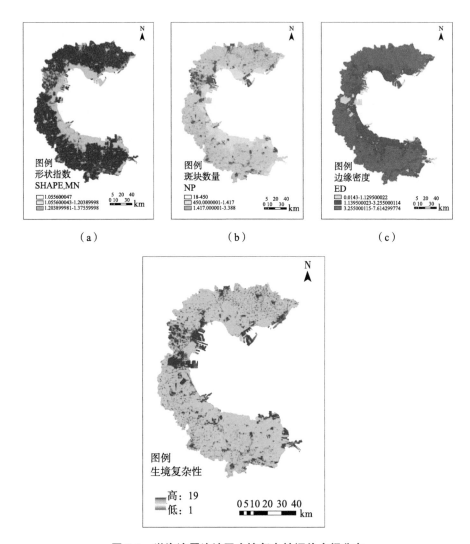

图 5.8　渤海湾周边地区生境复杂性评价空间分布

（a）斑块形状指数评价；（b）斑块数量评价；（c）斑块边界密度指数

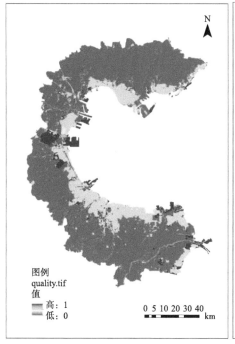
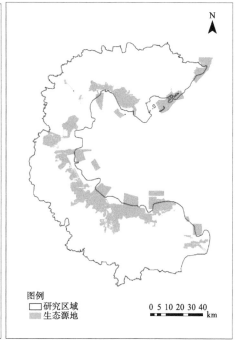

图5.9　渤海湾周边地区生境质量评价空间分布　　图5.10　渤海湾周边地区生态源地分布

　　由生境质量评价分析可知，渤海湾海岸带整体生境质量偏低，整体分布格局呈现靠海区生境质量相对较高，由外侧向内陆（由东向西）生境质量逐渐降低。这里需要说明，由于原始土地利用矢量数据中将河渠、水库，坑塘、养殖水面均划为水体，这部分利用类型整体体现出生境质量偏高的现象，该结果可能与相关文献研究出现矛盾。

5.4.2　阻力面构建

　　根据不同土地利用类型设置不同的阻力系数（表5.6），使用 ArcGIS 中的空间分析模块分别计算每个生态斑块的累积耗费距离表面，得到渤海湾土地利用现状阻力面（图5.11），以颜色的不同代表最小累积阻力的大小（张远景和俞滨洋，2016；李涛等，2021；王原等，2017；吴未等，2016）。由图5.11 分析可知，湿地、水库阻力值较低有利于物种间的流通，而河口地区及建设用地阻力值较高，这部分地区人为活动较为频繁，且建设用地破碎化程度高，这些区域会阻碍物种的迁移，降低区域景观的连通性。

表5.6　渤海湾周边地区各类土地利用类型阻力系数

土地利用类型	亚类	赋值
生态红线限制区	生态红线限制区（含禁止区）	1
	生态红线限制区（不含禁止区）	3
湿地		3
林地		5
草地		30
耕地		50
水体		3
人造地表		100
裸地		80
海域		1

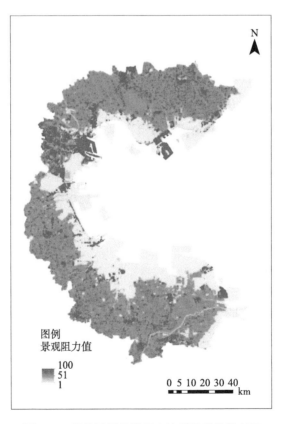

图5.11　渤海湾周边地区土地利用现状阻力面

5.4.3　生态廊道识别

　　基于电路理论，使用 Circuitscape 软件和 ArcGIS 的 Linkage Mapper Toolkit 插件来识别生态廊道（图 5.12）（赵晨洋等，2019；宋利利和秦明周，2016）。考虑到河流是天然的生态廊道，因此在进行廊道分析时，将研究区域内河流进行识别添加，最终形成研究区域完整的生态廊道分布情况（图 5.13）。由图 5.13 分析可知，生态廊道绝大多数位于陆域生态系统，沿海生态红线限制区与陆域大面积生境斑块间生态廊道数量相对较少，部分生态红线限制区不存在生态廊道。这与生态红线区位于海陆范围内，在海域内各生态系统相互联系，仅在空间范围内划分较难体现有关。

图 5.12　渤海湾周边地区　　　　　　　图 5.13　渤海湾周边地区
生态廊道分布　　　　　　　　　　完整的生态廊道分布

5.4.4　生态节点识别

　　研究选择连接各生态斑块的廊道的主要相交点及重要转折点作为生态节

点（图5.14），与生态廊道构成生态网络（图 5.15）（宋利利和秦明周，2016；周浪等，2021；李慧等，2018）。

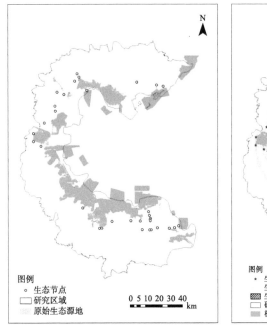

图 5.14　渤海湾周边地区生态节点分布　　　**图 5.15　渤海湾周边地区生态网络分布**

5.4.5　生态网络空间评价

1. 生态源地形状指数评价

由生态源地形状指数（符小静，2018）大小及空间分布情况（图 5.16）分析可知，河渠生态源中的形状指数数值较大的个数最多，说明这类生态源与外界联系密切，连接度较好；而各类生态红线限制区、生态红线禁止区生态源的形状指数数值较小，说明这类生态源与外界联系相对缺乏，连接度较差；整体来看，形状指数较大的生态源地主要集中在研究区域内部（陆域），外围生态源地（海域）形状指数偏小，形状指数偏低的生态源地数量大于形状指数较高的生态源地数量。对于形状指数较小的生态源，为提高其与外界连接度，应加强生态源间的生态廊道建立弥补不足。

图 5.16　渤海湾周边地区生态源地形状指数大小及空间分布

2. 生态源度数与生态节点度数分析

由生态节点度数（符小静，2018）大小及空间分布情况（图 5.17）可知，生态源中河渠、大面积生境斑块的生态源度数较大，说明被生态廊道穿过数量较多，生态红线限制区、生态红线禁止区生态源度数相对偏低，被生态廊道穿过条数较少；生态红线限制区还存在没有生态廊道连接的现象。各类生态源的生态源度数越大，表示该生态源对外连接程度越高；一些生态源度数较小或为 0 的生态源在规划中应注意加强生态廊道的连接。生态节点度数相对较大，这也与在生态节点选择采用生态廊道交点设为生态节点方法有关。总体来说，生态节点度数在陆域生态系统较大，而在沿海地区生态红线限制区、禁止区分布较少，这与生态源度数分析结果相似，在规划中应该着重考虑沿海地区红线限制区、禁止区与陆地生态系统间生态廊道的连接，以提高对外连接度。

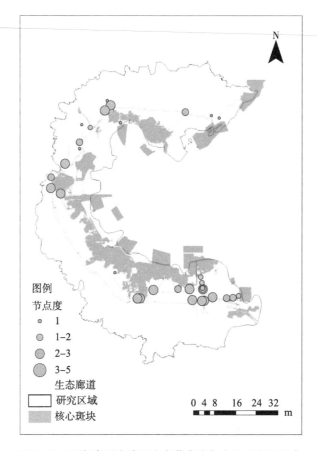

图 5.17　渤海湾周边地区生态节点度数大小及空间分布

3. 生态网络完整度分析

研究采用网络闭合度（α）、线点率（β）和网络连接度（γ）指标进行生态网络完整度分析，网络闭合度主要反映了生态节点与生态廊道的数量关系，数值越大表明生态网络结构越复杂，生态效能越好（张远景和俞滨洋，2016；符小静，2018；殷炳超等，2018；陈小平和陈文波，2016）。网络闭合度是用来描述网络中回路出现的程度，变化范围在 0～1 之间，其值越大，表明供物种迁移扩散的路径越多，网络的循环和流通性也越好。线点率是用来描述网络中各个节点的平均连线数，β<1 表明网络为树状结构，β=1 表明网络为单一回路结构，β>1 表明网络的连接水平较复杂。网络连接度是用来描述网络中节点的连接程度，变化范围在 0～1 之间，γ=0 表示节点间没有廊道连接，

$\gamma = 1$ 表明网络中节点的连接性高。各指数计算公式如下：

$$\alpha = \frac{L - V + 1}{2V - 5} \tag{5.1}$$

$$\beta = \frac{L}{V} \tag{5.2}$$

$$\gamma = \frac{L}{3(V - Z)} \tag{5.3}$$

式中，L 是廊道数；V 是节点数。

由生态网络完整度计算结果（表 5.7）分析可知，研究区域整体连接程度、循环性和流通性处于中等水平，供物种迁移扩散的路径不是很多，不同生态斑块间的物质、信息、能量流动不是十分活跃。研究区内网络连接水平复杂，连接程度一般，较多廊道存在于两个斑块间，未与其他斑块连接构成网络。对生态廊道连接度较强的区域，应继续维持现有发展态势；对生态廊道连接度较弱的地区，应有针对性的制定规划相关控制指标，加强整体景观空间连接度，最终提高城市生态景观内部整体生态效能。

表 5.7　渤海湾周边地区生态网络完整度计算结果

廊道数量	节点数量	α（网络闭合度）	β（线点率）	γ（网络连接度）
60	33	0.459	1.818	0.645

5.5　渤海湾海陆一体化生态网络优化

5.5.1　生态源地优化

在构建研究区生态网络的前提下，通过对生态斑块的重要性进行定量分析，来确定重要生态源地。在前期确定的生态源地基础上增加"二级生态源地"（张远景和俞滨洋，2016；廖旎睿，2016），形成布局更为完整、良好的生态网络，一方面能够增加研究区域生态空间配置，提升区域的生态承载力，另一方面能提升整个景观格局生态功能。根据斑块重要性值（dPC）的排序结果，将满足"0.2 < dPC < 1"的重要核心区且前期未选中区域升级为二级生态源地，共增加二级生态源地 8 个（图 5.18）。采用电路理论生成新的生态廊

道（图5.19），增加二级生态源地后，生态廊道数量由60条增至77条（包含所有距离生态廊道），在海河入海口、塘沽盐田与捷地减河生态红线限制区间生态廊道增加明显。

图5.18　渤海湾周边地区
生态源地优化

图5.19　渤海湾周边地区
生态廊道分布

5.5.2　生态节点优化

生态节点指生态空间中连接两个相邻生态源，并对景观生态过程起到关键性作用的地段，一般是生态功能最薄弱处，对保障生态网络的连通性，实现景观生态功能具有重要意义。对于生态节点空缺区域，需要通过生态建设来弥补生态节点，在现有城市建成区内部通过土地利用方式调整来大幅增加植被覆盖，但会遭遇巨大的社会经济成本障碍。因此，强化现有残存林地和农地斑块的保护，同时辅助以必要的生态节点的建设，是完善城市生态网络和景观格局的有效措施。随着城市快速发展，城市高速路、快速路等道路网络在对城市景观格局进行割裂。道路交通对生物迁移有一定的阻隔作用，不利于生境斑块间的物质交换，生境源地间被道路阻隔会形成生态断裂点（张远景和俞滨洋，2016；史娜娜等，2018）。选择研究区域铁路、高速路、国道、省道与生态廊道相交点作为生态断裂点（图 5.20），在规划过程中，通过人为干预，建立新的生态节点，可以有效生保障生态网络的连接性。

图 5.20　渤海湾周边地区生态断裂点分布

5.5.3　生态廊道优化

采用分级规划、重点保护的思路，识别区域内重要生态廊道和潜在生态廊道（图 5.21）。在规划建设中，重要生态廊道应被严格控制并加以保护，尽可能在重要生态廊道中不存在人工建筑物或严格控制建筑物面积；潜在生态廊道的连通性会受到城市道路交通的影响，对物种迁徙路径产生阻碍，应该优先考虑其自然属性与需求。

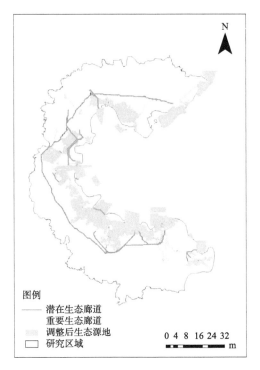

图 5.21　渤海湾周边地区重要生态廊道、潜在生态廊道分布

5.5.4　整体生态网络优化

在规划过程中，划分生态恢复区域对生物多样性保护、景观连通性具有重要意义。在生态恢复过程中，低恢复力景观通常生物多样性贫瘠，在恢复过程中需要投入大量的人力、物力且通常比较困难，因此这部分景观恢复价值较低；生物资源丰富景观通常表现出生物多样性很高、生态系统自我恢复能力较强的特点，这类生态系统在受到损害或者发生生态系统退化时一般可以自行恢复；中等恢复力的景观通常表现出管理有效性的高潜力，在成本或恢复有益性方面均具有较大价值。

选取湿地、水体、海域、林地、草地景观类型，去除面积小于 $1km^2$ 的斑块，在 ArcGIS 中利用 Tessellation 工具箱生成焦点景观（边长为 3km 的正六边形）进行生态恢复优先区域划定研究，共得到 607 个焦点景观。根据恢复等级划分标准（表 5.8），将研究区域划分为生物资源匮乏景观、中等恢复等级景观、生物资源丰富景观，并在 ArcGIS 中进行可视化分析（图 5.22）。分析可知，中等恢复等级景观多位于海岸带、河口区域，这些区域由于特殊的地理环境及自然条件，且人为影响程度较大，在规划建设中需要重点考虑，平衡好经济、社会发展与生态恢复间的关系。

表 5.8　恢复等级划分标准

标准	名称	描述
标准 1	生物资源匮乏景观	湿地生境覆盖度为 0% ~ 20%
	中等恢复等级景观	湿地生境覆盖度为 20% ~ 40% 或生境覆盖度为 40% ~ 60%，且可能连通性指数低于该区域的平均值
	生物资源丰富景观	湿地生境覆盖度为 60% ~ 100% 或生境覆盖度为 40% ~ 60%，且可能连通性指数高于该地区的平均值
标准 2	生物资源匮乏景观	湿地生境覆盖度为 0% ~ 60%
	生物资源丰富景观	湿地生境覆盖度为 60% ~ 100%

整合所有优化方法，得到优化后生态网络（图 5.23）。

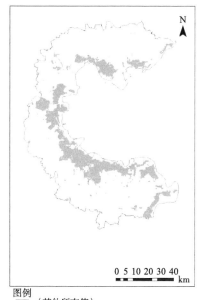

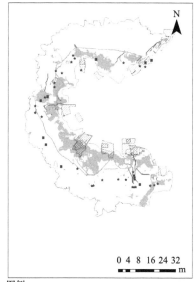

图 5.22　渤海湾周边地区
恢复等级分布

图 5.23　渤海湾周边地区
优化后生态网络分布

5.5.5 渤海湾周边生态系统服务空间分异

由《中国统计年鉴 2020》可知，我国主要农产品单位面积产量为 6 272kg/hm²，天津市 6 655kg/hm²，河北省 5 827kg/hm²，山东省 6 503kg/hm²。基于粮食产量比值进行修订（式 5.4）（徐丽芬等，2012）后，耕地食物生产价值当量为 1.01，得到对应其他当量因子修订后数据（表 5.9）。

$$\mu = \frac{Q}{Q_0} \tag{5.4}$$

$$E_i = \mu \times E_{0i} \tag{5.5}$$

式中，μ 为生态服务当量的地区修订系数；Q、Q_0 分别为研究区和全国农田单位面积粮食产量；E_i 为第 i 类土地利用类型经地区修订后的生态系统服务当量；E_{0i} 为第 i 类土地利用类型全国平均的生态服务当量，其中 $i=1$，2，3，4，5，6 依次对应森林、草地、耕地、湿地、水域、荒漠。

表 5.9 中国陆地生态系统单位面积生态系统服务价值当量及调整后当量

类型	森林	森林（调整后）	草地	草地（调整后）	耕地	耕地（调整后）	湿地	湿地（调整后）	水域	水域（调整后）	荒漠	荒漠（调整后）
气体调节	4.32	4.36	0.8	0.81	0.72	0.73	2.41	2.43	0.51	0.52	0.06	0.06
气候调节	4.07	4.11	0.9	0.91	0.97	0.98	13.55	13.69	2.06	2.08	0.13	0.13
水源涵养	4.09	4.13	0.8	0.81	0.77	0.78	13.44	13.57	18.77	18.96	0.07	0.07
土壤形成与保护	4.02	4.06	1.95	1.97	1.47	1.48	1.99	2.01	0.41	0.41	0.17	0.17
废物处理	1.72	1.73	1.31	1.32	1.39	1.40	14.4	14.54	14.85	15.00	0.26	0.26
生物多样性	4.51	4.56	1.09	1.10	1.02	1.03	3.69	3.73	3.43	3.46	0.40	0.40
食物生产	0.33	0.33	0.30	0.30	1.00	1.01	0.36	0.36	0.53	0.54	0.02	0.02
原材料生产	2.98	3.01	0.05	0.05	0.39	0.39	0.24	0.24	0.35	0.35	0.04	0.04
娱乐文化	2.08	2.10	0.04	0.04	0.17	0.17	4.69	4.74	4.44	4.48	0.24	0.24
合计	28.12	28.39	7.24	7.31	7.9	7.97	54.77	55.31	45.35	45.8	1.39	1.39

生态系统服务价值由本地区单位当量对应价值计算，由各省单位当量对应耕地的食物生产价值（表 5.10），估算渤海湾海岸带单位耕地面积的食物生成价值（式 5.6）。由于受获得数据的限制，选择 2019 年统计数据及文献数据进行分析。

表 5.10 2019 年天津市、河北省、山东省主要粮食作物相关统计

类型	小麦			玉米			水稻		
总产量/ 万 t	天津市	河北省	山东省	天津市	河北省	山东省	天津市	河北省	山东省
	60.5	1 462.6	2 552.9	115.2	1 986.6	2 536.5	42.9	48.7	100.7
面积/ 10^3hm^2	101.1	2 322.5	4 001.8	180.8	3 408.2	2 536.5	45.5	78.2	115.6
平均收购价格/ （元/t）	2 240			1 990			2 500		

注：主要粮食作物总产量、面积数据来源于《中国统计年鉴 2020》，小麦、水稻平均收购价格来源于《国家粮食和物资储备局 关于公布 2019 年小麦最低收购价格的通知》《国家粮食和物资储备局关于公布 2019 年稻谷最低收购价格的通知》，玉米平均收购价格来源于苗海南和刘百桥（2014）研究数据。

$$V_E = \frac{1}{7} \sum_{i=1}^{n} \frac{P_i q_i}{A} \qquad (5.6)$$

式中，V_E 为单位耕地面积的食物生产价值；P_i 为第 i 种粮食作物的平均价格；q_i 为第 i 种粮食作物的总产量；A 为所有粮食作物的总播种面积。

由式（5.6）和表 5.10 中的数据计算，得出研究区域单位耕地面积的食物生产价值为 1 908.91 元/hm²。在此基础上，根据景观类型与当量表中生态系统类型的相似性、生态系统服务价值当量，估算各类生态系统服务价值。参照索安宁等（2011）的估算方法，将滩涂对应湿地；裸露地对应荒漠；建设用地由于地表密实，水源涵养、土壤形成与保护、废物处理、生物多样性、食物生产和原材料提供功能都为 0；气体调节和气候调节对应荒漠；围海养殖对应水产养殖的生态系统服务，估算食品生产功能价值为 89 760.00 元/hm²，原材料供给按食品生产功能的 10% 计算，气体和气候调节对应水域的气体和气候调节功能，娱乐文化对应农田的娱乐文化功能，其他生态系统服务均为 0；盐田的原材料生产价值估算为 4 868.00 元/hm²。由此，估算出渤海湾海岸带主要景观类型的单位面积生态系统服务价值，见表 5.11。

表 5.11 渤海湾主要景观类型的单位面积生态系统服务价值 　　　　单位：元/(hm² · a)

类型	森林	草地	耕地	湿地	水域	荒漠	围海养殖	盐田	建设用地
气体调节	8 240.44	1 530.91	1 379.71	4 592.72	982.81	113.40	814.11	0	95.78
气候调节	7 767.94	1 719.91	1 852.21	25 874.24	3 931.22	245.70	3 288.38	0	207.52
水源涵养	7 805.74	1 530.91	1 474.21	25 647.43	35 834.59	132.30	0	0	0

续表

类型	森林	草地	耕地	湿地	水域	荒漠	围海养殖	盐田	建设用地
土壤形成与保护	7 673.44	3 723.32	2 797.21	3 798.92	774.90	321.30	654.48	0	0
废物处理	3 269.72	2 494.81	2 646.01	27 480.74	28 350.15	491.40	0	0	0
生物多样性	8 618.45	2 079.01	1 946.71	7 049.74	6 539.43	756.00	0	0	0
食物生产	623.70	567.00	1 908.91	680.40	1 020.61	37.80	89 760.00	0	0
原材料生产	5 688.93	94.50	737.10	453.60	661.50	75.60	8 976.00	4 868.00	0
娱乐文化	3 969.02	75.60	321.30	8 958.65	8 467.24	453.60	271.37	0	3 320.30
合并	53 657.38	13 815.97	15 063.37	104 536.44	86 562.45	2 627.10	103 764.34	4 868.00	3 623.60

注：围海养殖、盐田、建设用地生态系统服务价值数据来源于苗海南和刘百桥（2014）研究数据。

在 ArcGIS 中可视化后，得到渤海湾周边地区生态系统服务价值分布情况（图 5.24）。

图 5.24　渤海湾周边地区生态系统服务价值分布

由图 5.24 可知，渤海湾生态系统服务价值最高的为耕地，这主要是由于渤海湾耕地面积较大，尤其山东省是我国重要的农业生产基地，因此造成整体生态系统服务价值偏高，在后续分析中，考虑到整体研究，暂不考虑耕地生态系统服务。其余生态系统中，湿地、河流的生态系统服务价值较高，包括独流减河河槽、北大港水库、南大港湿地自然保护区、黄河口生态旅游区、黄河、海河、蓟运河等。建设用地和未利用地生态系统服务价值较低。

5.5.6 渤海湾周边地区生态脆弱区空间分布

渤海湾及周边区域经济活动对自然生态系统的影响范围和强度正在不断加大，特别是海岸线生态系统受到的来自人类活动的影响尤为突出。因此，有针对性地制订生态环境保护与建设规划，对生态系统实施科学管理，遏制生态系统服务功能的退化趋势，维护区域生态安全和人类福祉成为重要内容。生态脆弱区是指两种不同类型的生态系统的交界过渡区域（中华人民共和国生态环境部，2008），通过调查研究及文献资料分析，选定河口区、重要污染区、围填海区域作为渤海湾海岸带生态脆弱区（图 5.25）。

图 5.25 渤海湾周边地区生态脆弱区空间分布

5.6 渤海湾生态安全屏障空间布局规划

5.6.1 规划范围

渤海湾沿海 19 个县（区）行政范围及生态红线限制区、禁止区，总面积 13 863.73 km²。具体包括：河北省唐山市路南区、乐亭县、曹妃甸区、滦南县、丰南区，河北省沧州市、黄骅市、海兴县，天津市滨海新区、东丽区、津南区、宁河区，山东省滨州市无棣县、沾化区，山东省东营市河口区、利津县、垦利区。

5.6.2 规划原则

一是筑牢"双屏"，坚持生态优先策略。构建生态安全正向屏障、生态安全负向屏障，着力强化生态保护红线意识，将生态红线限制区、禁止区作为构建渤海湾安全屏障空间布局规划的前提和基础。以强化生物多样性保护、水源涵养为重点，加大生态红线保护与修复力度，着力改善、提升生态服务功能。

二是提升廊道，构建生态网络空间。因地制宜、高点定位、科学规划，形成重要生态廊道、潜在生态廊道、生态节点相互交织的生态网络空间结构。加强规划建设管理，通过优化生态廊道确保生态网络布局的整体性、功能协调性和布局协同性。

三是海陆协同，优化生态安全格局。保护海陆协同一体化生态格局，聚焦渤海湾产业发展，突出协同保护发展。根据空间相互作用和协同共生原理，基于生态安全格局优化指导生产、生活和生态发展建设，从而提升渤海湾生态环境质量，促进可持续发展。

5.6.3 规划目标与指标

1）规划目标

规划目标为：生态空间得到有效保护，推动建设绿水青山、人与自然和谐共生的绿色发展空间；区域发展更加协调，建设海陆一体区域协同发展的生态网络空间；空间品质更加优良，建设陆海联通，生态、生产、生活"三生"空间协同发展的生态安全格局。

　　2）规划指标

　　规划指标体系的设置应坚持生态优先、绿色发展，尊重自然规律、经济规律、社会规律和城乡规划发展规律，充分发挥规划的战略引导和刚性约束作用。根据规划实际，结合规划目标、发展战略，参照相关文件和行业内相关研究内容（傅伯杰等，2017；刘旭和邓永智，2011），最终形成基于创新、协调、绿色、开放、共享和安全六大维度的规划核心指标34项（表5.12）。

表 5.12　渤海湾生态安全屏障空间布局规划指标

监管内容	监管指标	监管参数
生态系统类型结构	生态系统类型	类型替代率
	生态系统结构	自然生态系统占比变化
	植被覆盖状况	植被覆盖度同比变化
	植被质量状况	生物量同比变化
生态系统服务	水土保持服务	生物量环比增量
		侵蚀性降水变化
	水源涵养服务	地表覆盖变化
		产流降水变化
	调节服务	生态系统碳固定
		释氧量
		森林覆盖率
		湿地面积
		植被覆盖度
	生物多样性保护维持服务	地表覆盖变化
		物种生境或栖息地变化
	供给服务	农作物产量（粮食）
		养殖产量
		物种丰富度
	娱乐文化服务	绿地和湿地景观覆盖率
		世界遗产
		生态系统类型多样性

续表

监管内容	监管指标	监管参数
景观格局分布	类型水平	斑块面积（CA）
		斑块数量（NP）
		景观形状指数（LSI）
	景观水平	分维度（PAFRAC）
		蔓延度（CONTAG）
		香农多样性指数（SHDI）
		香农均匀性指数（SHEI）
	连通性	整体连通性指数（IIC）
		可能连通性指数（PC）
		斑块重要性（dI）
	海岸线	人为干扰指数
		海岸线分形维数
		海岸线开发利用强度

5.6.4 规划分区

研究引入"生态安全双屏障"概念，根据前面基础研究内容将研究区域划分为生态安全正向屏障区、生态安全负向屏障区。生态安全正向屏障区是指具有丰富生物资源、生境质量较高、连通性较好，对生物多样性保护、生态系统服务价值具有巨大贡献的区域，如生态红线限制区、禁止区，高质量、强连通性斑块，这部分区域主要以保护为主，维持现有生境，避免过度开发造成破碎化（图5.26）。生态安全负向屏障区是指研究区内比较敏感的生态系统，这些生态系统往往易受到环境变化或人类活动干扰，造成生境质量降低，生物多样性减少等一系列问题，如河口区域、围填海区域，这部分区域主要以整治和修复为主，防治富营养化、污染程度加剧，适当进行生态修复，提高整体连通性和整体价值。

1. 生态安全正向屏障区

主要指渤海湾海洋生态红线区，包含海洋保护区红线区15个，重要河口生态系统红线区2个，重要滨海湿地红线区2个，重要渔业海域红线区6个，重要滨海旅游区红线区 1 个，沙源保护海域红线区 2 个。

图 5.26　渤海湾生态安全正向屏障区

　　海洋保护区红线区包括：河北省海洋保护区 2 个，分别是乐亭菩提岛诸岛保护区（保护由海岛及周边海域自然生态环境、岛陆及海洋生物共同组成的海岛生态系统。具体包括：海岛岛体及周边海域、岛陆植被、海洋生物和鸟类及其栖息地），黄骅古贝壳堤保护区（保护古贝壳堤地质遗迹、地形地貌和植被）；天津市海洋保护区 2 个，为天津大神堂牡蛎礁国家级海洋特别保护区（保护牡蛎礁群），大港滨海湿地海洋特别保护区（保护沿海湿地生态系统）；山东省海洋保护区 11 个，分别是大口河海岛限制区，滨州贝壳堤岛与湿地系统禁止区、限制区（保护贝壳堤岛、湿地自然生态系统、自然岸线），东营河口浅海贝类禁止区（保护以文蛤为主的浅海贝类种质资源及生存环境），潮河—湾湾沟浅海贝类限制区（保护以文蛤为主的浅海贝类种质资源及

225

生存环境）、东营利津底栖鱼类生态禁止区、限制区（保护半滑舌鳎等底栖鱼类及近岸海洋生态系统），黄河故道北三角洲禁止区（保护原生性湿地生态系统及珍禽），黄河故道禁止区（保护原生性湿地生态系统及珍禽），黄河故道东、西三角洲限制区（保护原生性湿地生态系统及珍禽、半滑舌鳎等底栖鱼类），黄河三角洲禁止区、限制区（保护原生性湿地生态系统及珍禽），黄河南、北三角洲限制区（保护原生性湿地生态系统及珍禽），东营黄河口生态禁止区、限制区（保护黄河口特有的刀鲚、大银鱼等经济鱼类、黄河口生态系统及生物物种多样性）。

重要河口生态系统红线区包括：河北省河口生态系统 2 个，分别为滦河河口生态系统（保护河口地形地貌、生态环境），大清河河口生态系统（河口地形地貌、生态环境）。

重要滨海湿地红线区包括：河北省滨海湿地系统 2 个，分别为滦河河口沼泽湿地（保护潟湖—沙坝海岸景观、河口湿地和鸟类），沧州岐口浅海湿地（保护淤泥质浅湿地生态系统）。

重要渔业海域红线区包括：河北重要渔业海域 3 个，分别为渤海湾（南堡海域）种质资源保护区（保护海底地形地貌和中国明对虾、小黄鱼、三疣梭子蟹等水产种质资源，以及海洋环境质量），渤海湾（南排河南海域）种质资源保护区（保护海底地形地貌和中国明对虾、小黄鱼、三疣梭子蟹等水产种质资源，以及海洋环境质量），渤海湾（南排河北海域）种质资源保护区（保护海底地形地貌和中国明对虾、小黄鱼、三疣梭子蟹等水产种质资源，以及海洋环境质量）；山东省重要渔业海域 3 个，分别为套尔河口渔业海域限制区（保护青蛤、四角蛤蜊、蛏蜓等种质资源及生存环境），黄河口半滑舌鳎渔业海域限制区（保护半滑舌鳎种质资源及生存环境），黄河口文蛤渔业海域限制区（保护黄河口文蛤等种质资源及生存环境）。

重要滨海旅游红线区包括：河北省滨海旅游区 1 个，为大清河口海岛旅游区（保护地貌、植被、沙滩等海岛景观、近岸海域生态环境）。

沙源保护海域红线区包括：河北省沙源保护区 2 个，分别为滦河口至老米沟海域（保护海底地形地貌、海洋动力条件、海水质量），大清河口至小清河口海域（保护海底地形地貌、海洋动力条件、海水质量）。

2. 生态安全负向屏障区

河口地区咸淡水混合、径流和潮流相互作用，具有独特的环境特征和重要的生态服务功能。同时，河口对流域自然环境和人类活动的响应最敏感，使得河口成为相对脆弱的生态系统。由于受气候以及不合理的人类活动影响，导致入海泥沙锐减、盐水入侵加剧、河口环境污染加剧、生物多样性衰减等一系列河口生态问题，致使许多河口生态系统的结构和功能严重退化。随着城市化进程的加快和经济的发展，在渤海湾地区进行的防潮堤构筑、港口建设、道路建设、围垦养殖和人工盐田等活动使得生态系统结构和功能受到威胁。因此在进行生态屏障划分时，将河口区域及附近用海区、围填海区域纳入生态安全负向屏障区（图 5.27）。

图 5.27　渤海湾生态安全负向屏障区

　　河口区域及附近富营养化等污染区域，主要包括滦河河口独流减河河口、海河河口、蓟运河河口、漳卫新河口、马颊河河口、徒骇河河口、黄河河口及附近用海区。根据《2020 年中国海洋生态环境状况公报》，2020 年我国管辖海域海水富营养化状况分布渤海湾地区富营养化最严重的地区为黄河河口

（部分区域为重度富营养化海域），其次分别为漳卫新河河口、马颊河河口、徒骇河河口、沙河河口及附近区域。

围填海区域主要包括：河北省围海造地区 3 处，分别是唐山港曹妃甸港区及工业区建设填海区、曹妃甸生态城建设填海区、黄骅港附近填海区；天津市围海造地区 4 处，分别为临港工业区和临港产业区、青坨子填海造地区、汉沽滨海信息产业基地、大港石化配套产业基地。

5.6.5 空间结构

渤海湾海陆一体化生态安全屏障空间结构由"一湾双屏、三带五区"构成，如图 5.28 所示。

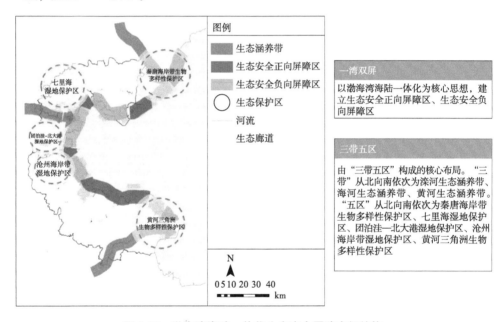

图 5.28 渤海湾海陆一体化生态安全屏障空间结构

"一湾"即渤海湾区域，包括河北省唐山市路南区、乐亭县、曹妃甸区、滦南县、丰南区，河北省沧州市黄骅市、海兴县，天津市滨海新区、东丽区、津南区、宁河区，山东省滨州市无棣县、沾化区，山东省东营市河口区、利津县、垦利区，沿海岸带生态红线限制区、生态红线禁止区。

"双屏"即生态安全正向屏障区、生态安全负向屏障区。生态安全正向屏障区主要包括渤海湾海洋保护区红线区 15 个，重要河口生态系统区 6 个，重要滨海湿地红线区 2 个，重要渔业海域红线区 6 个，重要滨海旅游区红线区 1 个，沙源保护海域红线区 2 个；生态安全负向屏障区主要包括河口区域及附近富营养化等污染区域、围填海区域。

"三带"即滦河、海河、黄河组成的生态涵养带。

"五区"即秦唐海岸带生物多样性区、七里海湿地保护区、团泊洼—北大港湿地保护区、黄河三角洲生物多样性保护区、沧州海岸带湿地保护区。主要发挥水质净化、水源涵养、水土保持、生物多样性的保护功能。

以河北省唐山市路南区、乐亭县、曹妃甸区、滦南县、丰南区，河北省沧州市黄骅市、海兴县，天津市滨海新区、东丽区、津南区、宁河区，山东省滨州市无棣县、沾化区，山东省东营市河口区、利津县、垦利区，沿海岸带生态红线限制区、生态红线禁止区为主要研究区域，基于 GlobeLand 30 V2020 土地利用现状数据，开展渤海湾土地利用及景观格局现状分析。通过斑块形状指数评价、斑块数量评价、斑块边界指数开展生境复杂性评价、利用 InVEST 模型开展生境质量评价，识别生态源地；根据不同土地利用类型设置不同的阻力系数，使用 ArcGIS 中的空间分析模块分别计算每个生态斑块的累积耗费距离表面，得到渤海湾土地利用现状阻力面；基于电路理论构建海陆统筹格局下渤海湾生态网络，并开展网络空间评价。通过生态源地、生态节点、生态廊道、整体生态网络优化对构建生态网络提升优化，并开展渤海湾生态系统服务空间分异、生态脆弱区空间分布分析。

引入"生态安全双屏障"概念，根据基础研究内容进行渤海湾生态安全屏障规划分区和空间结构研究。渤海湾生态安全正向屏障区包含海洋保护区红线区 15 个，重要河口生态系统红线区 2 个，重要滨海湿地红线区 2 个，重要渔业海域红线区 6 个，重要滨海旅游区红线区 1 个，沙源保护海域红线区 2 个；生态安全负向屏障区包含河口区域及附近用海区，围填海区域。在规划建设中，渤海湾整体发展应以生态红线限制区、禁止区作为规划建设的前提和基础，强化生物多样性保护、水源涵养重点，生态安全正向屏障区主要以保护为主，维持现有生境，避免过度开发造成破碎化，生态安全负向屏障区主要以整治和修复为主，防治富营养化、污染程度加剧，适当进行生态修复，提高整体连通性和整体价值。根据空间相互作用和协同共生原理，基于生态安全格局优化指导生产、生活和生态发展建设，提升渤海湾生态环境质量，促进可持续发展。

参考文献

陈小平，陈文波．2016．鄱阳湖生态经济区生态网络构建与评价［J］．应用生态学报，27
　　（5）：1611 – 1618．

丁智．2014．围填海对渤海湾海岸带景观格局演变的遥感研究［D］．沈阳：中国科学院研
　　究生院（东北地理与农业生态研究所）．

符小静．2019．北京市景观格局分析及生态网络空间优化研究［D］．北京：中国矿业
　　大学．

傅伯杰，于丹丹，吕楠．2017．中国生物多样性与生态系统服务评估指标体系［J］．生态
　　学报，37（2）：341 – 348．

河北省人民政府．《河北省人民政府关于印发河北省海洋主体功能区规划的通知》（2018 –
　　03 – 04）．

黄勇，王凤友，蔡体久，等．2015．环渤海地区景观格局动态变化轨迹分析［J］．水土保
　　持学报，29（2）：314 – 319．

李慧，李丽，吴巩胜，等．2018．基于电路理论的滇金丝猴生境景观连通性分析［J］．生
　　态学报，38（6）：2221 – 2228．

李涛，巩雅博，戈健宅，等．2021．基于电路理论的城市景观生态安全格局构建——以湖
　　南省衡阳市为例［J］．应用生态学报，32（7）：2555 – 2564．

廖旎睿．2016．北京市景观生态安全格局研究与规划［D］．北京：中国林业科学研究院．

刘旭，邓永智．2011．近岸海域生态系统服务功能监测的指标体系研究［J］．海洋环境科
　　学，30（5）：719 – 723．

马振刚，李黎，许学工．2019．环渤海海岸带土地利用变化格局研究［J］．海洋开发与管
　　理，（1）：38 – 43．

孟林．2012．城市化背景下土地利用变化及其生态环境质量评价以环渤海沿海城市为例
　　［D］．沈阳：辽宁师范大学．

苗海南，刘百桥．2014．基于 RS 的渤海湾沿岸近 20 年生态系统服务价值变化分析［J］．
　　海洋通报，33（2）：121 – 125．

山东省人民政府．《山东省人民政府关于印发山东省海洋主体功能区规划的通知》（2017 –
　　09 – 22）．

史娜娜，韩煜，王琦．2018．青海省保护地生态网络构建与优化［J］．生态学杂志，37
　　（6）：1910 – 1916．

宋利利，秦明周．2016．整合电路理论的生态廊道及其重要性识别［J］．应用生态学报，
　　27（10）：3344 – 3352．

索安宁，于永海，韩富伟．2011．环渤海海岸带生态服务价功能评价［J］．海洋开发与管
　　理，28（7）：67 – 73．

天津市人民政府.《天津市人民政府关于印发天津市海洋主体功能区规划的通知》(2017 – 03 – 13).

万峻,李子成,雷坤. 2009. 1954—2000 年渤海湾典型海岸带(天津段)景观空间格局动态变化分析 [J]. 环境科学研究,22 (1):77 – 82.

王晓琦,吴承照. 2020. 基于 InVEST 模型的生境质量评价与生态旅游规划应用 [J]. 中国城市林业,18 (4):73 – 77,82.

王原,何成,刘荣国,等. 2017. 宁夏沙坡头国家自然保护区鸟类景观生态安全格局构建 [J]. 生态学报,37 (16):5531 – 5541.

魏帆,韩广轩,韩美,等. 2019. 1980—2017 年环渤海海岸线和围填海时空演变及其影响机制 [J]. 地理科学,39 (6):997 – 1007.

吴未,胡余挺,范诗薇,等. 2016. 不同鸟类生境网络复合与优化——以苏锡常地区白鹭、鸳鸯、雉鸡为例 [J]. 生态学报,36 (15):4832 – 4842.

徐丽芬,许学工,罗涛,等. 2012. 基于土地利用的生态系统服务价值当量修订方法——以渤海湾沿岸为例 [J]. 地理研究,31 (10):1775 – 1784.

薛敏. 2017. 滨渤海县域土地适宜性评价与利用结构优化——以无棣县为例 [D]. 泰安:山东农业大学.

殷炳超,何书言,李艺,等. 2018. 基于陆海统筹的海岸带城市群生态网络构建方法及应用研究 [J]. 生态学报,38 (12):4373 – 4382.

张文静,孙小银,单瑞峰. 2019. 基于 InVEST 模型研究山东半岛沿海地区土地利用变化及其对生境质量的影响 [J]. 环境生态学,1 (5):15 – 23.

张远景,俞滨洋. 2016. 城市生态网络空间评价及其格局优化 [J]. 生态学报,36 (21):6969 – 6984.

赵晨洋,李卫正,仲启铖. 2019. 基于生态廊道构建的南京仙林绿地网络优化研究 [J]. 现代城市研究,(10):28 – 35,42.

赵宁. 2020. 基于 InVEST 模型的渤海湾沿岸土地系统碳储量及生境质量评估 [D]. 保定:河北农业大学.

中华人民共和国国家环境保护标准. 全国生态状况调查评估技术规范 – 生态系统格局评估 (HJ 1171—2021) [EB/OL].

中华人民共和国国家环境保护标准. 全国生态状况调查评估技术规范——生态系统格局评估 (HJ 1171—2021) [EB/OL].

中华人民共和国国家环境保护标准. 全国生态状况调查评估技术规范——生态系统质量评估 (HJ 1172—2021) [EB/OL].

中华人民共和国生态环境部. 关于印发《全国生态脆弱区保护规划纲要》的通知 (2008 – 09 – 27).

周浪,李明慧,周启刚,等. 2021. 基于电路理论的特大山地城市生态安全格局构建 – 以重庆市都市区为例 [J]. 水土保持研究,28 (2):319 – 325,334.

第6章 渤海湾生态安全屏障
构建模式及技术路线图

6.1 渤海湾生态安全屏障构建的问题及技术需求

近年来，在我国经济飞速发展和城市建设的双重影响下，人类活动对环境的影响越来越大。渤海湾沿岸区域经济比较发达，渤海湾承载着来自京津冀等环渤海地区的生活、农业及工业污水，该海区也面临着巨大的生态压力。天津市辖区范围内，分别有蓟运河、永定新河、潮白新河、海河、独流减河、北排水河、沧浪渠和子牙新河等入海河流，这些河流携带着大量有机物、营养盐以及其他污染物。然而，渤海湾每年大约承载 1 亿 t 来自京津冀等环渤海地区的废水（Duan et al.，2010）。此外，渤海湾为典型的半封闭海湾，与外海水交换能力差，进而导致一些污染物质累积，加剧了渤海湾的污染。

渤海湾不但是海洋基础饵料的生产地，而且也是鱼、虾、贝、蟹的洄游、索饵、产卵的良好区域。然而由于长期的过度捕捞，渔业资源不断衰竭，渤海湾作为渔场的功能正在逐步丧失（王娟娟等，2022）。事实证明，自 20 世纪末，渤海湾渔业资源由过去的 95 种减少到目前的 75 种，其中，有重要经济价值的渔业资源从过去的 70 种减少到目前的 10 种左右。

天津市海岸为冲积平原海岸，滩涂地势平坦，坡度小，潮间宽；平均宽度约为 3 500m，海涂面积约为 360.6km² （房恩军等，2007），主要包括北大港湿地、团泊洼湿地、七里海湿地等。滨海滩涂与湿地是海洋与陆地相互作用的过渡地带，通过土壤吸附和沉淀，植物吸收，微生物固定等作用，截留净化大量的氮、磷等营养物质，是净化近岸海域水质的重要生态功能区，具有丰富的生物多样性和生态价值，是海岸带最重要的生态屏障。随着环渤海海洋经济发展，盐田和水产养殖、修坝、建港、筑路、石油开发及其他海洋工程修建等，导致渤海自然生境严重破坏，滨海天然滩涂与湿地面积锐减。此外，渤海湾滨海湿地还面临着互花米草入侵问题。互花米草入侵后不仅改变了滨海湿地植被群落与结构，而且通过改变环境养分的传输与分配等方式，持续影响湿地生物地球化学循环，导致滨海湿地土壤功能的变化，成为威胁滨海湿地生态系统生物多样性和稳定性的主要因素之一。

　　总体来说，渤海湾属于半封闭性海域，水动力交换条件差、生态环境质量差、生态风险高，历史性生态安全问题和新的生态安全问题并存。同时，环渤海湾地区是我国北方高度开发的地区，以前围海造陆等对海岸带环境造成巨大破坏，自然海岸线比例较低。另外，汇入渤海湾的海河流域又是我国七大水系中污染最为严重的水系。总之，渤海湾自然禀赋差且高人为干扰，各种影响因素多，使得生态安全屏障构建变得复杂和难度大。因此，亟待构建渤海湾生态安全屏障，提出高人为干扰的封闭海域"海洋生态安全屏障"构建理论框架和核心方法体系。依据渤海湾目前的生态问题，结合本书总结的海洋生态安全屏障构建技术途径（第 2 章第 5 节），我们建议将渤海湾滨海水陆交错带、入海河流作为两个构建渤海湾生态安全屏障的关键区域，将渤海湾入海河流治理、牡蛎礁修复、互花米草治理、滨海湿地/鸟类栖息地恢复作为渤海湾生态治理的重点。

6.2　渤海湾生态安全屏障构建的技术模式

6.2.1　基于组合式人工鱼礁—增殖放流的生态修复模式

　　在气候变化和人类活动的多重压力下，渤海湾海域环境恶化，近海生物资源衰退现象日益严重。为此，天津市加快了人工鱼礁建设和增殖放流活动，以期通过海洋牧场建设达到修复受损生境和养护生物资源的目的（张紫轩，2021）。

　　"十三五"以来，天津市已累计在渤海湾近岸海域和内陆重要渔业水域放流鱼、虾、蟹、贝等各类苗种达 88 亿单位，放流品种达二十余个。通过实施人工增殖放流，渤海湾水域生态环境恶化、渔业资源衰退和生物多样性减少的势头得到了缓解，水域生态修复效果初步显现，渔民收入也增加了。

2022 年天津市继续在天津近岸海域进行人工增殖放流，放流 13 个品种，共计 6.53 亿尾（只、粒），在渤海湾放流的水产苗种有：中国对虾、三疣梭子蟹、花鲈、许氏平鲉、黄姑鱼、大泷六线鱼、半滑舌鳎、褐牙鲆、圆斑星鲽、海蜇、毛蚶、菲律宾蛤仔、松江鲈。主要放流地点选择在滨海新区三个区域：汉沽海区有大神堂近岸、活体牡蛎礁、人工鱼礁附近海域；塘沽海区有北塘至高沙岭之间近海、塘沽人工鱼礁礁区；大港海区有唐家河、马棚口近岸及附近海域。以上海区天然饵料丰富，本身就是鱼虾类的产卵场，适合放流苗种生长。

苗种流放工作的适宜外部环境十分重要，否则将无法达到预期的效果。例如，海草比较丰富的领域可以适当进行海草的流放工作，其成活的概率比海草贫瘠的区域高。然而，由于沿渤海湾地区人类活动的干扰，破坏了海洋生物的生存环境，因此在增值放流前要为放流生物构建生存生境。人工鱼礁是水生生物资源养护的重要措施，在提高初级生产力、改善栖息生境、限制拖网捕捞、保护和增殖海洋生物资源等方面发挥了重要作用。因此，可以通过投放人工鱼礁的方式人为干预，为增殖放流后的海洋生物提供栖息地。

天津市 2009 年开始在大神堂海域投放钢筋混凝土礁体开展海洋修复行动。截至 2016 年底，大神堂海域共有 19 825 处人工鱼礁，造礁面积 10.989m^2，同年被列为国家级海洋牧场示范区（张雪等，2019）。经过八年运营，天津人工鱼礁区海域的生物多样性有了一定改善（戴媛媛等，2018）。

目前，渤海湾投放人工鱼礁多为沉于海床的混凝土材料的硬质鱼礁，然而，渤海湾属于淤泥底质海湾，硬质鱼礁的投放容易在渤海湾发生覆没和滑移，而且在构造生物生境方面，硬质鱼礁构造了底层生物生境，对中上层生物可能无法发挥较好的作用。因此，需要构建渤海湾生物恢复的中上层生境，而轻而柔的高分子材料是制作柔性人工鱼礁的良好材料，配合渤海湾目前的底层鱼礁，能够构造中上层—底层联合作用的组合式人工鱼礁，为渤海湾生物构建从底层到中上层的生物生境。

南开大学卢学强课题组协同天津市水产研究所在大神堂国家海洋牧场示范区展开了这一方面的工作。研究人员首先通过室内集鱼实验将不同类型人工鱼礁和组合式人工鱼礁进行了对比，发现利用柔性浮式鱼礁与传统式人工鱼礁相结合的组合式人工鱼礁能够比单人工鱼礁有更好的集鱼效果，因此选择浮式鱼礁作为大神堂海域的投放类型，配合大神堂海域原本投放的底层鱼礁，构建了渤海湾纵向一体化的人工鱼礁生境（图 6.1）。

图 6.1 大神堂国家海洋牧场组合式人工鱼礁示范区

6.2.2 河流湿地一体化生态修复模式

以独流减河流域的生态修复为例。天津独流减河是海河南系下游地区最大的河流,独流减河属于人工开挖泄洪河道,其干流连接了北大港湿地自然保护区和团泊鸟类自然保护区两个滨海湿地生态环境保护区,在防洪、灌溉功能以外还具有特殊的生态重要性。《天津市空间发展战略规划》显示,"北大港—独流减河—团泊洼"构成天津市南部地区贯穿东西的生态廊道,是规划中"南生态"建设的核心地带。

然而,独流减河各监测断面近几年常规污染物的监测数据显示,独流减河水质总体处于 V 类与劣 V 类水平,水体呈重度污染状态,难以稳定达到水环境功能区划要求。究其原因,其一,本地污染来源复杂,污染物排放量大;其二,上游来水不足,缺乏补充水源;其三,河流滞缓,自净能力差。水体退化导致生态系统严重退化。

为此,由天津市生态环境科学研究院牵头,北京科技大学、天津大学、天津市水利科学研究院、华北电力大学、南开大学共同参与开展了宽浅型河槽生态功能改善与湿地水质净化技术集成与综合示范课题工作。独流减河天津宽河槽湿地改造工程实施后,出水主要水质指标达到水环境功能区(地表水 V 类)要求,植被生物多样性指数(香农指数)由 2014 年的 0.86 提高到2017 年的 1.03,底栖生物多样性指数(香农指数)由 2014 年的 0.62 提高到2017 年的 0.88,植被覆盖度由 2015 年的 34.54%增加到 2017 年的 69.09%。

工艺的流程按照因地制宜的原则,结合示范区现状地表高程,将宽槽滩地浅水区改造为表流湿地,废弃坑塘改造为兼氧性稳定塘。工程利用围埝将湿地与外界隔离开，利用隔埝将湿地划分为串联式连接的水量调节区、表流近自然湿地区和兼氧稳定塘区3个功能区域（图6.2）。

　　水量调节区位于最上游，起到泥沙远降、水质均化和预增氧作用。其起始端沿宽河槽修筑围埝，使湿地成为相对独立区利于水流循环。表流近自然湿地位于水量调节区的下游段。与水量调节区连接处建布水渠和布水埝，控制水流均匀，按照湿地长宽比不应小于3：1的原则，用隔埝将表流近自然湿地分为3个并联区。兼性稳定塘净化区位于最下游，起兼氧－厌氧和反硝化作用，其与上游表流近自然湿地之间由隔埝隔开，隔埝上建若干溢流堰，保证水流的顺畅。兼性稳定塘与北深槽相接段设穿堤涵闸，控制出水水位及流量。通过导水埝、连通渠、浅水型湿地、深水型稳定塘、水鸟栖息岛的有机结合与合理布局，构造一个兼顾河流与湿地一体化的生态修复模式。

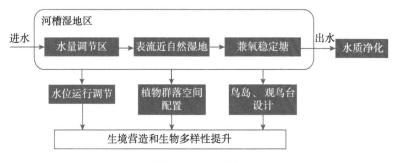

图6.2　工艺流程

6.2.3　人工生态演替的互花米草防治模式

　　在互花米草治理的物理治理和化学治理措施中，治理当年会发挥一定的控制效果，见效较快，但会带来一些负面影响，例如物理措施不能从根本上治理互花米草，成本较高；化学除草通常会造成一定的残毒，容易对其他植物等造成危害，进而破坏湿地和生态系统。生物措施对当地的负面影响最小，但容易引起二次入侵且演替过程往往进行得较为缓慢。因此，单独采用任何一种方法都不能彻底有效地治理互花米草，我们需要将几种方法结合，形成可提高治理效果的技术体系。目前，互花米草综合治理方法还在探索当中，应用较多的是物理方法结合生物替代法进行治理。

　　物理方法的研究与应用较多，在渤海湾滨海湿地的互花米草治理中也同样适用，对于生物替代技术还在探索之中。例如，人工种植红树林代替互花米草，互花米草与红树林的生态位重叠，空间分布上存在着相互竞争的关系，根据生态位竞争原理，采用种植红树林占领互花米草的生存空间，可使互花米草失去适宜生存的环境。陈振忠（2016）在东山湾北岸的漳浦县沙西镇沿海滩涂，先采用割草、深翻等物理方法对互花米草滩涂进行处理，并加大密度种植速生红树林进行生物替代，通过这些措施的综合治理，互花米草滩涂变成红树林，达到了修复海洋生态环境的目的。

互花米草属禾本科多年生草本植物，在不同地区都表现出了对本地物种强有力的竞争能力，可以通过根状茎与断落的植株进行无性繁殖，通过种子进行有性繁殖。在土地条件较好的情况下，种子脱落后可以直接萌发成苗。生物替代则根据植物群落演替的规律，由竞争力强的本地植物取代外来入侵植物（王洁等，2017）。由于互花米草较强的竞争性，在特定地区找出快速、有效、安全的替代种以及防除方法仍是个难题，目前研究较多的是利用芦苇、无瓣海桑（Sonneratia apetala）和海桑（Sonneratia caseolaris）等物种对互花米草进行生物替代（谢宝华与韩广轩，2018）。

芦苇也为禾本科植物，与互花米草具有克隆植物的相似点，但二者的生理特性方面存在差异。在高、中潮位，两种植物相互竞争且具有分化和演替的趋势，互花米草在高盐、沙、淹水、低氮的环境下占优势，相反，芦苇主要适合生长在低盐、持续淹水、高氮的环境下，其他状况下两种植物共存（袁月，2013；袁月等，2014）。在适应逆境方面，互花米草与芦苇相比，具有独特的生理机制。例如，在生长初期，相同环境条件下，互花米草的净光合速率大于芦苇；互花米草的质膜相对透过性高于芦苇；互花米草对硫的耐受性高于芦苇（王洁等，2017）。因此，芦苇在生境盐度保持 8 以下的淹水环境中，有可能恢复群落。

无瓣海桑和海桑的生长速率、株高均高于互花米草，在短期内便可超过互花米草的高度并较快郁闭，从而抑制互花米草的生长，使其盖度、密度、高度、生物量和光合速率等指标都有所下降，当林分郁闭度超过 0.7 时，林下互花米草缺乏光照强度而停止生长，逐渐消亡。无瓣海桑和海桑的化感作用也会影响互花米草的生长，海桑对互花米草再生的控制作用比无瓣海桑更为明显（谢宝华等，2018）。另外，控制效果与替代种的密度密切相关，替代种密度越高，控制效果越好。

海桑是天然分布于我国海南岛的红树植物，无瓣海桑是从孟加拉国引入我国的外来物种，有较丰富的遗传多样性和较强的环境适应能力，可对本土红树植物产生抑制生长的化感作用。虽然在珠海市淇澳岛的监测表明，引种12年后无瓣海桑并没有入侵本土红树林（Chen et al. 2014），但淇澳岛是个面积很小的孤岛，不具代表性，仍需加强对无瓣海桑生态风险的评估研究，使其对恢复红树林生态系统起到积极的作用。

在渤海湾滨海湿地互花米草的实际防治中，需要因地制宜地选择合适的方法。本书认同人工生态演替的互花米草防治模式，即物理方法结合生物替代法进行治理。在目标区域，首先，经过物理防治方法如人工去除、翻耕、碎根、覆盖遮阴等技术，借助于合适的机械，采用刈割方法可以大面积防治，但需要选择合适的时机，在营养生长期刈割可获得最好的防治效果。在潮汐频繁浸淹的区域，淹水也适宜大面积治理，但淹水深度应超过米草株高。如果采取刈割加淹水的综合方法，会取得更好的防治效果，也可能降低防治成本。其次，利用生物替代方法，一般在刈割、翻耕等物理措施的基础上移栽竞争物种，在盐沼湿地以芦苇替代互花米草被证实行不通，但在我国红树林湿地进行的很多研究证实，可以用无瓣海桑或海桑成功替代互花米草，可作为红树林湿地互花米草防治的首选方法，但无瓣海桑也是外来物种，在未来研究和应用中可以多关注本土物种海桑。

6.2.4　兼顾鸟类生境及截污净化的河岸生态功能修复模式

地处渤海湾的天津地区有着良好的湿地资源，此处更是东亚—澳大利西亚鸟类迁徙路线上的重要驿站，包括大黄堡湿地自然保护区、北大港湿地自然保护区、官港森林公园、七里海古潟湖湿地等。每年春秋两季，近百万只往返于东亚及大洋洲的候鸟都会在此停留休息或繁衍。据统计，天津滨海地区湿地记录的鸟类中，有国家 I 级保护物种 11 种，II 级保护物种 34 种（王凤琴，2003）。由于鸟类在食物链中处于较高等级，鸟类的种类及数量在一定程度上决定了其他等级生物的生存状态，鸟类多样性在一定程度上代表了生态系统的物种多样性及生态系统的健康程度（李相逸等，2018）。由于人类活动的影响，渤海湾的天津湿地资源受到破坏，迁徙和繁殖的候鸟数量正在不断减少。因此，本书提出了一种兼顾鸟类生境及截污净化的河岸生态功能修复模式。

该模式选种河岸段截污净化的优势植物物种，根据河岸自然地理特征，以营造不同鸟类的栖息地的生境。在河流流经该区域时，这些植物达到截污净化的作用，同时能为鸟类提供栖息地。这些栖息地包括林鸟栖息地生境和水鸟栖息地生境。为了充分利用林鸟栖息空间，林鸟栖息地采用乔木加林下草木的种植方式。林鸟栖息地生境包括岸坡植被带和坡滩植被带。坡植被带的乔木可以种植毛白杨、刺槐、臭椿、榆树、垂柳、白蜡等高大落叶阔叶植物，形成疏林植物群落，组成连续性的生态走廊，林下配置狗尾草、裂叶牵牛落、马唐群落、乳苣群落、杂草类草丛。坡滩植被带乔木种植火炬树、榆、金叶槐等落叶阔叶植物，灌木主要配置柽柳，林下配置狗尾草、芦苇、狗牙根、杂草类草丛。水鸟栖息地生境包括湿地植被带和水生植被带。湿地植被带主要种植湿生草本植物，草本植物选择狗尾草、乳苣、芦苇、苘麻、鹅绒藤、刺儿菜、罗摩、打碗花、狗娃花、碱蓬、杂草类草丛。水生植被带主要种植水生植物，中上游处种植香附子、苘麻、芦苇、稗、长芒稗，下游种植芦苇、小飞蓬、碱蓬、荆三棱、香附子等（刘旭，2022）。

6.2.5 "五字法"入海河流生态修复模式

渤海湾的入海河流有很多，例如海河、蓟运河、独流减河、永定新河等。近年来，随着渤海沿岸地区经济的快速发展，渤海湾的生态环境面临着巨大的压力（张绪良等，2004；曹喆和王斌，2007；郑建平等，2005）。进入 21 世纪的前 10 年，陆源污染物大量排放，造成近海海域甚至整个渤海湾海域的污染危机加重，受污染面积持续增加；河流携带入海的污染物总量居高不下。2007—2015 年，渤海湾主要河流携带入海的污染物包括化学需氧量、氨氮、总磷、石油类、重金属（铜、铅、锌、镉、汞）和砷等，年均入海总量在 85 万 t 左右。陆源污染物排海之后，主要通过稀释扩散、化学形态转化、生物吸收代谢、沉积和矿化、再悬浮和释放等生物地球化学过程，对渤海海域环境质量产生全局性影响（于璐等，2014；王修林等，2004；阚文静等，2010）。另外，除了传统污染物，难降解有毒污染物（PTS）等新兴污染物的显现也不容忽视。此外，渤海湾入海河流河口如独流减河河口是典型的闸控型河口，非开闸无运输，除特大洪水期间提闸泄洪，常年均处于关闭状态，开闸期间裹挟大量泥沙。河流自上游向下游由淡水向咸水过渡，河道宽阔、水面广、深度浅、流速小。陆源污染通过入海河流汇入海洋，从而影响近岸海域环境。有关研究表明，渤海陆源污染物占入海污染物总量的 80% 以上，由入海河口排入的污染物占陆源的90%以上（赵章元和孔令辉，2000；康敏捷，2013）。完成入海河流生态治理对于深化渤海综合治理以及构建海洋生态安全屏障具有重要的现实意义。

针对渤海湾入海河流的问题现状，本书将渤海湾入海河流生态修复过程方法总结为五个字，即"截""挖""冲""修""管"。

"截"即渤海湾入海河流排污口与排污许可证管理的统一，严格入海污染物总量的控制。排污许可证作为企业生产经营期排污行为的唯一行政许可，证书里基本涵盖了与企业排污相关的所有信息。排放浓度的许可，是排污许可的重中之重，也是企业按证排污、自证守法的重要依据。排放浓度根据国家或地方污染物排放标准进行许可，并结合环评及批复要求。执行超低排放只是企业承诺行为，排污许可证的排放浓度仍然是按照国家或地方污染物排放标准进行许可。若企业在生产过程中超过超低排放限值但未超过许可浓度，执法部门没有对其超标进行处罚的依据。生态环境部门正构建以排污许可制为核心的排污管理制度，逐步推动环评审批和排污权交易改革，推行"一证式"管理。这需要优先做好环评审批、排污权交易和排污许可证的衔接工作，推动环评和排污许可两个管理名录协同，探索统一的污染物总量核算方法，使环评预测、排污权核算、排污许可证技术规范总量计算三者数据统一，便于生态环境部门日常监管。环评时生态环境部门未批复企业排污总量，企业也无须购买排污权。对于已经申购排污权但排污许可证又未许可排污总量的企业，生态环境部门可以协调税务部门在后期企业缴纳环境税方面给予适当的减免。建议在综合考虑环评及批复浓度的基础上，将企业承诺执行更加严格的排放浓度纳入许可范围，最终排污许可证的许可浓度由国家或地方排放标准、环评及批复浓度、企业承诺执行更加严格的排放浓度等从中取严。将企业承诺执行更加严格的排放浓度纳入许可范围并作为排放浓度被许可后，也能使生态环境执法部门在检查时有充足的执法依据。

"挖"即防洪排涝与内源消减的统一，恢复河流连通性。其主要是基于近自然的原理，利用生态清淤技术尽可能恢复河流横向的连通性和纵向的连续。一般来说，主要包括河道横断面结构、河床生态化以及生态护岸三个方面。对河道横断面结构的修复，在满足河道功能的前提下，应尽可能保持天然断面；在无法保持天然河道断面的情况时，应按复式断面、梯形断面、矩形断面的顺序选择。在水量较少或者断流的河道，利用人工挖掘来构建深潭和浅滩；如果经济条件允许，可通过建设生态丁坝、生态潜坝等构建深潭和浅滩。

对于生态护岸，主要是采用植物或者植物与土木工程相结合的方式对河岸进行防护，既能够防止河岸塌方，又能使河水与土壤相互渗透，增强河道自净能力，同时具备一定自然景观效果。

"冲"即环境需水量与生态需水量的统一，主要包括生态补水、生态调度两方面。生态补水技术主要指通过水利设施（闸门、泵站等）的调控，引入上游水库的水，或者污水处理厂的深度处理水、雨水等，补充河道水量。该方法既能有效增加水环境容量，又能改善河流生境，提高河流的自净能力。生态调度是通过泄放合适的流量维持一定的流态和水位过程，以弥补或减缓水库对河流生态系统的不利影响。生态调度主要集中在通过控制流量、水温和沉积物输移来改善野生动物的环境状况。

"修"即生态化改造与生物生境恢复的统一，主要包括水质生态修复和水生生态修复两方面。水质生态修复主要包括底泥生态疏浚、生态浮床技术、人工湿地技术。生态疏浚的关键是确定底泥薄层精确疏浚深度和疏浚污泥的后处理。生态浮床技术，即用竹子、高分子材料作为载体人工构建生物浮床，水生植物通过吸收水体中富营养物质，降低化学需氧量；同时营造一个动物、微生物良好的生长环境，提高水体的自净能力，从而修复水生态系统。人工湿地技术主要是模拟天然湿地形成的人工生态系统，利用基质填料、微生物、植物和水生动物之间的物理、化学和生物协同作用降解污染物，通过过滤、吸附、共沉、离子交换、植物吸收和微生物降解作用，实现水质净化。水生生态修复技术通过利用水体中的植物、微生物和动物吸收、降解、转化水体中的污染物以实现水环境净化修复技术；通过恢复水生生物资源、改善种群结构、增加物种多样性的修复技术。前者主要包括水生植物修复及水生动物的修复，后者主要包括增殖放流。

"管"即在水生态目标下的水资源与水环境的综合管理。我国对水资源的需求量大、依赖性强，但水环境污染严重。为此，必须对水资源综合利用管理工作和水环境污染防治工作引起高度的重视，以此在提高水资源利用率的同时改善水环境，避免浪费水资源和水环境污染问题的出现。对水资源综合利用管理的有效措施包括构建水资源综合利用管理制度、强化群众节约用水的意识、加强水资源综合利用管理队伍的建设等，对水环境污染防治的有效策略包括明确水环境污染防治的职责、加强对重点水资源流域的保护、加强对水环境污染的监督与管理、注重加强对污水的治理、充分发挥植被恢复污染水环境的作用。

6.3 渤海湾生态安全屏障构建的技术路线

针对渤海湾生态安全屏障构建区域的自然生态环境特点，图 6.3 对渤海湾水陆交错带以及入海河流生态修复的技术和模式进行了梳理和归纳总结。对于渤海湾生态安全屏障构建的技术模式主要包括：大神堂牡蛎礁保护区的潮下带牡蛎礁修复和恢复的基于组合式人工鱼礁—增殖放流的生态修复模式，马棚口海滩等牡蛎礁替代互花米草的基于生态演替的潮间带互花米草防治模式，永定新河及独流减河实施的基于河流湿地循环的一体化生态修复模式，独流减河河岸带的兼顾鸟类生境及截污净化功能的河岸带生态修复模式，以及融水环境、水资源、水生态于一体的基于"截、挖、冲、修、管"五个维度的河流生态治理综合模式。

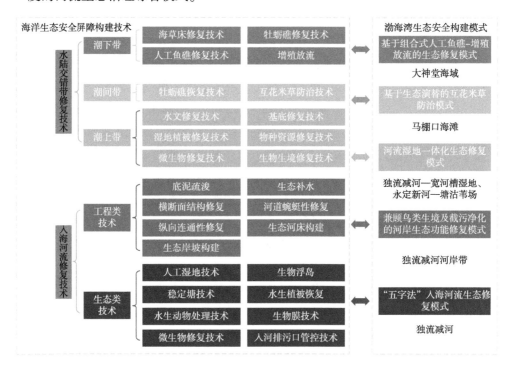

图 6.3 渤海湾生态安全屏障构建的技术路线

参考文献

曹喆，王斌. 2007. 天津海岸带生态环境问题及对策建议［C］//2007 中国环境科学学会学术年会优秀论文集（上卷）.

陈振忠. 2016. 闽南沿海滩涂互花米草生物替代治理技术研究［J］. 安徽农学通报，22（14）：117 – 119.

戴媛媛，侯纯强，杨森，等. 2018. 天津海域人工鱼礁区浮游动物群落结构及其与环境因子的相关性研究［J］. 海洋湖沼通报，（5）：163 – 170.

房恩军，马维林，李军，等. 2007. 渤海湾（天津）潮间带生物的初步研究［J］. 水产科学，26（1）：48 – 50.

阚文静，张秋丰，石海明，等. 2010. 近年来渤海湾营养盐变化趋势研究［J］. 海洋环境科学，29（2）：238 – 241.

康敏捷. 2013. 环渤海氮污染的陆海统筹管理分区研究［D］. 大连：大连海事大学.

李相逸，曹磊，马超，等. 2018. 天津滨海滩涂湿地鸟类丰富度与环境因子的关系研究［J］. 风景园林，25（6）：107 – 112.

刘旭. 2022. 北方大型人工湿地工法与营造［M］. 北京，科学出版社.

王凤琴. 2003. 天津湿地及湿地鸟类可持续发展的建议［J］. 动物科学与动物医学，20（2）：11 – 12.

王洁，顾燕飞，尤海平. 2017. 互花米草治理措施及利用现状研究进展［J］. 基因组学与应用生物学，36（8）：3152 – 3156.

王娟娟，张素青，王宝峰，等. 2022. 渤海湾天津海区渔业生态环境质量评价［J］. 河北渔业，（7）：36 – 41.

王修林，邓宁宁，李克强，等. 2004. 渤海海域夏季石油烃污染状况及其环境容量估算［J］. 海洋环境科学，23（4）：14 – 18.

谢宝华，韩广轩. 2018. 外来入侵种互花米草防治研究进展［J］. 应用生态学报，29（10）：3464 – 3476.

于璐，吴晓青，周保华，等. 2014. 环渤海地区工业废水石油类排放特征分析［J］. 环境科学与技术，37（4）：198 – 204.

于讯. 2011. 渤海湾渔业资源调查评估显示：野生河豚绝迹［J］. 现代渔业信息，26（8）：30.

袁月，李德志，王开运. 2014. 芦苇和互花米草入侵性研究进展［J］. 湿地科学，12（4）：533 – 538.

袁月. 2013. 崇明东滩湿地芦苇与互花米草种群间关系格局与影响因素研究［D］. 上海：华东师范大学.

张绪良，于冬梅，丰爱平，等. 2004. 莱州湾南岸滨海湿地的退化及其生态恢复和重建对

策 [J]. 海洋科学, 28 (7): 49 - 53.

张雪, 徐晓甫, 房恩军, 等. 2019. 天津近岸人工鱼礁海域浮游植物群落及其变化特征
    (英文) [J]. 海洋通报: 英文版, 21 (1): 40 - 55.

张紫轩. 2021. 人工鱼礁生态效应评价及增殖放流物种生态容量评估 [D]. 上海: 上海海
    洋大学.

赵章元, 孔令辉. 2000. 渤海海域环境现状及保护对策 [J]. 环境科学研究, 13 (2):
    23 - 27.

郑建平, 王芳, 华祖林. 2005. 辽东湾北部河口区生态环境问题及对策 [J]. 东北水利水
    电, 23 (10): 47 - 50.

Chen H, Liao B, Liu B, et al. 2014. Eradicating invasive Spartina alterniflora with alienSonn-
    eratia apetala and its implications for invasion controls [J]. *Ecological Engineering*, 73:
    367 - 372.

Duan L, Song J, Li X, et al. 2010. Distribution of selenium and its relationship to the eco - en-
    vironment in Bohai Bay seawater [J]. *Marine Chemistry*. 121 (1): 87 - 99.

第7章　渤海湾生态安全屏障管理对策研究

7.1　渤海湾生态安全屏障政策演进分析

进入 21 世纪，海洋及海洋资源已成为国家发展的重要基础，海洋生态安全更是国家安全的重要组成部分。渤海作为我国唯一的内海，在生态层面和国家战略层面都具有重要意义。从建设海洋强国、"一带一路"倡议到"海洋命运共同体"理念，我国海洋建设的思想及要求不断进步，对渤海海洋生态安全的诉求与日俱增。但是，由于发展粗放、保护意识淡薄，经济发展对渤海海洋生态环境造成了巨大的外部"胁迫"。而渤海作为半封闭性内海，水质自净能力弱，相较于其他海域更易受到污染干扰。在内因、外因双重因素作用下，渤海海洋生态安全在环境污染、生态破坏、生物资源衰退等方面均面临着巨大威胁。在这样的背景下，我国针对渤海地区开展了从"渤海碧海行动计划"到"渤海综合治理攻坚战"的一系列专项整治活动，渤海生态安全的重视程度不断提升。然而，渤海综合治理同时具有陆海交接、跨区域、跨部门等诸多特征，种种复杂因素导致了"渤海碧海行动计划"等一系列整治行动并未取得理想成效。海洋生态安全屏障是近年来海洋治理领域新形成的理念，既要求维持海洋生态系统自身的平衡，又要求对海洋生态服务功能的保障，通过构建渤海海洋生态安全屏障，就可以实现对渤海生态系统内部平衡并兼顾社会经济发展的需要。

渤海湾作为渤海海域的三大海湾之一，既作为渤海综合治理的重要组成部分，在自然、社会等方面具有不可或缺的地位，同时也作为渤海区域的缩影，凸显出综合治理过程中存在着具有代表性、典型性的问题。其特征可以概括为以下四点：其一，渤海湾地形条件、资源禀赋突出。渤海湾地形条件便于开展大规模围填海活动；渤海湾盆地富含油气资源，是我国油气总产量最高的盆地；渤海湾是黄渤海多种经济鱼虾类重要的产卵场和幼体的主要育肥场。其二，渤海湾所承载的社会经济压力巨大。渤海湾沿岸的滨海新区作为国内经济发展"第三极"，坐落油气、交通运输等众多产业，巨大的社会经济压力决定了对空间、资源的需求。其三，渤海湾已经暴露出诸多生态安全威胁。环境污染方面，陆源污染严重（屠建波等，2021），天津入海河流监测断面水质传统污染指标堪忧，微塑料等新型污染同样具有威胁性（李文杰，2019），港口航运带来的船舶石油类污染明显（王以斌等，2021），规模庞大的海洋油气开发工程成为潜在污染来源。在生态破坏方面，大规模围填海工程除了占用海域面积，还改变了海底地形和冲淤格局（田立柱等，2021），部分海域海水动力学条件变化（白玉川等，2021），使海洋生物栖息地面积缩减、海水理化性质不再适宜（李晓静，2020），造成海洋物种多样性减少、生态系统退化。同时，渤海湾也面临着渔业资源枯竭，赤潮等灾害时有发生的问题。其四，渤海湾综合治理具有跨区域、跨部门的特点。从地理位置上看，渤海湾沿岸包括天津、沧州、唐山、滨州，有很典型的跨区域性。同时，海洋治理本身又具有跨部门的特征，这使得在渤海湾综合治理过程中不可避免地会遇到体制机制问题。基于以上四点，从渤海湾层面对海洋生态安全屏障的构建进行研究，既能够反映在渤海海洋生态屏障构建过程中面临的典型问题，同时又成为渤海海洋生态安全屏障构建研究的重要组成部分，将渤海治理体系相对简化，对渤海海洋生态安全具有理论意义和实际意义。

海洋生态安全屏障的构建需要政策的驱动。从广义上讲，政策驱动是指政府部门分析和设定政策目标，采用适当的政策工具，规范政策目标的实现机制，对政策实施过程进行监督和控制，从而确保政策实际效果的过程。政策驱动的机制可以从政策文本内容和政策执行过程两个方面来理解，其中政策文本的制定是政策实施的前置环节，表现为政府部门制定政策目标并选择政策工具保障海洋生态安全屏障的构建；而政策工具的选取在很大程度上规范了政策的执行效果。因此，本章以政策工具为主要切入点，对渤海湾海洋生态安全屏障展开相关政策内容分析，从构建渤海湾生态安全屏障的视角出发，揭示政策制定和管理体制机制方面存在的问题，并进行展望。

7.1.1　海洋生态安全屏障理论及实践

"海洋生态安全屏障"作为近年来国内新兴起的海洋治理理念，尚未出现公认、明确的定义，理论体系尚不成熟，其概念、内涵方面的研究多以"生态安全屏障"为出发点。"生态安全屏障"起源于 21 世纪初我国生态环境保护的实践工作，已有众多学者从物质能量交换（杨冬生，2002）、结构功能（陈国阶，2002）、区域范围（宝音等，2002）等角度对这一概念进行了解读。目前较为普遍的是王玉宽等（2005）在已有研究基础上提出的定义，即生态屏障是处于特定区域的，结构、功能与人类生存发展中体现的生态需求相协调的复合生态系统。这一定义强调了生态屏障同时具有自然、社会、经济属性，在空间上满足发挥屏障功能的相对位置，并且依据不同功能需求表现出不同外延性质。白佳玉和程静（2016）基于上述解释，指出海洋生态安全屏障的相对位置关系，在对陆地起屏障功能的同时，从不同层面、功能上满足人类生存发展的其他需求。这实际上是将海洋生态安全屏障解释为将陆地作为被保护对象，处于某特定区域的复合生态系统。曹洪军和谢云飞（2021）则认为，"海洋生态安全屏障"不仅包括海洋牧场建设、生态修复等具备工程性、空间性的，依托于复合生态系统的"硬屏障"，还包括法律法规、体制机制等对"硬屏障"构建和运行起保障作用的"软屏障"，是综合了"软 – 硬"两层面的结构与功能体系。尽管定义有所不同，但国内学者对其内涵的解读较为一致，概括为内外两点：从内部来看，海洋生态安全屏障要维护海洋生态系统内部的健康状态；从外部来看，海洋生态安全屏障要保障海洋生态服务功能的正常发挥，满足人类生存发展的物质、环境需求（白佳玉和程静，2016；曹洪军和谢云飞，2021；曹洪军和韩贵鑫，2021）。

虽然构建"海洋生态安全屏障"属于新兴理念，但是其作为一项综合生态技术和政策规制的系统工程，所涉及的渔业资源养护、海洋环境治理等众多领域，均已有较为丰富的研究，如伏季休渔效果评估（胡芷君等，2020）、海洋生态系统修复成效评估（吴霖等，2021）、船舶污染损害赔偿（张耀元，2022）等。这些研究从不同角度为屏障的构建奠定了基础，但又仅专注于各自领域，不能完全满足前文所述"海洋生态安全屏障"的内涵。如果无法从"海陆统筹"的系统性视角出发，建立起科学有效的海洋生态安全管理体制机制，"头痛医头，脚痛医脚"的局面将无法避免。在这样的背景下，目前直接以构建"海洋生态安全屏障"作为主题研究，主要集中在治理制度、体制和机制方面。白佳玉和程静（2016）提出以污染物排放总量控制制度为屏障构建"经度"，以海洋生态红线制度为屏障构建"纬度"，从立法、配套制度等角度剖析两种制度存在的短板及完善趋势。曹洪军和谢云飞（2021）将海洋生态安全评估、海洋环境监测预警决策、生态修复作为屏障构建的突破口，在海洋管理体制机制、资源配置机制、信息共享机制、协商共治机制等方面提出了相应建议。曹洪军和韩贵鑫（2021）针对渤海海洋生态安全屏障构建中面临的跨区域、陆海双重压力等难点，主张建设"区域协同平台"，以形成有效的跨区域联动机制。总的来说，从构建"海洋生态安全屏障"视角出发的研究欠缺，这一理论体系的建设仍处于制度、机制、体制的探索阶段。

7.1.2 海洋环境政策工具分类研究

政策工具指政府为解决公共问题而采取的方法、手段，其使用的合理与否将对政策的执行效果起重要影响（Elliott et al.，2002；许阳，2017）。对政策工具进行分析的首要切入点是对政策工具的分类，目前我国在生态环境政策分析领域较为主流的政策工具分类理论主要有两种。第一种是 Rothwell 和 Zegveld（2002）提出的供给型、环境型和需求型的分类方式。其中，供给型指政府为海洋生态环境治理提供人才、信息、技术等治理要素的供给服务，进而实现对海洋生态环境保护的推动，包括教育培训、信息支撑等方面；环境型则指政府通过塑造良好的政策环境，从而间接促进海洋生态环境保护目标实现，包括规划、税收优惠等；需求型表现为政府对海洋生态安全保护的政策拉动作用，包括政府采购、技术外包等（莫姝婷，2017）。第二种是经济发展与合作组织国家（OECD）通常采用的命令控制型、经济激励型以及劝说鼓励型的分类方式，众多中国学者结合我国实际情况，在 OECD 分类基础上对劝说鼓励型的分类进行了改进。张坤民（2007）等将劝说鼓励扩充为自愿行动和公众参与两种类型。许阳（2017）以此为参考，在对我国海洋环境治理政策进行研究时，除采用命令控制型、经济激励型两种分类外，进一步提出了信息公开型和社会参与型两种类型。除此之外，也有部分研究将信息参与型包含在社会参与型范畴内（张岩，2019）。概括来说，命令控制型指政府对海洋环境行为的直接管制、监督，具有强制性，包括许可、监督检查、禁令等；经济激励型指政府采取经济手段使行为主体的环境行为成本"内化"，进而起到约束作用，包括资金投入、税收优惠、海域使用金、渔业资源费等。

7.1.3　方法与数据来源

1. 政策内容分析法

政策内容分析法是一种起源于新闻学、情报学等领域交叉研究应用的文本分析方法，已作为一种高效的手段被广泛应用于社会研究方面（Mol et al.，2006）。通过政策内容分析，可以将语言描述的文献转化为统计数据，在一定程度上降低了定性研究的主观性和不确定性，便于从更深层次、更准确地理解问题（Li et al.，2021）。本研究中，通过质性分析软件 NVivo 12 Plus 对所选取的政策文件进行政策内容分析。本节将利用政策内容分析法对海洋生态安全政策的关注领域及所采用的政策工具种类进行归纳，作为主要分析切入点。

2. 政策分析维度设定

参考研究者在政策内容分析过程中较多采用的不同维度交叉分析的框架（张玉强和莫姝婷，2017），本研究共考虑五种维度：①t 维度，政策变迁时间；②w 维度，政策实施范围；③x 维度，政策关注领域；④y 维度，政策工具类型；⑤z 维度，政策发文主体，从决策模式的角度揭示我国渤海海洋生态安全领域治理体制取得的改观和仍然存在的问题，分析政策制定过程中各发文主体（各级人大、国务院各部委、各级地方政府）的参与情况及主体间协作情况（许阳，2017；王刚和毛杨，2019）。

3. 政策文本选取

本研究政策文件主要收集自北大法宝、威科先行、CNKI 中国法律数字图书馆等中国权威法律数据库。考虑到我国海洋生态安全屏障相关政策包括法律、行政法规、部门工作文件等众多效力级别，本研究依据以下原则展开文件遴选工作：①选取更具强制约束力的效力级别，包括法律、行政法规、部门规章、地方性法规、地方政府规章；②仅考虑与渤海湾密切相关的权威机构，中央层级包括全国人大、国务院各相关部委，地方层面包括"环渤海三省一市"即山东、辽宁、河北和天津相关法规、规章；③所选取文件需要与海洋生态安全屏障密切相关。根据上述标准，共选取出 403 份政策文件作为本研究数据基础。

4. 编码实现

本研究从文件及核心词汇两个尺度描述政策的关注领域。文件尺度即以文件为最小单元，利用 NVivo 12 Plus 标注其涉及领域，通过对应政策实施范围下文件占比反映对领域的关注程度（傅广宛，2020）；关键词汇尺度则通过提炼各领域下关键词汇，利用词汇频数代表政府的关注程度（王刚和毛杨，2019）。领域分类及部分关键词汇见表 7.1。统计过程利用 NVivo 自带矩阵编码功能实现。对政策工具类型的编码以条款为最小编码单元，利用 NVivo 12 Plus 软件实现政策工具类型二级体系的编码过程。二级政策工具类型通过阅读各政策文件，提炼得出。

表 7.1 政策关注领域分类及概念

政策关注领域		部分词汇	概　念
海洋生态监测		环境监测、自然灾害应急观测、监视海上污染、监测预警	包括对海洋环境监测、赤潮等海洋灾害监测、海岸带生态脆弱区监测、渔业水域监测、湿地自然状况监测等
海洋污染防治	船舶污染防治	船舶污染、海上交通安全、船舶安全、船舶修造厂、拆船业	船舶污染指船舶及其有关的各类作业活动中因向海洋排放污染物而造成的海洋污染，包括油污、船舶生活污水、有毒有害货物泄漏污染等（宁清同和任洪涛，2017）
	海岸工程污染防治	海岸工程、海岸工程建设项目、滨海矿山、滨海油田	海岸工程指位于海岸或者与海岸连接，工程主体位于海岸线向陆一侧，对海洋环境产生影响的新建、改建、扩建工程，包括码头、港口、滨海矿山等
	海洋工程污染防治	海洋工程、海洋工程建设项目、海上勘探开发、海洋石油勘探开发、溢油污染	海洋工程指以开发、利用、保护、恢复海洋资源为目的，并且工程主体位于海岸线向海一侧的新改扩建工程，包括海洋矿产资源勘探开发、海水淡化工程等
	海洋倾废污染防治	倾倒、倾废、丢弃、抛弃	是指通过船舶、航空器、平台或者其他载运工具，向海洋处置废弃物和其他有害物质的行为，包括弃置船舶、航空器、平台及其辅助设施和其他浮动工具的行为

政策关注领域		部分词汇	概　念
海洋污染防治	陆源污染防治	陆源、入海河流水质、排污口、岸滩弃置	指对陆地污染源造成的污染进行预防及治理，包括海域排污口、岸滩废弃物、入海河口等（代云江，2008）
海洋自然灾害防范应对		自然灾害、赤潮、绿潮、风暴潮、海冰	包括对潮汐侵蚀、赤潮、外来物种入侵等生态灾害的防范及应对
海洋资源利用及生态保护	海洋生态修复	生态修复、整治养护、恢复原有风貌	包括对各种海洋生态系统生境的修复及补偿
	物种多样性保护	生物多样性、物种入侵、有害生物、有害物种	包括对海洋生物物种、海洋生态系统的保护
	海洋相关特殊区域保护	海洋自然保护区、海洋特别保护区、湿地自然保护区、珍稀濒危海洋生物保护区	通过划定特殊区域进行保护，包括海洋自然保护区、海洋特别保护区、自然岸线保护范围、湿地公园等
	海域、海岸线与岛礁开发保护	填海围海、海域使用证、岸线整治修复、海岛使用	对海域、海岸线、岛屿等的规划、开发与保护
	渔业资源开发保护	渔业资源、水产养殖、品种资源、禁渔期	对渔业资源的保护、增殖，以及对养殖污染的防治

7.1.4　结果与讨论

1. 政策发文数量

我国渤海海洋生态安全相关政策体系构建的开端可追溯至 1982 年，《海洋环境保护法》出台，其后体系不断完善，至今已经形成了以各相关领域单行法为主干，各单行法下一系列行政法规、部门规章、地方性文件为分支的综合性、分散性的复合体系。图 7.1 为 1981—2021 年政策发布量变化情况，其中，"全国"尺度（中央层级适用于我国领域及我国所管辖其他海域的文件）包括法律 39 项、行政法规 50 项及部门规章 138 项，总计 227 项。"环渤海及渤海"尺度（渤海专项或将渤海海域作为主要部分的中央文件，以及"三省一市"地方文件），包含部门规章 8 项，地方性法规、规章总计 168 项。"渤海湾"尺度（天津、唐山、沧州、滨州的地方文件）由地方性法规总计34 项构成。

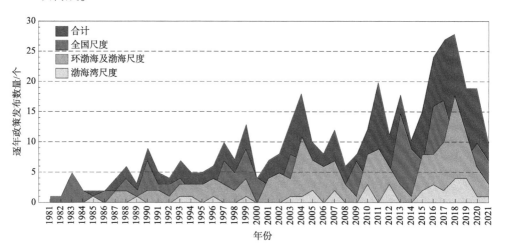

图 7.1　1981—2021 年渤海湾海洋生态安全屏障相关政策逐年发文量

本研究依据政策数量特征，将我国海洋生态安全屏障的政策变迁分为起始低位期、平稳增长期和高速发展期三个阶段。起始低位期（1981—1994年）整体政策数量水平低，该阶段出台了我国海洋生态安全屏障相关政策体系中具有核心地位的几项法律，如《海洋环境保护法》《渔业法》等，这些法律与相应的法规规章构成了体系的框架，确立了排污许可、限额捕捞等重要制度，但起始阶段地方政策发展明显滞后于中央。平稳增长期（1995—2013 年）政策发布数量有所提升，增势平缓并伴有波动，多部核心法律法规迎来了修订修正，中央政策的地方化推进不断深入，政策体系逐渐成形。高速发展期（2014—2021 年）政策发布数量增势迅猛，法律修订修正频率更为密集，生态保护红线、环境公益诉讼等重要规制手段引入，《湿地保护法》《海警法》出台，政策体系在趋于不断全面的同时也更具针对性，管理体制迎来了进一步改革的契机（杨丽美和郝洁，2021）。

2. 政策发文主体

整理不同阶段各政策发布主体参与发布的政策数量，并按总数由高到低排序，如表 7.2、表 7.3 所示。各部委中，参与政策发布次数最多的主体是交通部（交通运输部），占总数近 30%，主要涉及海洋船舶污染、海上交通事故等方面；其次是农业部（农牧渔业部、农业农村部），占比约 17%，以渔业资源的利用与养护占绝大多数，还包括少量水生野生动植物保护政策；生态环境部仅占 7.38%。纵观各阶段，可以发现核心发布机构不断精简，职能分配趋于清晰，在 2018 年国务院机构深化改革后，海洋生态安全屏障政策发布机构已集中在交通运输部、农业农村部、生态环境部和自然资源部。不过，统计各主体的联合发文数量：起始阶段和平稳阶段各 3 项、高速阶段 0 项，则可发现海洋生态安全屏障政策制定过程中，联合决策几乎空白，较高效力等级的政策制定决策体系几乎由单独决策模式构成。

表 7.2　不同时期各中央层面主体发布政策数量汇总

政策发布主体	起始阶段	平稳阶段	高速阶段	总计
交通部（交通运输部）	5	31	32	68
国务院	12	16	16	44
全国人大常委会	6	14	19	39
农业部（农牧渔业部、农业农村部）	5	25	5	35
城乡建设环境保护部（国家环境保护总局、环保部、生态环境部）	4	7	7	18
国家海洋局（已并入自然资源部）	5	10	—	15
地质矿产部（国土资源部、自然资源部）	1	2	4	7
财政部	3	2		5
化学工业部（已撤销）	1			1
国家物价局（已并入国家发改委）	1			1
监察部（已并入国家监察委员会）	—	1		1
人事部（人力资源和社会保障部）	—	1	—	1
国家发展和改革委员会	—	1		1
国家经济贸易委员会	—	1	—	1

注：考虑到机构变动情况，对政策发布主体进行了合并，变动后的名称及说明在"（）"中列出。

表 7.3　不同时期各地方层面主体发布政策数量汇总

政策发布主体	起始阶段	平稳阶段	高速阶段	总计
山东省人大（含常委会）	3	14	12	29
辽宁省人大（含常委会）	1	15	6	22
天津市人大（含常委会）	2	6	14	22
河北省人大（含常委会）	2	8	6	16
河北省人民政府	1	11	2	14
山东省人民政府	2	8	3	13
大连市人民政府	2	6	3	11
大连市人大（含常委会）	1	5	3	9
天津市人民政府	1	7	1	9
东营市人大（含常委会）	—	—	5	5
辽宁省人民政府	1	2	1	4
葫芦岛市人民政府	—	—	2	2
秦皇岛市人大（含常委会）	—	—	2	2
盘锦市人大（含常委会）	—	—	1	1
葫芦岛市人大（含常委会）	—	—	1	1
锦州市人大（含常委会）	—	—	1	1
锦州市人民政府	—	—	1	1
唐山市人大（含常委会）	—	—	1	1
唐山市人民政府	—	1	—	1
潍坊市人民政府	—	—	1	1
潍坊市人大（含常委会）	—	—	1	1
滨州市人大（含常委会）	—	—	1	1
烟台市人大（含常委会）	—	—	1	1

　　地方层面，参与发布次数最多的主体主要为省级人大和人民政府。设区的市级主体占地方主体超半数，但发文数量仅占地方政策总数约 23%，且表现出明显的区域差异性，比如大连市人大和市政府在不同时期均作为活跃的发文主体，而大多数设区市在 2015 版《立法法》放开市级立法权 3~5 年后才发布 1~2 项地方性法规，一方面所涉及海洋生态安全屏障相关领域并不全面，其中还不乏"文明促进条例"等与海洋生态安全相关性较弱的文件；另一方面，还存在沧州、营口这两个属于"1+12"渤海综合治理范围内，但是尚未出台有关政策的城市。这些都反映出环渤海乃至渤海湾海洋生态安全屏

障的市级地方立法存在空白。另外，地方层面并不存在联合发文的情况，各省、市在政策制定方面均属于独立决策模式。

3. 政策工具类型

按照命令控制型、经济激励型和信息－鼓励－参与型的政策工具分类方式，对所选取政策进行编码，统计各类型工具使用频次，结果如图 7.2 ~ 图 7.4 所示。命令控制型工具在各时期、各范围尺度上均为采用最为广泛的类型，其占比始终高于 82%，全国层面命令控制型工具占比在各时期均高于环渤海和渤海湾尺度。从总体时间跨度来看，"许可、登记、审批和确认""禁止、限制""罚则"等传统命令控制型工具的使用频次最高。"罚则"类工具，主要由以各类行政处罚使用最为频繁，其中对罚款的使用偏好最突出，总体上依旧暴露出处罚手段单一、处罚力度不足、处罚范围不全等问题，"拒不改正，按日计罚"的处罚模式仅针对排污行为，而其他的生态破坏行为并未被纳入"按日计罚"的范畴（李天相和李梓硕，2020）。相较于上述使用偏好较为明显的命令控制型工具，"海洋联合执法""环境保护及安全责任制""应急预案""论证评估"等对于构建海洋生态安全屏障尤为重要的工具类型使用占比普遍偏低，这意味着海洋协同治理机制、环境保护目标责任制、海洋石油污染应急机制、海洋生态修复效果评估机制等一系列重要机制仍未被作为主要规制手段。

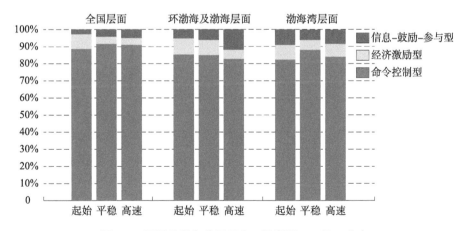

图 7.2 不同阶段各范围尺度工具类型（一级）分布

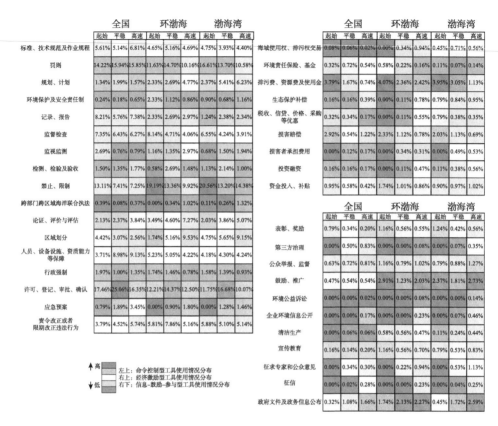

图 7.3 不同阶段各范围尺度工具类型（二级）分布

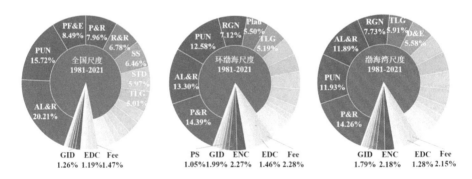

图 7.4 1981—2021 年各范围尺度工具类型分布

相较而言，经济激励型工具的使用偏好明显弱于命令控制型，其在环渤海、渤海湾尺度的使用占比始终高于全国尺度。在各范围尺度下，"排污费、资源费"和"损害赔偿"为使用占比最高的两类经济激励型工具，但均呈现出随时间逐渐降低的趋势。"资金投入""补贴"作为使用占比较高的经济激励型工具，其偏好程度在各时期的不同范围下较为稳定，而作为另外的资金渠道，"投资""融资"的占比虽然表现出一定的上升趋势，但是总体水平依旧偏低，反映出资金渠道的单一性以及对政府资金的依赖性。使用占比同样表现出上升趋势的还有"生态保护补偿"，主要以海洋生态保护补偿为主，虽然数量少，但可以发现其在渤海湾尺度的使用占比相对高于其他范围。"海域使用权""排污权交易"等类型的使用明显少于"排污费""资源费""资金投入""损害赔偿"，说明我国政府更倾向于选取简单、直接的经济激励型工具。

与经济激励型类似，信息 – 鼓励 – 参与型工具的使用偏好同样明显弱于命令控制型，并且在环渤海和渤海湾的使用占比高于全国层面。"政府文件及政务信息公布"作为使用偏好最突出的信息 – 鼓励 – 参与型工具，其使用占比在全国、环渤海、渤海湾范围尺度均呈现出了较为稳定的上升趋势，"征求专家、公众意见"和"公众举报监督"也同样表现出增加的趋势，这说明我国在海洋生态安全治理方面的社会参与度正在逐渐提升。与这些传统的社会参与方式对比，"环境公益诉讼""企业环境信息公开""征信"出现相对较晚，虽然使用情况也表现出一定提升，但水平明显低于前述几种传统的社会参与方式，能起到的社会柔性约束较弱，仍有待进一步发展。

在政策工具分类基础上进一步统计政策工具的控制过程，如图 7.5 所示。从图中可以发现，许可审批、征信、标准制定等事前控制手段占比明显增加，而罚款、排污费、责令限期治理等事后补救手段的占比逐渐减少，监督、监测、记录等事中控制手段略有增加，但占比始终最低。从构建渤海湾海洋生

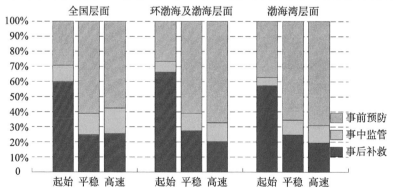

图 7.5 1981—2021 年各范围尺度政策控制过程

态安全屏障的视角来看，我国已形成了"事前预防为主，事后补救为辅"的
政策控制模式，可通过严格审批、限制准入等方式从"源头"减少生态破坏
的发生。但是事中控制手段在数量上存在缺失，这可能意味着政府无法根据
相关信息及时、准确地做出反馈；而事后补救方面，以罚款等传统手段为主，
海洋生态损害赔偿、海洋生态保护补偿等可以更准确衡量生态破坏损失的手
段仅占很小一部分，这可能导致生态破坏造成的损失不能被完全弥补。

4. 政策关注领域

统计不同实施范围尺度下涉及各领域的海洋生态安全屏障相关文件数量
和各领域关键词汇的词频，如图 7.6 和表 7.4 ~ 表 7.6。总体来看，各范围尺
度的文件中涉及海洋污染防治的比例始终超过 60%，污染防治在我国海洋生
态安全政策体系中始终作为关注重点。在众多污染源中，船舶污染防治的文
件占比和关键词汇频次均为最高，这反映出船舶污染治理在不同时期被各级
政府视为海洋治理的重中之重。在渤海湾层面，海岸工程污染防治同样占据
了重要位置，主要是对岸边拆船污染、港口污染物接收设施的关注度较高，
这本质上也和船舶污染防治密切相关。各范围尺度中涉及海洋倾废的文件均
较少，而海洋倾废污染防治词频方面，仅有全国层面在起始低位期时高于
10%，其余时期均属于词频最低的污染防治领域，尤其是在环渤海和渤海湾
尺度，占比甚至低于 5%。事实上，在起始时期中央层面先后出台《海洋环境
保护法》《海洋倾废管理条例》等政策法规，虽然文件覆盖范围相较于船舶、
海洋工程等较为单薄，但海洋倾废污染防治的基本政策框架已经形成，这是
导致文件占比低而词频较高的原因。然而，渤海海域在海洋倾废管理立法方
面明显滞后于中央层面，同时表现出了省际差异，如起始时期河北、辽宁、
山东已在不同程度上发布有关海洋倾废管理的条款，但天津市并未颁布相应
政策。到高速发展期，渤海湾层面海洋倾废有关文件占比和关键词汇频次有
所提升，但水平依旧偏低。另外，虽然环渤海和渤海湾层面的陆源污染防治
相关文件占比和关键词频不低，但这些主要体现在排污口管控、城市污水处
置方面，入海河流污染治理的关注度有所欠缺。

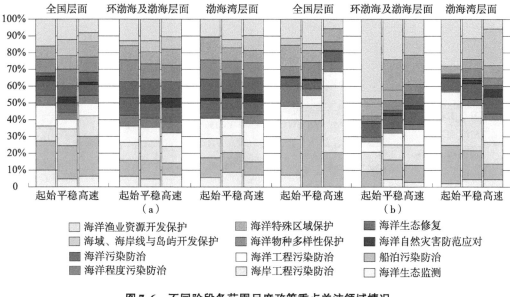

图 7.6 不同阶段各范围尺度政策重点关注领域情况

（a）各领域文件数量相对水平分布；（b）各领域相关关键词汇频次分布

表 7.4 不同阶段各范围尺度政策重点关注领域 （一级）文件占比情况

政策关注领域	起始低位期			平稳增长期			高速发展期		
	全国	环渤海	渤海湾	全国	环渤海	渤海湾	全国	环渤海	渤海湾
海洋生态监测	23.1%	31.6%	33.3%	10.5%	23.7%	35.7%	16.9%	40.3%	47.1%
海洋污染防治	71.8%	78.9%	100.0%	60%	68%	92.9%	86.7%	77.8%	94.1%
海洋自然灾害防范应对	5.1%	0.0	0.0	8.6%	19.6%	14.3%	4.8%	33.3%	35.3%
海洋资源利用及生态保护	41.0%	84.2%	66.7%	44.8%	75.3%	64.3%	36.1%	83.3%	94.1%

注：本表格占比为不同时期各范围尺度涉及领域的文件数与同时期该范围尺度下文件总数的比，而非与各领域文件数总和的比，因此领域间加和不为 1。下同。

表 7.5 不同阶段各范围尺度污染防治领域文件占比情况

政策关注领域	起始低位期			平稳增长期			高速发展期		
	全国	环渤海	渤海湾	全国	环渤海	渤海湾	全国	环渤海	渤海湾
船舶污染防治	38.5%	57.9%	66.7%	45.7%	43.3%	57.1%	63.9%	43.1%	52.9%

政策关注领域	起始低位期			平稳增长期			高速发展期		
	全国	环渤海	渤海湾	全国	环渤海	渤海湾	全国	环渤海	渤海湾
海岸工程污染防治	20.5%	52.6%	66.7%	21.9%	49.5%	42.9%	32.5%	61.1%	82.4%
海洋工程污染防治	28.2%	47.4%	66.7%	13.3%	35.1%	42.9%	19.3%	43.1%	76.5%
海洋倾废污染防治	12.8%	42.1%	0.0	9.5%	22.7%	7.1%	13.3%	34.7%	35.3%
陆源污染防治	20.5%	52.6%	66.7%	13.3%	38.1%	50.0%	14.5%	54.2%	52.9%

表 7.6 不同阶段各范围尺度海洋资源利用及生态保护领域文件占比情况

政策关注领域	起始低位期			平稳增长期			高速发展期		
	全国	环渤海	渤海湾	全国	环渤海	渤海湾	全国	环渤海	渤海湾
海洋生态修复	5.1%	47.4%	66.7%	15.2%	39.2%	50.0%	14.5%	55.6%	55.8%
物种多样性保护	17.9%	73.7%	66.7%	22.9%	38.1%	35.7%	25.3%	58.3%	57.7%
海洋特殊区域保护	17.9%	47.4%	66.7%	18.1%	30.9%	35.7%	24.1%	54.2%	57.7%
海域、海岸线与岛礁开发保护	17.9%	15.8%	0.0	21.9%	27.8%	21.4%	14.5%	47.2%	46.2%
渔业资源开发保护	15.4%	63.2%	66.7%	24.8%	47.4%	50.0%	15.7%	52.8%	48.1%

　　海洋资源利用及生态保护的相关文件占比和关键词词频占比在环渤海和渤海湾层面要普遍高于全国层面，其中以渔业资源最为突出。环渤海和渤海湾层面的渔业资源开发保护的关键词频占比随时间下降幅度明显，但涉及渔业资源的文件占比则没有明显变动，这说明渔业资源保护的专项政策比例不断降低，仅部分条款涉及渔业资源开发保护的综合性文件比例提高。在海域岸线与岛礁的开发保护方面，环渤海和渤海湾各省市均出台了一系列专项管理条例、实施办法，主要集中在海域使用管理方面，这是平稳增长期之后环渤海、渤海湾层面相关文件占比和关键词频占比提升的原因。相较于海域使用管理，岸线、海岛的利用保护相关政策所占比例较少，尤其是对岸线（海岸带）的开发、保护和修复，直到 2015 年起才陆续颁布一些地方性专项文

件，中央层面目前尚未出台专项文件。在物种多样性保护方面，渤海湾层面尚未出台专项文件，且全部物种多样性保护的相关文件都同时涉及渔业资源开发保护。进一步分析渤海湾层面涵盖物种多样性保护关键词汇的分布情况，发现物种多样性保护的关键词汇近半数集中在渔业资源专项文件。这反映出渤海湾层面的物种多样性保护政策有很大程度是从保护和利用经济鱼种的角度出发的，而从海洋生态系统的角度出发，对海洋生物群落进行系统性保护的政策有所缺失。生态修复作为构建海洋生态安全屏障的重要手段，同样存在立法不足的问题：全国层面下生态修复相关文件占比少且没有专项政策文件，关键词频占比始终小于1%；环渤海和渤海湾层面的相关文件占比整体高于39%，和其他领域相比较为可观，但关键词频占比最高不超过7%，属于较低的领域之一，这样的落差反映出在相关文件中涉及生态修复的条款数目较少，且多为原则性叙述，缺乏实质性内容。

7.1.5　结论与展望

本节以我国渤海湾海洋生态安全屏障相关政策为研究对象，通过设置发展阶段、实施范围、关注领域、政策工具类型和发文主体等维度，对渤海湾海洋生态安全屏障的相关政策演进特征展开分析，弥补了海洋综合治理相关政策研究在海洋生态安全屏障视角下的空白，为现有政策体系的扩充完善提供了基础支撑。研究结论主要概括为以下三点：

1. 政策体制在涉海部门间、层级间、区域间的松散乏力

从立法的角度看，中央层面较高位阶政策的制定几乎全部由各涉海管理部门单独决策，尚未形成有效的跨部门联合协商决策网络；中央层面和环渤海、渤海湾层面对部分海洋生态安全相关领域如海洋倾废、海岸带保护等的关注程度具有明显差异，进而导致中央政策的地方化进程滞后，或者地方政策缺乏相应的中央政策支撑；环渤海及渤海湾沿岸行政区域之间也不存在跨区域联合制定地方性法规的情况。从执法的角度看，"跨区域跨部门海洋联合执法"作为使用频次最低的政策工具，执法机制缺乏有力的政策保障，同时，信息共享机制存在缺失，各执法主体间存在信息壁垒，阻碍环渤海、渤海湾的海洋生态安全问题得到有效治理。综合来看，当前渤海湾海洋生态安全屏障协同管理体制机制仍有待进一步完善。

2. 政策工具结构未能适应构建海洋生态安全屏障的政策目标

在命令控制型方面，以罚则为代表的传统、主流的管制手段在立法、实践过程中暴露出惩处力度、涉及范畴等方面的问题，仍需进一步完善；而跨区域跨部门协同机制、海洋生态修复效果评估机制、海洋生态保护目标责任制、海洋油污应急响应机制等直接从生态系统角度出发或与渤海湾实际情况密切相关的机制在各规制手段中占比非常有限。在经济激励型方面，政府倾向于选取简单、直接的工具类型，而对海洋生态保护补偿等相对复杂的经济调节方式并未将其作为政策制定的重点。在资金保障方面，对政府资金表现出高度依赖性，而对社会投资、融资的引导相对薄弱。在信息－鼓励－参与型方面，作为命令控制型规制手段，其有效补充海洋环境公益诉讼、征信等新型工具仍有待进一步发展。在政策控制过程方面，监测观测、监督检查等事中控制工具在数量水平上有所欠缺，对政府在海洋生态安全问题的实时、有效处理上造成了影响，不利于保障执法效率和信息及时共享。

3. 政策关注重点不能充分涵盖海洋生态屏障的内涵

在污染防治政策方面，对部分污染源的关注度不足，立法进程滞后：渤海湾层面的海洋倾废政策制定明显滞后于中央，政策数量相对少；陆源污染防治的出发点多是从排污口、城市污水的管控出发，而对水质污染历来严峻的入海河流关注度有所欠缺。在海洋资源利用及生态保护方面，渤海湾层面对物种多样性的保护政策在很大程度上是基于对经济鱼种的养护，未体现对生态系统生物群落整体的保护；海洋生态修复的相关政策主要为原则性规定，缺乏具体措施、程序，生态修复机制缺乏政策保障；作为渤海湾面临的主要生态风险源之一的海水盐化并未在政策中有所体现。

7.2 渤海湾生态安全屏障政策融合体系的理论基础

7.2.1 海洋生态文明理念

生态文明是人类为保护和建设美好生态环境而取得的物质成果、精神成果和制度成果的总和，是贯穿于经济建设、政治建设、文化建设、社会建设全过程和各方面的系统工程，反映了一个社会的文明进步状态。海洋生态文明是人类依靠海洋，从海洋中获得福祉、实现持久生存和可持续发展的光明愿景。"竭泽而渔，岂不获得，而明年无鱼"是古人最原始的海洋生态文明理念（刘静暖，2020）。2013 年 7 月，习近平总书记在十八届中央政治局第八次集体学习时提出了"海洋生态文明"的概念，指出"21 世纪，人类进入了大规模开发利用海洋的时期。海洋在国家经济发展格局和对外开放中的作用更加重要，在维护国家主权、安全、发展利益中的地位更加突出，在国家生态文明建设中的角色更加显著""要把海洋生态文明建设纳入海洋开发总布局之中，坚持开发和保护并重、污染防治和生态修复并举"。海洋生态文明的核心思想在于形成并维护人与海洋的和谐关系，在海洋开发利用和保护的全过程把海洋资源节约、海洋环境保护、海洋生态自然恢复放在首要位置，推动海洋开发活动向循环利用型转变，建成"水清、岸绿、滩净、湾美、物丰、人悦"的美丽海洋。

海洋生态文明不仅是为了改善海洋生态环境，也是为了支持海洋经济的可持续发展，是实现人与海洋的和谐共存的基本思想（刘家沂，2007）。从生态文明建设的总体需要出发，提高公众的海洋生态意识是建设海洋生态文明的关键，推进海洋生态文明需要以意识引领行为、制度的发展（陈建华，2009）。海洋生态文明的经济逻辑体系包含了海洋生产力思想、海洋生产要素思想、海洋财富思想、海洋生态危机思想和蓝色经济可持续发展思想五大要素（刘静暖，2020）。2012 年，国家海洋局发布《国家海洋生态文明示范区建设指标体系》，以对海洋生态文明示范区建设进行指导。自国家海洋局不再保留并纳入自然资源部以来，与海洋相关的行政执法出现了不确定性，因此有必要设计合理的指标体系与评估方法以衡量海洋生态文明建设的成效（Chang et al.，2019）。

习近平生态文明思想是新时代海洋生态文明建设的基本遵循，为我国海洋生态环境治理提供了重要思路，深刻把握习近平生态文明思想特别是关于海洋生态文明建设的论述，对增强海洋生态文明建设价值的认识、推动我国海洋强国建设具有重要的理论意义和实践意义。因此，本研究将基于习近平生态文明思想对现有的海洋生态安全屏障政策进行梳理，依据海洋生态文明的核心命题"形成并维护人与海洋的和谐关系"构建渤海湾生态安全屏障的政策融合体系，以期在政策体系设计中实现人的全面发展与海洋的平衡有序之间的和谐统一。

7.2.2　陆海统筹理论

　　近年来，随着海洋资源的不断开发与海洋经济的迅速发展，陆海关系的和谐发展受到高度关注。在我国的海洋环保工作中，曾经主要采取的是以"条块结合、分散管理"为特征的"陆海分治"的思路，"重陆轻海"的传统治理观念已经不符合新时代海洋生态文明建设的要求。"陆海统筹"是指在社会经济的发展中，要将陆海作为统一的、完整的系统来分析，综合考虑陆海系统的经济、社会、环境特征与功能，充分联系二者之间的物质流、能量流、信息流，形成陆海之间的资源互补，实现陆域和海域的可持续发展。

　　陆海统筹是我国在国外海岸带综合管理的理论与实践基础上结合中国自身发展特点提出的理论，其思想源远流长，在社会发展的不同阶段人们对其认知也不断变化。2004 年，张海峰在"郑和下西洋 600 周年"的报告会上首次提出了"陆海统筹"的概念，随后又发表对实施陆海统筹战略必要性的阐述（张海峰，2005）。2006 年，张登义、王曙光在全国政协会议的提案中建议："陆海统筹"应列入国家"十一五"规划；2007 年在中央经济工作会议上将海洋发展提升到国家战略（马仁锋等，2020）。在"十四五"规划中明确要求，要坚持陆海统筹，建立地上地下、陆海统筹的生态环境治理制度。

　　随着我国海洋生态环境保护工作的不断发展，陆海统筹的概念内涵、机制构建、定量测度等方面都得到了有益探索。在其概念内涵方面：从经济学的角度认为，陆海统筹是指在区域经济社会发展的过程中，综合考察陆、海环境资源的特点，以陆海协调为基础进行的区域发展规划（叶向东和陈国生，2007）；从地理学的视角认为，陆海统筹需要纵观海域与陆域，根据海、陆两个地理单元的内在特性与联系，运用系统论和协同论的思想，统一规划与设计（曹可，2012）；也有学者辨析了陆海联动发展、海陆一体化以及陆海统筹等概念的区别与联系，认为陆海统筹在覆盖内容、战略位置等方面都是实现陆海可持续发展的重要指导思想（马仁锋等，2020）。在其机制构建方面：陆海统筹的运行机制需要以绿色发展和可持续发展为基本理念、以习近平海洋生态文明观为战略指导进行宏观设计（魏学文，2019）；陆海统筹的运行机制也可以从其内生动力、空间范围、约束和管理机制与统筹对象方面进行解构，使其具有很强的现实性与启示意义（杨玉洁，2020）。在区域发展层面，陆海统筹思想需要因地制宜地设计特定的运作机制，如针对特定海域或特定省市探析其发展策略（谢天成，2012）。在微观层面，陆海统筹的研究集中在针对某一特定领域或特定问题设计其运行机制，如陆海跨界污染的治理机制（杨玉洁，2020）、环境监测的陆海统筹机制实施路径（李俊龙等，2017）、聚焦海洋保护地的陆海统筹法律制度构建等（谈萧和苏雁，2021）。在定量测度方面，陆海统筹程度的评价、海岸带环境承载力以及陆海产业布局等方面的研究为陆海统筹战略的贯彻落实提供了科学有力的依据（严卫华，2015）。

陆海统筹不仅是海洋生态安全屏障的政策保障设计的战略指导，更是未来海洋生态环境保护工作开展的基本理念。当下随着海洋生态环境问题的突显，海洋生态安全已逐渐从海洋环境保护向海洋生态安全屏障制度构建转变，为了推动形成陆海统筹发展的强大合力，本研究在政策保障体系的设计上将以"陆海统筹"理论为基本依据，切实打破目前陆海分治的行政管理体制，坚持陆海统筹的发展战略以筑牢海洋生态安全屏障，实现海洋生态环境质量好转和海洋资源可持续利用。

7.2.3　外部性与公共物品理论

公共物品是相对于私人物品提出的概念，是指在消费过程中不具有竞争性和排他性的产品，即非竞争性和非排他性。狭义的公共物品概念是指纯公共物品，而现实中有大量的物品是基于两者之间的，不能归于纯公共物品或纯私人物品，在经济学上一般统称为准公共物品。广义的公共物品包括纯公共物品和准公共物品。现代经济对公共物品理论的研究始于萨缪尔森，他认为公共物品是指每个人对某种产品的消费不会导致其他人对该产品消费的减少。在此基础上，经学者们的进一步研究和完善，逐步形成了公共物品的两大特性，即消费的非竞争性与非排他性。消费的非竞争性意味着增加额外的消费者不会影响其他消费者的消费水平，或者说增加消费者的边际成本为零；消费的非排他性意味着某物品的消费要排除其他人是不可能的。典型的纯公共物品有国防、公共安全、环境资源等，这些物品一旦被国家提供，该国的居民都能享用，同时增加居民一般也不会影响其他居民的使用情况（沈满洪和谢慧明，2009）。

公共物品的特征决定了其在使用和攻击的过程中会产生外部性问题。外部性是在没有市场交换的情况下，一个生产单位（包括自然人与法人）的经济活动对其他生产单位造成了影响，可以分为正外部性（外部经济）和负外部性（外部不经济）。正外部性就是在生产或消费过程中使一部分群体受益却无法向后者收费的现象；负外部性是指在生产或消费过程中使一部分群体受损而无法向后者弥补的现象。环境污染问题具有典型的负外部性特征，如化工、炼油等企业在生产过程中偷排废水、废气对生态环境和人体健康造成损害却并未付出代价和成本，受害者也未得到应有的赔偿，就会出现负外部性问题。在经济学中，解决外部性问题的经典路径有"庇古税"和"科斯产权"，前者是指政府采取经济手段消除边际私人受益（成本）和边际社会收益（成本），后者是指在清晰界定产权的条件下通过市场机制可以消除外部性。无论是"庇古税"还是"科斯产权"定理，在实际操作中需要根据自然环境的状况合理选择，将两种路径相结合进行政策制度的安排（李寿德和柯大钢，2000）。

在海洋生态安全屏障的开发与建设中会出现外部经济现象，这主要是由于海洋资源大多数都属于公共物品，如红树林、海草床、珊瑚礁、海岸带湿地、鱼类贝类藻类等，这些资源并不属于特定个人，它们的消费具有非竞争性和非排他性。海洋生态安全屏障建设的目的在于防范或减少海洋资源开发中负外部性问题的产生，因此，基于公共物品理论和外部性理论进行海洋生态安全屏障的政策设计需要建立在完善的产权制度前提下，通过一定的制度安排或经济手段将外部性内部化，合理设计外部性内部化的规制方案使资源达到高效配置，避免"搭便车"和"公地悲剧"现象的产生。

7.2.4 利益相关者理论

"利益相关者"这一词最早被提出可以追溯到 1984 年，弗里曼出版了《战略管理：利益相关者管理的分析方法》一书，书中明确提出了利益相关者管理理论：一个企业目标的实现过程可能受某个人或某类群体的影响，和企业有利益接触的所有个体或群体被称为利益相关者。要充分理解外部环境的变化，就必须重视利益相关者的作用，通过对利益相关者的研究可以有效了解外部环境变化的影响因素，从而实现组织的有效管理。

对利益相关者分类的方法主要有多维细分法和米切尔评分法。针对前一种方法：弗里曼依据利益相关者拥有的资源和对企业产生的影响将其分为所有权利益相关者、经济依赖性利益相关者和社会利益相关者（Freeman，

1984）；Frederick（1988）以利益相关者对企业产生影响的方式来划分，将其分为直接的和间接的利益相关者；Wheeler 和 Sillanpaa（1998）将社会性维度和紧密型原则相结合，将利益相关者分为首要的社会性利益相关者、次要的社会性利益相关者、首要的非社会利益相关者和次要的非社会性利益相关者。米切尔评分法是指从权力性、合法性和紧急性三个方面对利益相关者进行评分，根据分值将相关者划分为确定型、预期型、潜在型利益相关者。米切尔评分法可以定量地判断和界定企业中的利益相关者且操作较为简单，是理论的一大进步。21 世纪以来，我国学者对利益相关者理论进行了整合和创新（贾生华和陈宏辉，2002；陈宏辉，2003；李心合，2001），如从利益相关者的合作性和威胁性两个方面入手，将其分为支持型、混合型、不支持型利益相关者；或按照主动性、重要性和紧急性的程度划分为核心利益相关者、蛰伏利益相关者和边缘利益相关者（郭德芳，2012）。从总体上看，学者们对利益相关者的研究经历了"窄定义—宽认识—多维细分—属性评分"的过程，前期的研究以规范性分析为主，呈现静态的特征，在米切尔评分法提出后更多研究从实证的角度对其进行分类，注重结合利益相关者的动态变化，使其研究更具有实际意义。

在海洋生态安全屏障的构建中涉及多方利益相关者，如政府部门、行业协会、公众、新闻媒体、非政府组织等，依据利益相关者理论中的划分方法和分析思路，可以对这些利益相关者的利益诉求、对海洋生态安全屏障的影响作用机理进行更充分的解读，从而更好地指导政策融合体系的建立。因此，本研究将基于利益相关者理论，以法律法规、组织机构及配套政策为核心，针对海洋生态安全屏障建设中跨区域、跨部门的问题，考虑各利益相关方的利益诉求以及各利益相关方如何参与政策融合体系的运行，对渤海生态安全屏障跨区域多部门联动的动力机制、运行机制（政府如何运行）及保障机制进行顶层设计，以期提高生态安全屏障运行的公平度和效率。

7.2.5　系统论

"系统"来源于古希腊语，是由部分构成整体的意思。系统本质上是一个有机整体，在整体中的要素相互联系、相互作用，并具有一定的结构和功能，具有整体性、联系性、动态性、开放性、突变型、稳定性和层次性等基本特征。系统论是研究系统的结构、特点、行为、动态、原则、规律以及系统间的联系，并对其功能进行数学描述的理论。系统论最初是在 1937 年由理论生物学家路德维希·贝塔朗菲（Ludwig von Bertalanffy）创立的，他认为世界上每个事物都处于系统当中，应当将每一个研究对象视为一个系统，用全面发展、普遍联系的观点来分析系统内部的结构（柯坚，2012）。系统论的基本思想是把研究和处理的对象看作一个整体系统来对待，以系统为对象，从整体出发来研究系统整体和组成系统整体各要素的相互关系，从本质上说明其结构、功能、行为和特征，以把握系统整体，从而达到整体优化的目标。

系统论的核心特征是整体性、动态性和联系性。整体性是指系统并非是各要素机械的、简单的相加，而是一个有机的整体，各要素也并非孤立的存在，均在系统中起着特定的作用（芦丽娜，2013）。动态性是指系统能够对本身要素之间的关系及系统与外部环境之间的关系进行自我动态调整，即系统始终不断变化、发展，因此一个系统的正常运转不仅被其内部各要素条件制约，还受到外部大环境的影响。联系性是指系统内各要素之间相互联系、影响和作用，一旦某个要素发生变化，其他要素不会保持不变，而是也会随之变化，从而引起整个系统的变化。系统只有通过各要素间相互联系、相互作用才能共同推进实现系统的目标。系统论不仅为现代科学的发展提供了一种创新的思维方式和研究方法，而且也为解决现代社会中的政治、经济、军事、科学、文化等方面的各种复杂问题提供了方法论的基础，系统观念正渗透到每个领域。

由于政策制度体系构建是一项系统性工程，其中涉及多个主体、多种要素，各个要素之间互相作用、互相联系，因此，将系统论用于海洋生态安全屏障的政策融合体系构建，不仅可以使海洋生态安全屏障的政策制度结构更具有清晰性和准确性，也使得海洋生态安全屏障的政策实践更具备预见性和可操作性。依据系统论整体性的特征，海洋生态安全屏障相关的政策法规不再是从各个领域割裂出来，而是对其进行系统的研究和分析。依据系统论动态性的特征，在设计海洋生态安全屏障政策融合体系时要全面地考虑政策实施的历史、现状和未来，并且详细地分析其演进趋势。依据系统论联系性的特征，在政策体系与政策建议提出前，应对各种要素进行综合考量，以求系统中各要素都能协调发展。

7.3　渤海湾生态安全屏障政策融合体系构建原则

7.3.1　战略性与操作性相结合

渤海湾生态安全屏障的构建需要遵循海洋强国战略的指导,依赖于社会物质生产、科学技术的发展水平和公众的环保意识水平,需要综合考虑海洋资源开发、海洋经济发展、海洋科技创新、海洋生态文明建设等多方面的战略要求。此外,渤海湾生态安全屏障的政策融合体系构建必须参考国家各个层级相关政策制定的纲领性和指导性文件,考虑国家对于海洋生态文明建设的战略导向对现行的政策工具做出纲领性的安排,因此必须具备战略性的特征。同时,提高政策体系的精准性、可操作性是加大政策落地、落实的一个重要的方向、努力的方向。在政策体系的设计中要尽可能地明确政策的适用对象、执行的主体、执行的程序和执行的条件,强调各个政策之间协调增效的可操作性。要以渤海湾的生态安全现状、渤海湾经济条件为基础出发,考虑政策在实施中可能存在的问题,对概念不确定、作用对象不明晰以及政策执行过程中可能遇到的问题需要设计政策解读文件,避免政策的设计过于抽象、笼统,否则在政策执行的过程中会难以操作和实施,导致政策的公平性和效率降低。因此,在政策体系制定过程中需要综合考虑战略性和操作性,既强调政策的宏观性、战略性、指导性,又要突出各项政策的约束力和可操作、能检查、易评估。

7.3.2　系统性与协调性相结合

渤海湾生态安全屏障的政策制度体系是一个具有复杂结构的系统,构建政策体系也是一项系统性工程,其中涉及多个主体、多种要素、多项政策,各个要素之间互相作用、互相联系。以系统论为基础进行政策体系的顶层设计、整体布局和统筹规划,可以优化生态环境系统与社会经济系统组成要素之间的关系。因此,有必要厘清政策体系的边界、主体和内容,遵循系统性的原则使各个政策整体协同发挥作用,从而实现政策系统内部物质与能量的良性循环。由于政策体系具有层次性的特点，政策各层的设计是纵横互动、彼此协调的：从纵向维度来看，渤海湾生态安全屏障政策涉及国家级、省市级多个层级部门之间的关系；从横向维度来看，渤海湾生态安全屏障政策的制定涉及自然资源部、生态环境部在海洋领域的相关业务，在同一层级涉及执法机构、监察机构，需要政府、企业、社会多方共治。如果不从各个维度加以协调，一些从局部看是正确的政策决策，由于结构性因素的存在，可能引起系统的不稳定性，甚至会强化政策效果的失衡，产生新的风险。因此，要在系统性的原则基础上融入协调性原则，使政策体系更加规范，高效地发挥政策体系的功能，实现层级联动和统筹协调。

7.3.3　区域性与全局性相结合

渤海湾生态安全屏障构建的核心地区为渤海湾，目标作用的区域为对渤海湾生态安全起关键作用的生态节点，渤海湾生态安全屏障的政策制度保障是致力于将海洋生态环境政策与生态安全屏障建设相融合，使政策更好地服务于生态安全保障工作，不需要承担科技发展、基础研究等公共职能和国家前瞻性海洋战略技术的开发的任务。因此，要以渤海湾的自然资源基础、生态安全格局、社会经济条件为依据制定相关政策，政策要充分反应渤海湾的区域特征，即具备区域性的原则。此外，渤海是我国唯一的半封闭型内海，渤海湾是中国渤海三大海湾之一，自然生态独特、地缘优势显著，在我国参与全球经济协作及促进南北协调发展中所处的位置重要，在国家海洋生态文明建设和海洋强国发展战略中发挥着关键作用。渤海湾生态安全屏障的建设工作可以为其他海湾或海域的生态脆弱地区生态文明建设起到良好的示范作用，其政策融合体系的设计也可以为类似的生态安全政策保障问题提供构建依据，因此要在政策体系的设计中考虑全局性原则，将渤海湾的区域特征与我国海洋生态安全屏障的总体建设目标相结合，将渤海湾生态安全屏障的建设工作融入海洋生态文明建设的全局中，以点带面，促进区域性生态安全屏障与周边区域的协同发展。

7.3.4　公平性与效率性相结合

渤海湾生态安全屏障政策体系的设计需要兼顾公平性和效率性的问题。

公平性是指政策体系中各个主体之间的利益关系的原则、制度、行为都满足自身发展和社会发展的需要；效率性是指在政策制定和实施的过程中物质与能量的投入与生产产出的比率要尽可能提高。在任何政策体系的设计中都要同时考虑公平性和效率性，因为效率是公平的基础，政策效率的提高可以从内容和程度上为公平性向更高的层次发展提供依据；而公平是效率的前提，公平的政策具有协调整合的功能有利于政策效率的提高。在渤海湾生态安全屏障政策保障体系中，公平性可以理解为利益分配的合理性的问题，具体包括在政策体系中的各主体在权力、地位和机会上的公平分配；效率性可以理解为在生态安全屏障建设中资源配置有效性问题，建立完善的生态安全政策保障体系，需要实现主体利益的公平分配并将资源高效配置。在渤海湾生态安全屏障政策保障体系中，各个层级的政策主体各司其职，彼此之间互相配合从而形成合力；不同类型的子政策在功能上相互协调，在公平的基础上充分有效地发挥政策体系的整体效益。兼顾公平和效率的动态平衡机制可以在政策体系的不断完善过程中逐步形成，从而服务于生态安全屏障的建设与生态安全格局的稳定优化。

7.3.5　激励性与惩罚性相结合

激励性与惩罚性政策措施是构建渤海湾生态安全屏障政策体系的重要手段，属于经济刺激类手段。经济刺激类手段根据作用机理可以分为两大类，一是依靠政府机构的法定职能和权威直接给予政策对象经济刺激，如拨款、补贴、罚款；二是通过改变市场信号，依靠市场机制的作用间接地给予政策对象经济刺激，如征税、调控价格等。但无论是哪一种手段，都是以激励性或惩罚性的特征使经济主体以他们认为有力的方式对刺激做出反应。这类政策措施与政策主体的成本与效益息息相关，因此，合理利用激励性政策有利于激发不同主体的内在积极性，促进政策预期目标的完成。常用的经济刺激类环境政策手段包括环保税、财政转移支付、押金返还制度、排污权交易等。在海洋生态环境保护工作中海域海岛有偿使用、海洋生态补偿、海洋生态损害赔偿制度都是基于经济刺激的环境政策措施，这些政策在海洋生态文明建设工作中起着至关重要的作用，在我国的生态环保工作中已展开较多的实践。对于渤海湾生态安全屏障区建设工作而言，对屏障区建设有利的行为采取激励措施，对造成破坏的行为采取相应的惩罚性措施，并恰当地将经济刺激类政策措施进行组合，更好地服务于渤海湾生态安全屏障，是在政策体系构建中需要解决的问题。

7.4 渤海湾生态安全屏障干系人责任分析

干系人是指在某项事务中涉及的所有利益主体，包括自然人和法人，一般包括决策机构、执行机构、守法者、公众等。干系人责任分析的主要流程包括基于环境要素与物质流环节对干系人进行识别和分类、分析其行为动机和利益边界，根据现有法规对干系人的权利与职责进行梳理，以及分析政策目标与干系人利益目标的一致性程度。干系人责任机制分析贯穿环境政策分析的全过程，是一种基本的思想与方法，是其他要素分析的基本环节（宋国君和徐莎，2010）。

渤海湾生态安全屏障建设所涉及的环境要素包括两大类，分别是自然环境要素和社会环境要素，其中自然环境要素包括海水、海洋生物、大气、阳光、洋底岩石、土壤等；社会环境要素包括沿海地区综合生产力、海洋科技技术进步、海洋生态产品、海洋环境管理政治体制、海洋环保的社会行为等。从承担不同的环境来看，生态安全屏障政策体系的主要干系人关系如图7.7所示（杨振姣等，2014）。在渤海湾生态安全屏障政策体系中，政府处于核心位置，对其他干系人起着指导规范的作用，其他干系人则对政府起到监督的作用，在政府的协调下进行双向的互动，属于典型的多元主体参与模式。渤海湾海洋生态安全屏障中涉及的干系人主要包括政府、企业、公众、社会组织、新闻媒体等，不同的干系人在生态安全屏障政策体系中承担不同的资金责任、履行责任和监督责任，这些干系人构成了渤海湾生态安全屏障政策体系的基本框架。

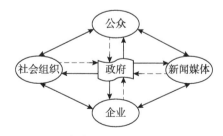

图7.7 渤海湾生态安全屏障干系人关系

注：实线代表引导和规范功能，虚线代表参与协助、监督功能，双箭头代表互相协作。

7.4.1　政府责任分析

政府在海洋生态安全屏障建设中是主导力量，承担着管理、协调和规范的作用。按照不同的行政等级，在渤海湾生态安全屏障建设中的政府主体可以细分为立法机构、中央政府、地方政府。

立法机构包括全国人民代表大会及其常务委员会。就广义的"法"而言，立法机构的范围也相应扩大。如国务院可以制定行政法规，省、自治区、直辖市的人民代表大会及其常务委员会可以制定地方性法规，民族自治地方的人民代表大会可以制定自治法规等。就渤海湾地区而言，核心的立法机构为全国人大和地方人大，全国人大负责在国家海洋保护法的基础上完善国家层次的相关法律，地方人大负责制定适宜本地区生态安全屏障开发与建设的相关法律并及时报全国人民代表大会常务委员会备案。

中央政府在渤海湾生态安全屏障建设工作中起到宏观调控的作用。生态环境部负责制定针对黄河、辽河、滦河和海河等注入渤海及渤海湾流域的水污染防治规划，以及国家水环境质量标准和陆源入海排污口标准。由于渤海湾海域涉及三省一市，其生态安全屏障建设具有跨区域的特点，需要多个地方政府共同参与，因此中央政府需要明确渤海湾生态安全屏障建设涉及的主体权责，明确屏障建设的参与者与建设边界，对地方政府的近岸海域污染防治工作进行监督检查，使得渤海湾生态安全屏障建设的基础条件得到保障。与此同时，要自觉接受公众和媒体的监督，及时对在生态安全屏障建设过程中出现的问题进行反馈，并对规划屏障区内产生的生态破坏行为进行坚决的惩处，不断吸取经验教训来完善现有海洋生态安全屏障建设规划决策，从法律制度、管理体制、宣传教育、市场运行机制等方面进行宏观把控，确保海洋生态安全屏障建设工作的顺利进行。

地方政府是渤海湾生态安全屏障建设工作的实施主体。三省一市的人民政府的生态环境部门和自然资源部门是对渤海湾生态安全屏障建设统一监督管理的机关；各级交通部门的航政机关是针对渤海湾海域中的船舶污染实施监督管理的机关；各级人民政府的水利管理部门、地质矿产部门、市政管理部门、重要江河水源保护机构等，需要结合各自的职能范围，协同生态环境部门和自然资源部门开展生态安全屏障建设工作。具体来讲，省级人民政府需要根据国家有关生态安全屏障建设的法律法规出台地方针对渤海湾的生态安全屏障建设规划，并将生态安全屏障保护工作纳入城市建设规划。由于渤海湾生态安全屏障建设具有跨区域、多部门的特点，三省一市的政府有必要加强部门之间的沟通交流，打破行政区域的地域壁垒，通过设置渤海湾生态环境综合管理部门设计渤海湾生态安全屏障的总体战略规划、建设方针和政策安排，上下级政府之间要制定渤海湾生态安全屏障的监督考核与问责机制。在生态安全屏障建设的具体步骤中，需要合理规划渤海湾生态安全屏障区的范围和周边布局，对耗能较高、污染排放较多的企业进行整顿和技术改造，采取综合防治措施，合理利用资源；依据陆源污染物排放总量控制制度，要指导农业生产者科学合理地使用农药和化肥，控制含氮磷化肥与农药的过量使用，减少入海污染物的排污量；对规划屏障区域内的风景名胜区、重要渔业水体和其他具有特殊经济文化价值的水体需要重点保护；有计划开展生态修复工程，对于违反渤海湾生态安全屏障保护规定的企业要追究相应的法律责任，加强沿海生态环境的综合整治。

7.4.2　企业责任分析

渤海湾的生态安全情况与企业生产活动息息相关，企业在生态安全屏障工作中既是责任者又是建设者，其环境意识与社会责任在海洋生态安全中起着关键的作用。传统的企业价值观以追求经济利润最大化为目标，一些海洋生态安全问题的发生是由于企业自身的生产活动对环境造成了危害，其发生的地点一般位于企业生产作业的范围内。但随着近年来我国海洋生态文明建设工作的不断推进，企业的环境责任意识也得到了提高。在渤海湾生态安全屏障建设中，企业首先要遵守相关的法律法规。沿海生态环境污染事故发生的一个重要原因就是一些企业为了逃避环境监管，违法排污，致使生态破坏发生。有社会责任感的企业，尤其是国有大中型企业，都应主动学习并遵守环保法规，成为行业内的环保标杆企业。

企业也可以成为渤海湾生态安全屏障的建设者。企业对海洋生态环境安全屏障建设的重要性、紧迫性还未形成共识，因此，对于企业来讲，绿色发展、可持续发展的理念还需加强。企业可以通过履行自身的社会责任，在生态安全屏障建设中协助当地政府与其他主体，提供技术、资金等方面的支持。企业也可以开发与生态环境相关的业务，通过与政府合作积极开发或参与生态修复工程项目，参与到海岸带生态环境修复、海洋生态资源开发利用等有利于生态安全屏障发展的环保工作中。对于旅游类企业来讲，可以考虑合理开发安全屏障区周边的旅游资源，积极融入渤海湾海洋文化旅游经济圈建设，以生态旅游吸引更多游客来休闲体验，在维护生态安全屏障工作中积极践行"绿水青山就是金山银山"的发展理念。

重污染高耗能的企业在经济活动中需要认真考虑生产行为对海洋生态环境的影响，将对环境的影响降至最低。有必要强化环保意识，通过自身投资进行污染治理，采用原材料利用效率高、污染物产生量少的清洁生产工艺，尽量降低陆源污染物入海量，实现直排海污染源稳定达标排放。如果对生态安全屏障造成了破坏而被责令限期整改的单位，应该立即采取措施减少或停止损害，需向作出决定的环保部门提交整改治理计划，并且按计划执行，及时报告治理进度。接受公众监督可以有效鞭策企业在环保方面不断改进和提高，因此在日常的生产过程中企业也要自觉接受公众监督，加强与公众的交流，保障公众的环保知情权与参与权，树立良好的企业社会形象。

7.4.3 公众责任分析

公众是生态环境保护工作的直接感受者与体验者，个体化的公众在海洋生态环境治理中有无序性、非理性的特点，难以将意见集中表达并提出一致的利益诉求，但公众参与可以对渤海湾生态安全屏障工作起到约束和监督的作用，是生态安全屏障建设中的重要一环。基于海洋生态契约观、海洋生态伦理观、海洋可持续发展观和海洋环境正义观（陈开琦，2013），公众参与海洋环境保护具备相应理论基础；而由于海洋环境是完全开放的领域，具有流动性的特点，更是亟须公众的参与和保护（宁凌和毛海玲，2017）。具体到海洋生态安全屏障建设工作中的职责包括：通过传统渠道，如个人参与、集体推动、游说等方式了解海洋生态安全屏障环境信息，表达自身的利益诉求；借助网络论坛、微博、公众号等媒体平台与政府进行沟通与互动，发表观点看法。

随着我国海洋生态文明建设的不断推进，公众参与海洋环境治理的机会增加，渠道逐渐多样化，但目前公众主动参与海洋生态环境保护工作的意识依旧薄弱，参与主体意识不够强。对于公众来说，首先，应该明确自己在海洋生态安全屏障建设中的角色，意识到生态安全屏障在渤海湾区域生态环境发展中的重要性，以及海洋生态安全与自身生活之间的重要关系；其次，公

众要强化参与海洋环保工作的能力与效力，自觉接受国家有关海洋生态安全
屏障相关政策的宣传教育与知识普及，具备参与海洋生态环境治理的基本能
力，如通过听证会、讨论会等形式积极参与各种实践。在日常生活中可以积
极行使公众的知情权、参与决策权，在社交媒体平台中可以适当宣传海洋生
态安全屏障的重要性，主动对政府、企业的海洋生态安全屏障建设工作进行
监督，配合政府宣传普及海洋生态安全屏障知识。针对周边的涉海企业，公
众可以加强对其生产工作的监督，对违法排污造成生态安全屏障破坏的行为
积极举报，必要时可以对危害到自身健康的生态环境违法事件进行诉讼，维
护自身的合法权益。

7.4.4　社会组织责任分析

民间海洋环保组织是社会组织中的重要一类。海洋环保组织可以作为弥
补政府和市场失灵而出现的第三方，在海洋生态安全屏障中可以发挥唤醒公
众环保意识、提供环保公益服务、缓解海洋生态安全危机的作用，在海洋生
态安全屏障建设中扮演着重要角色。目前，比较著名的海洋环保民间组织有
自然之友、大海环保公社、深圳市蓝色海洋环保协会等。随着涉海环保组织
规模和数量的不断壮大，其在监督和保护海洋环境过程中的参与度越来越高。
由于社会环保组织具有群体性的特征，其对海洋生态安全的监管影响程度远
远大于作为个体的公民。此外，环保公益类组织具有公益性的特征，区别于
普通的企业组织，因此在海洋生态安全屏障建设中具有较高的积极性和参与
性，通过组织之间的沟通与合作可以有效规范海洋生态安全屏障的建设。

在具体权责方面，海洋环保组织通常以公众代表人的身份参与各项海洋
生态环境部门的行政决策听证会中，借助自行组织的活动吸引公众参与进来，
并通过与新闻媒体合作宣传组织的活动内容和价值主张，扩大自身的社会影
响力。海洋环保组织也可通过评审会、发布会、听证会等方式参与到对海洋
生态安全屏障建设的相关决策中，反映底层企业、公众的环保诉求，将公众
的消极观望转化为实际行动，起到关键的联通纽带的作用。在面对海洋生态
破坏问题时，环保组织有监督和呼吁的权利，但缺少解决问题的权利与能力，
需要依赖政府的力量协同推动问题的解决。因而，要推动海洋生态环境的改
善，海洋环保组织不仅需要与中央政府形成呼应或者联盟，而且需要保持与
地方政府间"协商""合作"的关系。海洋环保组织与政府之间要形成有效

合作，双方就要在彼此关系的张力中找到平衡点，即在对政府的依赖性与自身的独立性之间找到自身力量最大化的平衡点，实现环保组织的目标（曹海林和王园妮，2018）。

7.4.5　新闻媒体责任分析

媒体作为信息公开的渠道和政社沟通的中介，是海洋生态安全屏障建设中必不可少的主体。媒体可以其凭借自身的优势，进行信息的传输并把握舆论的导向，通过行使监督权和建议权促进政府做出符合群众利益、环境利益的决策。新闻媒体为高效率处置生态安全事件提供了充分的保障，也为企业、群众、民间环保组织提供了建言献策、表达诉求、参政议政的平台。

在海洋生态安全屏障建设中，新闻媒体首先发挥着信息传递的功能。在当前海洋生态环境工作逐渐制度化、规范化的趋势下，对海洋生态知识的科普宣传是海洋生态文明建设的重要一环，新闻媒体在这个过程中担任着宣传教育和传播知识的角色，有必要面向群众以简单易懂的方式宣传普及海洋生态安全屏障的基本概念、重要作用等。在海洋生态破坏事件发生时，要及时、公正地发布相关信息，以舆论力量引导公众对海洋生态安全的关注，并进行后续的跟踪报道，提高政府和公众对海洋生态安全问题的关注度。在媒体日常运营中，要对公众正当的生态环境需求进行关注，通过自身的发声传递公众的环保利益诉求。此外，新闻媒体还要发挥预警作用，保持对海洋生态安全屏障可能发生生态危机的敏感度，若经证实生态环境危机的确存在后，需要及时把相关信息反馈给政府，利用自身影响力与传播优势，发挥媒体的危机预警作用。新闻媒体还发挥着监督管理的作用，在海洋生态安全屏障建设中可以监督各主体的治理行为是否符合规定流程，增强信息的透明化、公开化、真实性和可靠性。有效、及时地将企业信息传播给大众群体，减少各利益相关者由于信息不对称造成的海洋生态环境破坏问题。

7.5　渤海湾生态安全屏障政策融合体系构建

针对渤海湾生态安全屏障的政策需求，在充分考虑战略性与操作性、系统性与协调性、区域性与全局性、公平性与效率性、激励性与惩罚性相结合的原则基础上，本研究构建了渤海湾生态安全屏障政策融合体系的基本框架。该体系包括政策目标层、政策手段层和政策保障层三部分内容。政策目标是指所有政策体系内干系人通过合作而共同期望达成的目标结果，是生态安全屏障得以构建的基础。政策手段通常指政府为达到特定的政策目标即保障渤海湾生态安全屏障而需要采取的政策措施或工具。政策保障是指为了保障政策体系的运行而采取的配套机制，对于政策手段的有效实施有着重要的促进作用。

7.5.1 政策目标层

渤海湾海洋生态安全屏障构建的宏观战略目标是对环渤海区域的国土空间发展进行优化，并在区域内形成海洋可持续发展的示范模式，并直接服务于渤海综合治理攻坚战，雄安新区建设等环渤海区域内国家战略的实施，支撑我国的海洋生态文明建设。从微观角度看，渤海湾海洋生态安全屏障政策融合的目的是保障海洋生态系统以及安全屏障区生态系统发挥应有的生态服务功能，使政策协同增效，促进环渤海海洋产业与环境的协同发展。具体的政策目标可以从海洋生态安全、海洋环境质量、海洋自然资源、海洋产业经济等方面进行解构，这些子目标构成了政策体系的总目标。

1. 渤海湾生态安全政策目标

由于环渤海地区不平衡的经济发展模式，近年来渤海湾的生态安全受到了一定程度的威胁。结合生态安全屏障的内涵，渤海湾生态安全的政策目标具体内容有如下三个方面。

在生态系统结构方面，要保障渤海湾区域内及周边生态系统的生态结构和过程处于不受或少受破坏和威胁的状态，维持海洋生态系统的结构和功能的完整与健全，形成稳定且健康的海洋生态安全格局。在经济活动与生态安全关系方面，要平衡好填海造地、海产品养殖、滩涂围垦等经济社会活动与渤海湾生态安全之间的关系，通过政策手段维护渤海湾海洋生态系统的平衡和海洋经济的可持续发展。在生态系统社会服务功能方面，要充分发挥海洋生态安全屏障的社会功能，即兼顾区域经济社会发展对渤海湾海洋生态服务功能的需要，使得渤海湾为人类生存与发展提供所需物质和环境的生态服务功能得以发挥。

2. 渤海湾环境质量政策目标

渤海湾海域环境质量近年来虽然呈现好转的趋势，但尚未形成根本性改善的态势。结合《渤海综合治理攻坚战行动计划》等政策规划，渤海湾环境质量的政策目标的设定内容有三点。一是在环境规划方面，应针对陆源污染物排海、富营养化加剧等环境质量问题做出统筹规划，建立陆海统筹的跨区域污染联防联控体制。二是在监督管理体制方面，渤海湾环境质量监测的结果要通过公众参与、网络平台等渠道进行公开，形成充分完备的环境质量监督管理机制。三是在环境质量目标落实方面，综合运用环境影响评价、陆源污染总量控制、排污许可证等政策手段对整体环境质量目标制定差异化、精细化的改善方案，并通过专项小组的形式督促相关责任人员进一步落实。

3. 渤海湾自然资源政策目标

渤海湾自然资源政策目标的设定既与渤海湾生态损益、渤海湾生态修复等活动息息相关，也是渤海湾海洋资源开发利用工作的前提。在自然资源核算方面，应当根据当前渤海湾自然资源开发情况，建立渤海湾海洋资源清单与核算体系，对区域内的海洋自然资源与海洋生态资产的种类与数目加以明确，提高海洋自然资源管理与决策的科学性。在自然资源节约与开发方面，应遵循"保护优先、集约节约"的原则，通过提高海水淡化应用程度、加快发展海洋牧场等措施，在开采资源的同时加以保护，实现区域内的海洋自然资源的科学利用和适度开发。在自然资源信息监测方面，通过对渤海湾内资源环境承载情况进行监测与预警，实现海洋自然资源信息的共享与在线编报，并依据资源承载现状动态调整相关规划。

4. 渤海湾产业经济政策目标

渤海湾地区具有诸多渔业、海洋工业、旅游等产业资源优势，发展蓝色经济潜力巨大。在产业规划方面，应利用好渤海湾的区位优势，优化地区的产业布局和空间结构，积极对接京津冀与环渤海地区的开发，将基础建设纳入环渤海区域发展的统一规划中。在产业结构方面，注重产业结构调整和发展方式的转变，整合渤海湾区域内产业资源，大力发展低污染、高产出、可循环的产业，实现产业经济与城市建设的良性互动。在产业合作方面，通过制定优惠政策吸引高新企业和单位开展产业技术研发、创新成果转化、进出口加工等合作，形成产业结构互补、经济互利共赢的良性发展局面，推进区域产业科技创新体系建设。

7.5.2 政策手段层

本着"战略性与操作性相结合""区域性与全局性相结合""激励性与惩罚性相结合"等政策体系构建原则，参照郭培坤和王勤耕（2011）对主体功能区政策手段的分类方式，将渤海湾海洋生态安全屏障政策体系中的政策手段层分为：以"三线一单"为核心的环境准入政策、以排污许可为核心的污染控制类政策、以生态补偿为核心的环境经济类政策和其他相关配套政策的衔接。结合"三线一单"的划定结果在渤海湾不同类型的海洋生态安全屏障区设立不同的环境准入门槛，根据屏障区的生态环境承载力确定周边陆域的初始排污权，在屏障区的日常管控中实施生态补偿手段并辅以相关配套政策，建立覆盖面完整的屏障区政策体系。

1. 以"三线一单"为核心的环境准入政策

"三线一单"是以改善环境质量为核心、以空间管控为手段，统筹生态保护红线、环境质量底线、资源利用上线及环境准入负面清单等要求的系统性分区域环境管控体系。"三线一单"是基于环境管控单元的空间环境管控手段，是战略和规划环评落地的重要抓手，是对区域发展的环境准入建议及后续项目的环境准入要求和负面清单，对于渤海湾海洋生态安全屏障政策体系的构建起着关键作用。

以"三线一单"为核心的渤海湾生态安全屏障区环境准入要求的设定，首先，以渤海湾区域空间生态环境评价的结果为基础，依据不同区域的资源环境特征以及经济发展阶段，研判渤海湾周边区域重要的生态资源环境问题，衔接在国土空间规划中各类空间的边界控制线，形成包含海水、沉积物、海洋生物、海面上空大气等海域环境要素及资源的屏障区管控单元，结合产业结构特征和产业调整政策，对屏障区内及周边各类管控单元提出生态系统保护、环境质量改善、资源利用限制、生态环境准入和产业布局调整的管控要求。其次，结合"三线一单"的具体管控要求，在屏障区内限制或禁止低效率和低质量的开发建设活动，确保海洋生态系统不被破坏，海洋环境质量逐步改善，海洋资源利用处于承载范围内，规避或减弱突发性和累积性事件发生的概率, 切实发挥生态安全屏障防范生态风险的作用。同时, 由于渤海湾特殊的地理位置和区位优势, 生态安全屏障区的管控需要制定宏观、中观、微观上下联动的分解落实规则, 通过宏观的环渤海一体化战略部署, 传导到三省一市的区域内部协调, 再落实到渤海湾微观空间内制定并实施科学合理的准入要求, 得以高效地发挥屏障区防范生态风险的作用。

2. 以排污许可为核心的污染控制政策

排污许可制度是指国家规定的行政主管部门根据排污企业的申请, 经过依法审查, 允许其按照排污许可证所载明的排污种类、浓度、数量、排放时间、排放路线等要求排放污染物, 对排污企业的排污行为进行有效约束的管理制度 (孙佑海, 2014)。2020 年 12 月,《排污许可管理条例》由国务院常务会议通过, 陆域各行业的排污许可改革已基本覆盖。排污许可制度对海洋生态安全屏障的污染控制发挥着重要的防范作用, 通过综合评估渤海湾环境容量并严格控制入海排污点, 可以有效改善屏障区的生态环境质量。

以排污许可为核心的渤海湾生态安全屏障区污染控制政策设定, 要综合考虑陆海污染物的整体管控。具体而言, 首先, 要明确屏障的作用目标和对象, 以改善屏障区环境质量为目标、维护具备重要屏障作用的生态系统, 尽可能与渤海湾屏障区内的环境质量目标和海域纳污能力挂钩, 协同控制多种入海污染物在环境媒介中的影响; 其次, 要厘清各类入海污染源的位置与排污情况, 将入海污染源的管理视作一个环环相扣的链条, 确保对各类固定污染源排污行为实施全过程的管理。此外, 海上污染源主要以海洋工程排污为主, 包括工程建设期和运营期排放入海的废水、泥浆、钻屑等, 这些污染物的管控存在核算难度大、管辖权限不清等问题, 尚未纳入排污许可管理范畴 (刘捷等, 2017)。因此, 有必要明确渤海湾内海洋工程的排污点, 将其排污许可的核发、监督和管理等行政管辖权责列入省级行政区的管辖范围, 将海上重污染行业如海上油气田行业纳入《固定污染源排污许可分类管理名录 (2019 年版)》, 对屏障区构建陆海统筹的一盘棋污染防控政策体系。

3. 以生态补偿为核心的环境经济政策

生态补偿是实现自然资源和生态环境有偿使用、调整利益相关者间利益关系的一种有效的环境经济政策。海洋生态补偿的主要目的在于保护海洋生态环境并维持海洋生态系统服务, 其通过多种有效手段调节利益相关者、环境经济及社会利益关系（许瑞恒和姜旭朝，2020）。通过借助财政转移支付和绿色金融等手段对渤海湾海洋生态安全屏障中的利益相关者开展生态补偿，可以有效解决生态安全屏障建设中利益和权利失衡等问题，实现各类屏障区之间的协调发展。

以生态补偿为核心的渤海湾生态安全屏障区环境经济政策的构建，首先，要有充足的补偿资金作为保障。根据不同的渤海湾海洋开发利用活动，省级政府可制定生态补偿费用征收标准，并将征收任务分配至市、县级政府，作为补偿资金来源的一部分。由于中央财政投入难以完全满足区域生态补偿的需求，因此需要建立渤海湾区域的专项生态补偿基金，由地方政府采取财政预算直接拨款的途径为生态安全屏障的建设提供稳定的资金来源。其次，补偿基金一部分可用于资助渤海湾生态安全屏障建设的生态修复项目或屏障建设所需的硬件设施，另一部分可用于因构建生态安全屏障而停产停业的企业和员工，或因保护生态安全屏障而放弃发展机会的个体、群体的经济补偿。最后，定期对渤海湾生态安全屏障的生态补偿情况进行绩效评价，客观研判补偿效果与政策目标之间的偏差，对不合理的补偿方式和内容及时调整，不断优化生态补偿在生态安全屏障建设中的政策效力。

4. 其他相关配套政策的衔接

为了更高效地发挥渤海湾生态安全屏障的生态效益，需要考虑屏障区建设中其他相关配套政策的衔接。本研究以环境影响评价制度、环保目标责任制度和海域有偿使用制度为代表，探讨了这些制度在渤海湾生态安全屏障构建中的适用性和衔接点。

海洋生态安全屏障构建中主要涉及的环境影响评价类型为建设项目环评。具体而言，是通过建设项目环评对屏障区构建中实施的海洋生态修复类工程项目实行动态的监督，包括对项目产生环境影响、经济影响、社会影响进行评估，对项目实施与运营中存在的不足适时提出合理化建议并实行补救措施。在屏障区周边拟开展其他建设工程项目时，要重点关注建设项目是否对生态安全屏障造成威胁，注意工程目标是否与屏障区的生态目标与要求相符，同时考虑屏障区对区域生态安全具有重要影响的关键生态要素，结合以上情况对拟建项目的环境影响做出综合评估。

环保目标责任制可以将渤海湾海洋生态安全屏障的建设落实到具体的行政机构、部门和岗位上。由于渤海湾连接两省一市，因此需要建立跨行政区域的环保目标责任制来保障生态安全屏障的建设。省级政府根据生态安全屏障的构建需要明确具体的责任人、考核内容和考核标准,对生态安全屏障涉及的责任海域、责任范围和考核指标做出规定,对屏障区构建的考核重点内容可以与政策目标相挂钩,包括海洋生态安全屏障区内的生态环境质量、污染控制、生态保护和监管能力等内容。通过签订目标责任书的形式,将海洋生态安全屏障构建的目标责任内容下达到各市县级政府,并将这些内容纳入地方政府年度环保责任的考核中,使得屏障构建的具体工作得以落实。

海域有偿使用制度是指国家作为海域的所有者,对经批准使用海域的单位或个人收取海域使用金的制度。通过将征收的海域使用金与生态补偿制度相衔接用于生态安全屏障的构建,可以形成经济激励型的政策合力。在渤海湾生态安全屏障区周边海域的使用中,要根据屏障区的生态功能和目标对现有海域使用管理的规定进行更新和完善,调整海域规范使用的范围,对屏障区内部的海域使用项目不予审批。对于屏障区内部现有的用海单位,要严格规范其用海行为,在完成合同时限后要及时撤出以维护屏障区的生态系统服务功能。此外,综合海洋行政执法、海洋督察等制度,对生态安全屏障区周边的用海情况进行定期巡查与报备,严厉查处未批先建、边批边建、任意利用海域海岛资源等违法行为。

7.5.3　政策保障层

1. 法律保障机制

渤海湾海洋生态安全屏障政策体系的保障机制需要建立在严格的法律保障基础上。虽然国家层级、地方层级已出台了较多用于维护海洋生态安全相关的政策文件,对生态安全屏障的构建给予战略指导,但由于海洋生态安全屏障是新兴的学术理念,专门针对海洋生态安全屏障的法律法规保障仍然较少。

将中央政府的顶层设计和地方政府的基层探索相结合,中央政府先进行顶层设计,再由地方政府制定实施细则,可以协同推进渤海湾生态安全屏障的法律保障。基于我国已出台《海洋环境保护法》,可以考虑在总则部分界定海洋生态安全屏障的概念和内涵,在专章部分制定海洋生态安全屏障构建原则与程序。在《防治海洋工程建设项目污染损害海洋环境管理条例》《渤海综合治理攻坚战行动计划》等管理条例和行动规划中补充生态安全屏障的程序性规定，对渤海湾海洋生态安全屏障的构建模式、构建路径以及管理中的其他注意事项加以说明。在此基础上，将渤海湾生态安全屏障建设工作纳入沿海地区的区域发展规划，允许地方政府根据当地经济发展现状与海洋生态资源禀赋对相关规定进行细化和补充，从而实现中央与地方的立法联动。

2. 资金保障机制

由于海洋生态安全屏障的构建是一项长期、复杂的系统性工程，其中各个环节都离不开资金支持，因此渤海湾海洋生态安全屏障建设的资金来源应尽量多元化。因此，可以建立以公共财政为主，多渠道融资为辅的渤海湾海洋生态安全屏障资金保障机制。

目前，我国为保障海洋生态环境修复活动下发了财政转移支付资金，中央政府可以从其中整合一部分资金专门用于海洋生态安全屏障的建设与保护；渤海湾沿海各省级财政部门可以在此基础上发放配套资金，对资金的分配、拨付、使用等环节进行监督，为海洋生态安全屏障建设项目的参与者提供有效支持。随着渤海湾海洋生态安全屏障建设的不断推进，可以引入社会资金拓宽融资渠道。在创新贷款模式方面可以发挥政策性银行的作用，为屏障区保护相关项目在贷款利率、贷款期限方面给予优惠政策，灵活规定质押形式与还款方式。此外，还可以为海洋生态安全屏障的建设设立专门的海洋生态安全屏障基金，从机构组建、资金来源与运作、激励手段等方面进行设计，通过组建海洋生态安全屏障项目基金委员会、接受群众监督、定期信息披露等方式进行，确保基金募捐与使用合法合规。

3. 技术保障机制

渤海湾生态安全屏障的建设依托于海洋生态修复项目，而该类活动具有很强的技术性和专业性，在项目的规划设计、具体实施、效果论证等过程中需要遵循严格的程序和规定。为了保障渤海湾生态安全屏障的顺利建设，可以依托高校和科研院所组建专业的海洋生态安全研究与管理机构，开展海洋生态安全屏障机理研究、区域生态安全屏障技术效益评估、屏障效果评估核查等工作，为渤海湾生态安全屏障提供坚实的技术保障。

在基础理论研究方面，可以整合海洋生态、海洋遥感、海洋经济等多学科的力量，对渤海湾生态安全现状、海洋生态安全预警与决策机制、渤海湾海洋环境治理与生态修复机制等内容开展研究，厘清渤海湾海洋生态安全屏障构建的必要因素和关键环节。在海洋生态安全屏障构建与修复技术方面，要以渤海湾海洋生态承载力为基础，明确各类技术的适用性，对滨海生态系统修复、藻类贝类养殖、沿海防护林等项目的实施情况开展环境影响、环境风险和经济效益分析，充分发挥这些项目的屏障效用。在渤海湾生态安全屏障监测方面，系统建立渤海湾生态安全信息共享平台，并增设海洋生态安全屏障动态监测模块，实时更新最新获取的监测数据，保障渤海湾海洋生态安全多源数据的互联互通，提升渤海湾海洋生态安全屏障建设中的信息沟通效率。

7.6　渤海湾生态安全屏障管理对策与建议

通过梳理我国海洋生态安全屏障的政策演进，进一步分析对渤海湾生态安全屏障建设中的干系人责任，基于习近平生态文明思想、陆海统筹理论、利益相关者理论等，从政策目标、政策手段与政策保障方面提出了渤海湾生态安全屏障政策融合体系。本研究认为，应从战略、制度与实践三个方面全方位考虑渤海湾生态安全屏障构建的政策需求，构建涵盖生态安全屏障建设全过程的政策体系。对此，拟提出如下八个方面政策建议。

7.6.1　成立专项工作小组实现跨区域多部门联动

渤海湾生态安全屏障的建设与管理，跨越了河北省、天津市、山东省，涉及交通运输部、自然资源部、生态环境部、农业农村部、文化和旅游部等多部门政府职能。成立跨区域、跨部门的专项工作小组是打破大区域公共性事务管理的制度壁垒，突破以行政区划为管理范围的理念限制，建立屏障区统一、上下联动、部门协同的管理体制，是促进生态安全屏障区管理工作有序开展的关键。

应推行生态安全屏障区相对集中管理和多部门联合管理。相对集中管理是指打破原有框架，整合管理主体，采取相对集中管理的模式，推进综合管理，建立权责统一、权威高效的管理体制，确保生态安全屏障管理的制度统一和落实同步。在生态环境部门成立生态安全屏障管理中心，完善中央与地方生态安全屏障管理中心配置。促进纵向联动，加强垂直改革，自上而下明晰地方各级政府与生态安全屏障管理中心的权力与协调关系，保证各级生态安全屏障管理中心的统一性、一致性，强化各级生态安全屏障管理中心与地方政府之间相对的独立性。建立政府职能部门间的联合管理机制，是最常见的解决跨部门跨区域公共事务的管理模式，多见于执法管理。该机制能够在一定程度上解决管理力量不足、信息资源紧缺以及部分法律规范冲突等问题，能够有效加大管理力度、完善大区域公共性事务的管理能力、提升管理效率。生态安全屏障中心应设立多部门协调小组，明确交通运输部、自然资源部、农业农村部、文化和旅游等相关部门在生态安全屏障中的合作与协作职能定位，做好联动与协调配合，构建生态安全屏障行政管理体系，促进地方之间以及地方各部门之间横向协作联动机制。

7.6.2　以湾长制为抓手落实屏障建设工作责任

"湾长制"是以主体功能区规划为基础，以逐级压实地方党委和政府海洋生态环境保护主体责任为核心，以构建长效管理机制为主线，以改善海洋生态环境质量、维护海洋生态安全为目标，加快建立健全陆海统筹、河海兼顾、上下联动、协同共治的治理新模式。

在渤海湾海洋生态安全屏障的构建工作中，实行湾长制有利于整合多部门力量实现区域的信息共享与协调管理。建议在渤海湾全面推行湾长制，基于"1+5+n"的工作模式，即一套管理机构、五项主要功能工作内容和系列配套制度体系的落实（杨翼等，2020），建立"省—市—区—乡镇"四级的湾长制度。由于渤海湾大部分区域位于天津市管辖范围内，总湾长可由天津市市长担任，根据屏障区的划定结果在渤海湾划定责任区、责任段，将渤海湾生态安全屏障工作中的责任压实到市、县级基层湾长。省级湾长每半年至少全面巡查一次，市县级湾长每季度至少巡查一次，乡镇（街道）巡查员队伍每月巡查一次，对违法排污、采挖海砂、垃圾倾倒、肆意捕捞等破坏渤海湾生态安全屏障的行为严厉处罚，推动形成常态化的网格管理机制。在系列配套制度中，还需完善工作督查办法、绩效考核、信息通报、信息化平台建设来保障湾长制在屏障区构建工作中的顺利开展。

7.6.3　优化海洋生态红线维护屏障区生态安全

生态保护红线指在生态空间范围内具有特殊重要生态功能、必须强制性严格保护的区域，是保障和维护国家生态安全的底线和生命线，通常包括具有重要水源涵养、生物多样性维护、水土保持、防风固沙、海岸生态稳定等功能的生态功能重要区域，以及水土流失、土地沙化、石漠化、盐渍化等生态环境敏感脆弱区域。

海洋生态红线是维护海洋生态安全屏障建设的新举措，从数量和空间上整合了目前诸多的海洋生态环境保护政策工具，在海洋生态安全政策的整体性以及政策实施的可行性等方面都有所突破。建议通过优化海洋生态红线划定结果，对接屏障区与红线区的管控内容来维护屏障区生态安全。由于海洋生态保护红线整合了海洋生态红线提出的量化的、有约束性的目标与区域政府绩效直接挂钩，这使得渤海湾生态安全屏障的构建过程有据可依、有制可循。由于海洋特殊的地理特性即海水的流动性，海洋生态红线无法适用于传统的陆域生态红线土地流转的方式实现区域的生态环境的休养生息，因此在渤海湾范围内，海洋生态红线的划定还需综合考虑生态系统服务、生物多样性和海洋资源利用等多种因素。渤海湾海洋生态安全屏障区的划定结果为海洋生态红线的划定提供了强有力的依据，通过将渤海湾海洋生态安全屏障区纳入红线区，可以实现屏障区与红线区在管控目标与管控措施等方面的对接。

7.6.4　以碳汇交易促进屏障区生态产品价值实现

通过市场手段实现海洋生态产品价值有助于将海洋的生态优势转化为经济优势，将海洋生态安全屏障的生态价值转化为经济价值和社会价值。碳汇是一种可交易的海洋生态产品，碳汇交易是生态产品外部经济内部化的一种方式。在我国"双碳"目标的背景下，完善的海洋碳汇交易机制是我国应对全球变化、实现碳中和的重要途径。

通过结合碳中和目标，先由国家为各级行政区制定碳中和进程年度目标，再由区域分解到本行政区域内有履约义务的企事业单位。对完成目标有困难的地方政府，允许其向已完成目标且拥有海洋碳汇量的政府购买海洋碳汇；对区域内企事业单位可通过购买海洋碳汇量或相关的海洋碳汇产品抵消碳排放，以完成年度碳中和目标。在渤海湾生态安全屏障建设过程中，可参考海洋碳汇项目的开发标准和流程，将屏障区内及周边的生态修复项目按要求进行设计开发，将碳汇交易制度引入屏障区建设的工作中。由于沿海地方政府拥有海洋资源的管理权，政府直属的海洋碳汇资源管理机构（如生态湿地保护区管理局）可以作为碳汇量的所有者和交易主体直接参与到海洋碳汇项目开发中，通过增加海洋碳汇资源和固碳效益获取碳汇量，并依据在自愿市场下的核证方法和标准开发碳信用进行交易，所得的资金反哺于海洋碳汇资源的保护。在这样的运作机理下，可形成横向府际之间、纵向政企之间多元化的海洋碳汇交易机制。

7.6.5　分区分类推进海洋生态安全屏障工程建设

构建渤海湾生态安全屏障规划建设综合试验区、渤海湾生态安全屏障生态补偿试验区以及渤海湾生态安全屏障管理网络中心试验平台，持续深化自然资源资产产权制度改革，完善自然资源有偿使用和市场化体系，完善屏障区生态产品价值实现机制，建立生态产品价值与生态安全屏障综合价值核算评估体系，推进排污权、用能权、用水权、碳排放权市场化交易。统筹落实屏障区规划与"三线一单"衔接，调整优化渤海湾自然保护地体系，助力海湾生态安全屏障领域规章制度完善。完善渤海湾生态安全屏障综合管理制度，打造湾长制、河长制、湖长制、林长制融合版图。

应分区分类推进海洋生态安全屏障工程建设。以维护渤海湾生态安全为统一目标，列举屏障区自然要素配置清单及分布图。探索渤海湾"两省一市"生态安全屏障分区分类建设方案，以自然资源本底情况为依据，划分自然资源配置优化区，完善绿地、湿地、水体和生态廊道布局，体现区域生态环境原有特征和屏障区建设整体需求。以人类活动水平数据为指标，划分人类活动类型及强度限制区，管控污染物质排放的类别和强度、资源开采利用的种类和限度、工程设施建设的种类和规模，突出平衡屏障区经济社会活动和生态活动关系的建设导向。以生态环境风险类型与等级为标准，划分自然资源要素与风险管理要素底线区，制定屏障区风险预警体系、风险削减措施、事后恢复工程方案书，发挥生态安全屏障维护区域生态安全的作用。应成立渤海湾生态安全屏障技术中心，组织开展生态安全屏障战略与政策研究、区域规划与标准制定、生态工程与生态修复技术研发、屏障工程管理，以及屏障区生态环境诊断。致力成为政府最认可的区域生态环境规划管理智库,为国家及各级地方政府生态空间规划提供空间规划方案、环境信息数据库、自然资源价值评估手段和中长期生态空间规划等战略支撑。积极服务国家和行业标准化战略,主动探索区域生态安全屏障体系构建和推广方法。着眼区域景观格局规划未来发展新布局,深入研究生态安全屏障的生态价值和经济价值,主动衔接区域其他生态环保发展规划。致力成为公众与社会组织最信赖的技术中心,承担引导生态文明理念树立,促进区域企业生态环保意识提升,助力渤海湾环境保护协同治理格局形成的各项工作。

7.6.6　强化渤海湾生态环境风险预警与监测体系

生态环境风险既是生态安全屏障的构建依据,也是生态安全屏障的防范目标。强化渤海湾生态风险预警与监测体系,不仅是推动生态安全屏障精细化、动态化管理的科学依据,也是助力生态环境监测体系与监测能力现代化的有力抓手。

组建渤海湾自然资源与生态环境风险信息库。提升自然资源与生态环境风险数据面向生态安全屏障管理的整体服务水平,建立统一、准确的数据底板,实现自然资源数据要素赋能。信息库服务于陆海统筹、天地一体、上下协同、信息共享的生态环境监测网络,助力渤海湾生态环境监测“大格局”构建。制定渤海湾生态环境风险预警阈值与风险应对方案。通过监测预警指标,如环境污染物的排放量、能源消费结构、环境风险防控措施、区域人口及自然资源现状等,实时汇总风险数据,整理出生态屏障内及其保护范围内面临的生态环境风险事件类型及可能性,制定风险评估报告。然后,根据渤海湾自然资源与生态环境风险信息库中相应自然资源基础数据,动态评估生态安全屏障应对风险能力,设置风险预警阈值,提出相应风险应对方案,并制定生态屏障区修复及其保护区恢复方案。出台渤海湾生态环境风险防范准则。整合当前与生态环境风险有关的法律法规,解读一套适用于渤海湾区域的生态环境风险防范准则,明确渤海湾生态环境风险界定依据,针对不同风险类型,重点规定其管制主体、管制标准及管制措施。

7.6.7 利用信息手段实现生态安全屏障智慧监管

推动渤海湾生态安全屏障"互联网＋智慧监管"体系构建，强化物联网、大数据、云计算、5G 等信息网络技术应用，搭建充分运用大数据、人工智能、区块链的智慧屏障监管平台。建立统一高效的生态安全屏障管理网络中心，汇集组织机构、政策文件、环境质量信息等屏障区基础信息和管理动态，对生态安全屏障监管事项实施清单化管理，实现渤海湾生态安全屏障管理"一网通办"。

实行渤海湾生态安全屏障五个相关干系人，政府、企业、公众、媒体、社会组织的"一网互联"。强化生态安全屏障政策文件，如法律、行政法规、中央与国务院文件、部门规章、规范性文件、地方性法规等"一网通查"。构建渤海湾生态安全屏障数据库"一网共享"，形成公共基础数据集，如遥感影像、多比例尺地形图、数字高程模型、行政区划、地理国情、经济社会发展水平数据、地址名称等；渤海湾生态安全屏障专业基础数据集，如土地利用总体规划、土地利用现状、自然资源储量及分布等；渤海湾生态安全屏障业务管理数据，如地表水水质、海水水质、大气环境质量、污染物质排放强度、屏障区划等。要建立屏障区生态环境标准协同工作机制，统一生态环境标准，统一规划各地生态环境质量监测站点，统一卫星遥感动态监管、无人机航拍实时监管、人工实地核查等数据获取及监测手段。之后，通过统一数据报送平台，规范数据获取、处理及报送格式，实现屏障区多部门间数据共享和汇总。采用"云＋端"模式提升渤海湾生态安全屏障数据管理能力。通过统一的云计算引擎、云服务引擎和云应用引擎，提供全方位数据管理，支撑"横向到边、纵向到底"的生态安全屏障的数据管理体系。

7.6.8 引导多元主体参与共建海洋生态安全屏障

引导多元主体参与共建渤海湾生态安全屏障，构建政府主导、企业主体、媒体活跃、公众和社会组织共同参与的屏障管理体系，形成相互影响的复杂网络关系，体现平等协商、优势互补和合作管理的理念。

树立生态安全屏障建设多元主体协同管理的理念，从主体层面展现多元主体在生态安全屏障建设与管理中通过相互理解、相互信任、相互支持、相互合作建立起来的良好互动关系。政府要突破传统行政区划的刚性束缚，由过去地方政府"各自为政"式的碎片治理向"团结合作"式的协同治理转变，核心是地方政府在价值理念上达成共识。与此同时，平衡政府部门与其他生态安全屏障建设主体间权利配置，促进行动主体之间相互约束和协调关系的构建。因此，要强化制度、体制与机制的供给创新，使政府从权威政府向民主政府、透明政府的价值认定与执政理念转变，摒弃全能主义逻辑，充分肯定企业、公众与社会组织作为生态安全屏障建设主体的重要作用。科学评估渤海湾生态安全屏障的生态系统价值和保护成本，是建立多元主体利益协调机制的基础。以完善渤海湾生态安全屏障生态系统价值和保护成本核算指标体系为抓手，对屏障区及其保护范围内的海洋、湿地、河流、草地、森林等承担重要生态功能的生态资源系统价值进行客观、公正、准确的评估，为明确成本分担机制，健全利益补偿机制，搭建生态补偿机制，完善绿色绩效考核机制打下坚实基础。全面推进生态安全屏障区多元主体环境信息公开共享，解决各地区、各层级生态环境部门环境信息数据"形式不同，相互割据"，改善企业、社会组织和公众等其他主体获取信息数据难的状况，维护生态安全屏障管理中多元主体间的信息对称和数据平衡。政府系统内部通过基础信息数据交汇，推动屏障区政府主体的管理互动。通过渤海湾生态安全屏障管理网络中心，开展政府与企业、社会组织和公众等主体的屏障区信息数据的开放共享，这样既有利于扩大信息数据的来源渠道，保证信息数据的全面性、准确性，还有利于满足企业、社会组织和公众等主体对环境信息数据的知情权，提高其对屏障区协同管理的积极性。

参考文献

白佳玉，程静. 2016. 论海洋生态安全屏障建设：理论起源与制度创新 [J]. 中国海洋大学学报：社会科学版，(6)：19 – 25.

白玉川，史丰硕，徐海珏，等. 2021. 渤海湾大规模围填海导致的岸线变化及潮流场响应分析 [J]. 海洋通报，40 (6)：621 – 635.

宝音，包玉海，阿拉腾图雅，等. 2002. 内蒙古生态屏障建设与保护 [J]. 水土保持研究，(3)：62 – 65，72.

曹海林，王园妮. 2018. "闹大"与"柔化"：民间环保组织的行动策略——以绿色潇湘为例 [J]. 河海大学学报：哲学社会科学版，20 (3)：31 – 37，91.

曹洪军，韩贵鑫. 2021. 渤海海洋生态安全屏障构建过程中区际协同平台建设研究 [J]. 中国渔业经济，39 (2)：64 – 71.

曹洪军，谢云飞. 2021. 渤海海洋生态安全屏障构建问题研究 [J]. 中国海洋大学学报：
　　社会科学版，(1)：21–31.

曹可. 2012. 海陆统筹思想的演进及其内涵探讨 [J]. 国土与自然资源研究，(5)：
　　50–1.

陈国阶. 2002. 对建设长江上游生态屏障的探讨 [J]. 山地学报，(5)：536–541.

陈宏辉. 2003. 利益相关者管理：企业伦理管理的时代要求 [J]. 经济问题探索，(2)：
　　68–71.

陈建华. 2009. 对海洋生态文明建设的思考 [J]. 海洋开发与管理，26 (4)：40–42.

陈开琦. 2013. 论公民海洋环境安全权——由渤海湾漏油事故引发的思考 [J]. 法律科
　　学：西北政法大学学报，31 (2)：63–71.

代云江. 2008. 陆源污染物污染海洋环境防治法律制度研究 [D]. 青岛：中国海洋大学.

傅广宛. 2020. 中国海洋生态环境政策导向 (2014—2017) [J]. 中国社会科学，(9)：
　　117–134，206.

郭德芳. 2012. 利益相关者分类研究综述 [J]. 东方企业文化，(15)：158.

郭培坤，王勤耕. 2011. 主体功能区环境政策体系构建初探 [J]. 中国人口·资源与环
　　境，21 (S1)：34–37.

胡芷君，单秀娟，杨涛，等. 2020. 渤海伏季休渔效果初步评价 [J]. 渔业科学进展，41
　　(5)：13–21.

贾生华，陈宏辉. 2002. 利益相关者的界定方法述评 [J]. 外国经济与管理，(5)：
　　13–18.

柯坚. 2012. 中国环境与资源保护法体系的若干基本问题——系统论方法的分析与检视
　　[J]. 重庆大学学报：社会科学版，18 (1)：118–124.

李俊龙，刘方，高锋亮. 2017. 中国环境监测陆海统筹机制的分析与建议 [J]. 中国环境
　　监测，33 (2)：27–33.

李寿德，柯大钢. 2000. 环境外部性起源理论研究述评 [J]. 经济理论与经济管理，(5)：
　　63–66.

李天相，李梓硕. 2020. 海洋环境保护行政处罚的优化路径探析 [J]. 环境与可持续发
　　展，45 (4)：111–114.

李文杰. 2019. 渤海湾海河河口不同塑料碎片表面的细菌群落特征及其环境影响因素的研
　　究 [D]. 天津：天津大学.

李晓静. 2020. 围填海活动对渤海大型底栖动物群落的生态影响——以曹妃甸和龙口离岸
　　岛为例 [D]. 烟台：中国科学院大学 (中国科学院烟台海岸带研究所).

李心合. 2001. 面向可持续发展的利益相关者管理 [J]. 当代财经，(1)：66–70.

刘家沂. 2007. 构建海洋生态文明的战略思考 [J]. 今日中国论坛，(12)：44–46.

刘捷，陶以军，张健，等. 2017. 关于实施海上排污许可制度关键问题的思考 [J]. 中国

渔业经济, 35 (5): 87-93.

刘静暖. 2020. 习近平海洋生态文明思想的经济学分析 [J]. 社会科学辑刊, (2): 116-124.

芦丽娜. 2013. 基于系统论的高等教育资源系统架构研究 [D]. 武汉: 武汉理工大学.

马仁锋, 辛欣, 姜文达, 等. 2020. 陆海统筹管理: 核心概念基本理论与国际实践 [J]. 上海国土资源, 41 (3): 25-31.

莫姝婷. 2020. 政策工具视角下我国海洋生态政策的完善研究 [D]. 湛江: 广东海洋大学.

宁凌, 毛海玲. 2017. 海洋环境治理中政府、企业与公众定位分析 [J]. 海洋开发与管理, 34 (4): 13-20.

宁清同, 任洪涛. 2017. 海洋环境资源法学 [M]. 北京: 法律出版社.

沈满洪, 谢慧明. 2009. 公共物品问题及其解决思路——公共物品理论文献综述 [J]. 浙江大学学报: 人文社会科学版, 39 (6): 133-144.

宋国君, 徐莎. 2010. 论环境政策分析的一般模式 [J]. 环境污染与防治, 32 (6): 81-85.

孙佑海. 2014. 如何完善落实排污许可制度? [J]. 环境保护, 42 (14): 17-21.

谈萧, 苏雁. 2021. 陆海统筹视野下海洋保护地法律制度研究 [J]. 中国海洋大学学报: 社会科学版, (1): 79-89.

田立柱, 王福, 裴艳东, 等. 2021. 渤海湾天津滨海新区围海造陆前后海底冲淤变化 [J]. 华北地质, 44 (4): 28-34.

屠建波, 陈燕珍, 万萌萌, 等. 2021. 2009—2018 年天津近岸海域水质状况及变化趋势分析 [J]. 海洋环境科学, 40 (6): 873-879.

王刚, 毛杨. 2019. 海洋环境治理的注意力变迁: 基于政策内容与社会网络的分析 [J]. 中国海洋大学学报: 社会科学版, (01): 29-37.

王以斌, 尹晓斐, 张晶晶, 等. 2021. 渤海湾西南部近岸海域环境状况及其时空变化 [J]. 福州大学学报: 自然科学版, 49 (2): 261-269.

王玉宽, 孙雪峰, 邓玉林, 等. 2005. 对生态屏障概念内涵与价值的认识 [J]. 山地学报, (4): 431-436.

魏学文. 2019. 基于绿色发展理念的陆海统筹新机制研究 [J]. 滨州学院学报, 35 (3): 65-70.

吴霖, 欧阳玉蓉, 吴耀建, 等. 2021. 典型海洋生态系统生态修复成效评估研究进展与展望 [J]. 海洋通报, 40 (6): 601-608, 682.

谢天成. 2012. 环渤海经济区发展中的陆海统筹策略探析 [J]. 北京行政学院学报, (2): 83-87.

许瑞恒, 姜旭朝. 2020. 国外海洋生态补偿研究进展 (1960—2018) [J]. 中国海洋大学学报：社会科学版，(1)：84-93.

许阳. 2017. 中国海洋环境治理的政策工具选择与应用——基于1982—2016年政策文本的量化分析 [J]. 太平洋学报，25 (10)：49-59.

严卫华. 2015. 南通统筹陆海发展的政策体系及创新研究 [J]. 海洋经济，5 (1)：39-44.

杨冬生. 2002. 论建设长江上游生态屏障 [J]. 四川林业科技，(1)：1-6.

杨丽美，郝洁. 2021. 《中华人民共和国海警法》视野下中国海警局法律制度释评 [J]. 中国海商法研究，32 (4)：71-79.

杨翼，陶以军，赵锐，等. 2020. 新时代背景下湾长制制度设计与探索实践 [J]. 环境保护，48 (7)：18-22.

杨玉洁. 2020. 中国陆海跨界污染统筹治理机制研究 [D]. 大连：大连海事大学.

杨振姣，董海楠，姜自福. 2014. 我国海洋生态安全多元主体参与治理模式研究 [J]. 海洋环境科学，33 (1)：130-137.

叶向东，陈国生. 2007. 构建"数字海洋"实施海陆统筹 [J]. 太平洋学报，(4)：77-86.

张海峰. 2005. 海陆统筹 兴海强国——实施海陆统筹战略，树立科学的能源观 [J]. 太平洋学报，(3)：27-33.

张坤民. 当代中国的环境政策：形成、特点与评价 [J]. 中国人口·资源与环境，2007，17 (2)：1-7.

张岩. 2019. 淮河流域水污染防治政策文本的量化分析 (1984—2017) [D]. 新乡：河南师范大学.

张耀元. 2022. 船舶污染环境损害赔偿范围的不足与反思——兼论完全赔偿之可能 [J]. 国际经济法学刊，(2)：140-156.

张玉强，莫姝婷. 2019. 政策工具视角下我国海洋经济政策文本量化分析——以《全国海洋经济发展"十三五"规划》为例 [J]. 浙江海洋大学学报（人文科学版），36 (4)：1-8.

Chang I-S, Wang W, Wu J. 2019. To Strengthen the Practice of Ecological Civilization in China [J]. *Sustainability*, 11 (17).

Elliott O V. 2002. The tools of government：A guide to the new governance [M]. Oxford University Press.

Frederick W C. 1988. Business and society, corporate strategy, public policy, ethics [M]. New York：McGraw-Hill Book Co.

Freeman E. 1984. Strategic management：A stakeholder approach [M]. Boston：Pitman Press.

Li H, Wei X, Gao X. 2021. Objectives setting and instruments selection of circular economy policy in China's mining industry：A textual analysis [J]. Resources Policy, 74：102410.

Mol A P J. 2006. Environment and modernity in transitional China: Frontiers of ecological modern-
　ization [J]. Development and Change, 37 (1): 29 – 56.

Rothwell R O Y, Zegveld W. 1988. An assessment of government innovation policies [M]. Gov-
　ernment Innovation Policy. Springer. 19 – 35.

Wheeler D, Sillanpaa M. 1998. Including the stakeholders: the business case [J]. Long Range
　Planning, 31 (2): 201 – 210.